张学刚 ◎ 著

我国环境污染成因及治理对策研究：
基于“政府—市场”的视角

中国财经出版传媒集团
经济科学出版社
Economic Science Press

图书在版编目（CIP）数据

我国环境污染成因及治理对策研究：基于“政府—市场”的视角 / 张学刚著．—北京：经济科学出版社，2017.8

ISBN 978－7－5141－8338－2

Ⅰ.①我…　Ⅱ.①张…　Ⅲ.①环境污染－成因－研究－中国②污染防治－研究－中国
Ⅳ.①X505

中国版本图书馆 CIP 数据核字（2017）第 196320 号

责任编辑：周胜婷
责任校对：刘　昕
责任印制：邱　天

我国环境污染成因及治理对策研究：基于“政府—市场”的视角
张学刚　著
经济科学出版社出版、发行　新华书店经销
社址：北京市海淀区阜成路甲 28 号　邮编：100142
总编部电话：010-88191217　发行部电话：010-88191522
网址：www.esp.com.cn
电子邮件：eps@esp.com.cn
天猫网店：经济科学出版社旗舰店
网址：http://jjkxcbs.tmall.com
北京密兴印刷有限公司印装
710×1000　16 开　19.5 印张　300000 字
2017 年 9 月第 1 版　2017 年 9 月第 1 次印刷
ISBN 978－7－5141－8338－2　定价：58.00 元
（图书出现印装问题，本社负责调换。电话：010-88191502）

本著作感谢以下项目资金资助：

1. 浙江省哲学社会科学基金《杭州湾水污染形成机理及治理对策研究》（13NDJC090YB）

2. 浙江省自然科学基金《经济新常态下浙江省污染治理研究——基于政府官员行为的视角》（Y16G030028）

3. 浙江省《循环经济与浙江转型发展创新团队》建设基金

4. 浙江省一流学科嘉兴学院应用经济学学科

序

张学刚博士的学术著作《我国环境污染成因及治理对策研究——基于“政府—市场”的视角》，将由经济科学出版社出版。邀我为之序。

学刚，作为攻读资源环境经济与可持续发展专业方向的博士研究生，2007年9月进入南开大学经济研究所，2011年6月毕业并获得南开大学经济学博士学位。他是我指导的第一个博士。近年来，我指导的多位博士出版了学术生涯的第一部论著，作为大师兄的学刚，不甘居后，也顺利地完成了第一部学术专著。为师者，能够凭藉学生之著述而“著作等身”，亦不失为人生快事。有此一念，便欣然应允为之作序。

与学刚的“相熟”，大概是源于其攻读博士阶段大小论文的修改过程吧！在与博士生的讨论中，我不厌其烦说得最多的恐怕就是“逻辑”二字。针对学术研究和学术论文的写作，所指的“逻辑”，大致有以下几方面的内涵。其一，逻辑自洽。整个研究的各个部分，各项内容，各个认知观点、结论、政策主张，不会出现逻辑上的矛盾，且能够自圆其说。再者，与自己一贯以来的观点认识，也不会出现逻辑上的矛盾。其二，逻辑关联。整个研究的各个部分、各项分析内容、各个观点，相互之间都存在逻辑上的关联性，而不是相互独立无关的。其三，逻辑推理的完备性。分析结论、政策主张，应当是从公理性假设、初始条件开始推理、推导所得出来的，而不应把一些或然性的结论当作必然性的结果，也不应把非必要条件当作必要的前提。其四，逻辑概念的一致性。很多初学者，在行文过程中，容易把文字相近、内涵并不相同的概念混用，分析论证过程中有意无意地进行概念的替换，进而导致逻辑的混乱。其五，研究对象主体行为的逻辑真实性。好比一些粗糙影视剧中，某些角色的行为并不符合其角色定位、前后行为矛盾、故作高深，这样的人物设置是不符合逻辑真实的。同样，我们在研究过程中，研究对象的行为特征也应具有逻辑真实的特性。其六，行文的逻辑性。用文字完整准确简洁地表达自己所要表达的内容，就是学术论文的基本要求。没有多余的一句话、一个词，也没有遗漏而未能表达的内容。标点符号的使用就是最典型的例子，如果理清了句子与句子之间、词语与词语之间的逻辑关系，那么，就能够较为准确地使用标点，而不会出现“一逗到底”的情形。其七，强调“逻辑”，也是对当下经济学研究中计量经济学工具无处不在、无所不用、无所不能的一种约束。我以为，计量经济学的“实证”，决不是理论认识的来源，最多是从“实证”中能得到某种启示以提出理论假设，更主要的作用是对理论认识进行“验证”。联系到学刚的这一部论著，我相信是有其逻辑一致性的。

学刚的学术思考，是源于对现实问题的关注。他对于碧水蓝天不断污染化的现实是忧虑的，而且希望“像经济学家一样思考”以试图揭开：“环境污染是怎么发生的”“未来是否会更糟糕”“怎样才能阻止环境持续恶化”等问题的理论机理。我理解他的学术框架是：通过市场—环境问题、政府—环境问题、政府—市场等关系主线，并以“环境软约束”“环境容量权”为核心概念，对环境问题的成因、机制以及解决问题的路径，作出逻辑一致的阐释。他对解决环境问题的理论思路是：市场与政府两个主体，各自担负起适合担当的责任，两个主体之间还能够完美地衔接以实现各自的目标和社会共同目标。对于他的这一逻辑框架，政府—市场关系问题，我未有系统思考，难以评说。但对于其“环境软约束”“环境容量权”两个核心概念，极为赞同。日常生活中，时常被问及“雾霾”和“气候变暖”的问题，我的看法是，“雾霾问题”“碳排放问题”，其实就是人类经济活动超过自然生态系统承载力的病症表现，如果人类经济活动切实以生态承载力为当真的约束来执行“环境容量权”，那么，“雾霾问题”“碳排放问题”自然而然就化解了。所以，我对“探究雾霾的技术层面成因和治理对策”“如何通过技术减少或利用二氧化碳”之类的政策主张深不以为然。换言之，我认为，学刚著作中所采用的“环境软约束”“环境容量权”概念是能够更好地阐释现实环境问题的。

在我的印象中，学刚爱读书、爱思考，大约符合“学而不思则罔，思而不学则殆”的古训。学刚，有其学术意趣，有其较为纯粹的学术追求，不愿为职级、不愿为论文竞赛式的“学术业绩”而写作。有此个性，其著作必是深入读书、思考、分析、探求的成果。其所讨论之问题、提出之见解、主张之对策，必可引发读者有所思索。

据上所述，我从学术逻辑和学术品性两个方面来推介此书。有同行同好者，一览此书，必当有所得益。

最后，作为同是坐冷板凳的研究者，说一说如何看待学术成果与经世致用的关系。子曰：“学而时习之，不亦说乎？有朋自远方来，不亦乐乎？人不知而不愠，不亦君子乎”。对于这段耳熟能详的话，千百年来有着诸多阐释。我对其含义的理解是：“学习并探求了知识，即使暂时没有机会用之于实践，等待机会实践运用，不也是令人向往而高兴的吗?！学习并探求了知识，即使没有机会亲自去实践运用，但有人自他方来讨论相关理论实践问题，不也是令人愉悦的吗?！学习并探求了知识，既没有机会亲自去实践运用，也没有人来讨教，甚至不被世人所知晓，自己也不要为此而沮丧。学习掌握了知识，我们不是还得到了君子修为吗?!”在此，谨录此段“子曰”及一家之释，与学刚以下诸位博士、博士生及有同好的读者诸君共勉。

钟茂初

撰于南开经济研究所90周年之际

前 言

改革开放以来，我国经济在快速增长的同时也带来“环境污染严重，生态系统退化的严峻形势”的问题。党中央、国务院历来高度重视环境保护工作，为此，先后在全国层面推出污染总量控制、环评制度、环境目标责任制等各项环保政策，但效果并不理想，“环境形势依旧严峻”，乃至“逼近环境容量上限”（党的十八大三中全会文件）。造成我国环境污染的原因是什么？我国环境治理“高投入、低产出”，甚至“越治越污”窘境的原因是什么？该如何治理我国的环境污染呢？

现有关于环境污染成因研究，大体可归结为市场失灵论、经济增长驱动论以及制度失灵论三方面。不难发现，市场失灵论者在较宽泛的理论层面对环境污染成因进行了“一般化”（也是“笼统”）的解释，而对现实中具体哪些因素（如经济增长等）及如何导致环境污染等则无能为力，环境污染成因其实还是个“黑箱”。而“经济增长驱动论”基于“规模—结构—技术”的框架对经济增长如何引致污染排放的过程进行细致分析，并据此提出调整结构、改进技术等举措来遏制污染，但该理论也存在重“经济”驱动而轻“政治”引致污染。尽管制度失灵论者强调制度安排对环境质量的重要影响，但也多停留在“一般”层面，而对于具有鲜明中国特色制度环境下政府及官员行为引致的环境污染问题未能深入研究——而事实上，转型时期政府及官员行为是解释中国经济奇迹的关键因素，同时也是造成中国诸多问题（聂辉华，2008，2015）的症结所在。概言之，现有环境问题成因及治理对策研究存在片面化倾向，缺乏系统、综合性分析框架。同时，在研究深度上也有待推进。

基于此，本书以政府—市场为主线，构筑环境污染成因及治理的系统性、综合性分析框架。尤其通过以“政府环境软约束”为核心研究转型时期政府官员追求经济增长而放任环境污染的内在机理，揭示我国环境污染成因的“中国特征”，并提出破除政府环境软约束的应对思路。此外，对基于政府—市场视角的环境经济学学科体系的创建提出了若干思考。具体而言，本书包括五大部分十一章，各部分及相应章节大体安排如下：

第Ⅰ部分（即第一章）为引论。首先定义环境问题并对环境哲学、环境社会学、环境历史学、环境管理学等人文社会学科进行简要概述，随后对经济学的思维特点进行阐释并对环境经济学理论基础进行概述。最后就本书为何以及如何基于“市场—政府”视角来研究环境污染进行阐述。

第Ⅱ部分是市场与环境问题关系的研究。总体而言其，一方面，外部性、交易费用、产权不易清晰界定等特性使市场机制不能正常发挥作用——即市场失灵导致环境问题的产生；另一方面，市场通过深化、广化分工，加速创造巨大财富的过程同时是伴随巨量污染排放，即“市场成功”带来环境污染。此外，市场自身也蕴含绿色基因。本部分的三章（即第二～四章）分别围绕这两方面展开。第二章主要探讨市场与环境污染之间的关系。笔者认为，外部性、信息不对称、公共品等使环境领域市场机制不能正常发挥作用（即市场失灵），正是市场失灵使环境问题进一步突出。第三章从市场“成功”的视角研究市场与环境问题。主要论证市场这只“看不见的手”通过深化、广化分工，驱动生产，加速流通、刺激消费等正反馈途径创造了丰富物质财富的同时也排放大量污染，并进一步从经济史的视角首次将新古典经济学只见经济、不见自然的经济与环境割裂的现象称为“新古典割裂”，指出正是新古典割裂加速经济增长超过生态超过阈值，导致“寂静的春天”，经济学必然也必须回归古典传统。第四章研究市场机制与环境保护的兼容性问题。先对科斯定量进行了理论上的证明，随后运用我国30个省区市污染排放密度与市场化指数的数据建立面板模型，初步论证了市场化一定程度上能够实现环境改善的结论。最后对现实中运用市场机制解决环境问题的若干实践进行介绍。

第Ⅲ部分是政府与环境问题的研究，具体包括第五～七章。第五章侧重从广义政府层面来研究政府政策对环境的影响。在该章中我们首先强调一国选择何种发展战略对该国环境有至关重要的影响。其次，我们对政府产业政策、城市化、财政、税收、贸易等宏观政策的环境影响进行理论分析，并基于此构建经济计量模型以定量探讨这些宏观控制变量对环境的影响。第六章主要从政府环境管理的视角探究政府管理失灵对环境的影响。首先介绍政府环境管制的工具的分类、特点及变迁，随后对政府环境管制失灵的原因及后果进行了较系统的分析，最后运用博弈理论就政府环境监管与企业污染治理之间的互动关系进行了研究。第七章重点对我国地方政府在财政分权以及以GDP为主要指标的政绩考核体系下，过度追求GDP增长而放任辖区环境污染的政府环境软约束行为的成因、表现及分类等进行系统分析，随后运用基于向量自回归（VAR）

模型中的Granger因果检验方法以及新近发展的刻画主体行为互动（strategic interaction）特征的空间计量经济学（spatial economics）对环境软约束现象的存在进行证明。

第Ⅳ部分着重研究如何协调看得见的手（政府）与看不见的手（市场）之间的关系，以及市场与政府“双失灵”情况下如何应对环境污染问题。概而言，传统环境成因及治理理论中简单地将市场与政府对立（即要么政府，要么市场）的两分法有着共同的缺陷：天真地将理想状态与现实状态进行对比（表现为现实中的“斯密神话”与“凯恩斯神话”），指出面对现实中不完全的市场与不完全的政府，扬长避短地将两者有机结合才是可取之道（第八章）。在市场与政府同时失灵问题情形下，可利用公众、企业、社区、环境NGO等第三部门来填补这些双重失效的领域，并提出了环境治理“市场—政府—社会”综合分析框架（第九章）。

第Ⅴ部分（第十章）为理论的应用——探讨环境制度创新并提出了一个具体设想。在该部分，我们指出我国环境污染治理的关键在于弱化乃至消除政府环境软约束的核心理念。长期来看，应建立突出科学发展观的综合政绩考核体系，进行以财事权相对称为核心的财政制度改革，以及加强公众环境监督、环保参与等“用手投票”机制来激励、约束政府、企业主动治理等措施。在科学的官员政绩考核体系等制度尚未建立健全之前，可探索构建环境容量权制度来调动企业，尤其是政府官员治污积极性，并就该制度的理论基础、实施过程、优点及在我国的可执行性进行了深入论证。

最后一部分（第Ⅵ部分，即第十一章）为余论。总结全书基本观点并提出从市场与政府的角度来构建环境经济学学科体系的初步设想，以期为环境经济学内容体系的建设贡献绵薄之力。

概言之，本书有蛮多观点、思想是比较令人耳目一新的，它们是我多年研读思考的“闪现”。“敝帚自珍”地罗列如下：①如果产权界定的花费超过因此带来的收益，则产权不必清晰界定。这种不必明确界定的权利滞留在“外部”（即巴泽尔所谓的“公共领域”），形成所谓外部性。此时如果强行建立市场以消除外部性，则其成本会高于外部性存在带来的损失则反而更不“经济”。从此角度上讲，外部性的出现并非意味市场失灵；相反，自由市场下外部性的出现反而是一种节约、一种效率的象征。②市场分工的深化、广化带来丰富的物资财富的同时也带来巨量污染。从此角度上讲，与“市场失灵”导致环境污染相比，“市场成功”可能更是环境污染的“罪魁祸首”。③边际革命后，新古典经济学日益蜕变为只关注资源最优配置而不考虑自然资源约束的“空的世界的经济学”，进而离“满的世界”越来越远。本人创造性地将这种把经济与环境人为的切割称为“新古典割裂”。④亚当·斯密“看不见的手”缺少“绿拇指”是学界“常识”。但适当的制度安排（如排污权交易制度等）可使市场本身解决因其失灵而引致的环境问题，即“看不见的手”深处实际上蕴含“绿”的基因。⑤环境管制政策工具演变随人们对外部性的认识深化而不断演进。具体表现为：外部性系“私人、社会成本的背离→产权界定不清晰→交易费用过高”等不断深化的认识过程；相应地环境政策工具历经“命令—控制→政府征税手段→利用排污权交易等市场工具→自愿参与制度”的演变过程。⑥环境治理中“要么政府，要么市场”（即科斯—庇古争论）的观点有着共同的缺陷：天真地将理想状态（“斯密神话”与“凯恩斯神话”）与现实状态进行对比。现实的可行之道是：政府为主，市场为辅。⑦在借鉴科尔奈（Kornai，1986）预算软约束概念基础上，首次提出“环境软约束”概念（并进一步细分为软约束Ⅰ、Ⅱ、Ⅲ），并以其为核心构建我国环境问题的制度性系统分析框架，深入揭示环境问题的“政府”根源及其所呈现的“中国特色”。⑧在我国环境污染治理对策上，提出“治污先治官”的思想。⑨将环境科学中具自然属性的“环境容量”概念与经济学中具社会属性的“环境产权”有效融合，提出兼具物质实体与权利特性的环境容量权概念，并基于此构建环境容量权制度。该制度巧妙驱动官员由“要我治污”向“我要治污”转变，可兼顾环境容量配置的“计划效率”与“市场效率”等优点，等等。

不得不指出，本书涉及市场演进与环境污染、市场与环境保护兼容、正的物质世界与负的污染世界、经济学的新古典割裂、产权失灵与环境问题、民族竞争（国家发展主义）与环境问题、政府环境软约束、政府与市场之外的第三部门、环境容量权制度的运作以及基于政府—市场的环境经济学体系的构建等广泛内容。一般来讲，研究的广度往往以牺牲深度为代价。因此，本书最大不足可能在于对上述所涉繁杂的内容难以全部研究透彻。对此，笔者只能用“提出问题有时比解决问题更重要”来安慰自己了。好在本人在高校从事教学、研究工作，且对（环境）经济学有着持续的热情，立誓“为环境改善贡献自己力量”（本人博士论文结语），相信这些缺憾会在今后研究中得到进一步的弥补及完善。

最后，感谢浙江省哲学社会科学基金《杭州湾水污染形成机理及治理对策研究》（13NDJC090YB）、浙江省自然科学基金《经济新常态下浙江省污染治理研究——基于政府官员行为的视角》（Y16G030028）以及《循环经济与浙江转型发展研究团队》建设基金对本书出版的资助。同时本专著也是钟茂初教授主持的国家社科重大项目《城市生态文明建设机制、评价方法与政策工具研究》（13&ZD158）的成果之一。

张学刚

2017 年 7 月

目 录

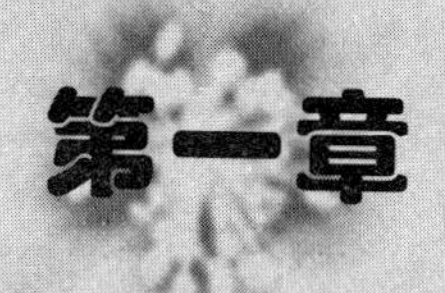

第一章

引论：环境污染成因及基于政府—市场角度的解读

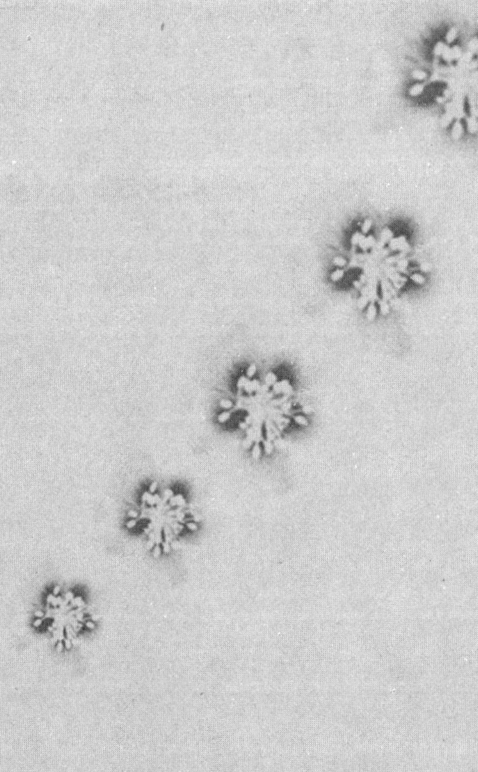

寂静笼罩着这个地方，园中觅食的鸟儿不见了，曾经荡漾着乌鸦、鸽子的合唱以及其他鸟鸣的声浪的早晨，现在一切声音都没有了，只有一片寂静覆盖着的田野、树木和沼泽地。曾经是多么吸引人的小路两旁，现在排列着仿佛是火灾浩劫后的焦黄的枯萎的植物，甚至小溪也失去了生命，因为所有的鲟鱼已经死亡。这里已被生命抛弃，留下来的只是一个寂静的春天，无声无息……

是什么东西使得美国无数计的城镇的春天之音岑寂下来了呢？不是魔法，而是人类自己。

——R. 卡尔逊　《寂静的春天》

自20世纪六七十年代以来，以全球变暖、人口剧增、资源短缺、环境污染等为主的生态与环境问题被认为是世界性的“生态危机”，环境问题成为人类社会关注的焦点。日本一桥大学著名环境经济学教授岩佐茂先生甚至认为20世纪是“全球规模环境破坏的世纪”。据有关资料介绍，全世界每年约有4200亿米污水排入水体，造成55000亿米的水体污染，水质污染导致的饮水危机席卷全球；每年排放到大气中的硫氧化物1.96亿吨，氮氧化物6800万吨，比20世纪初增加了6～10倍，全球每年空气污染对40亿～50亿人的身体健康产生不良影响，并且情况还有恶化的趋势①。我国的情况也不容乐观，由于人多地少，经济发展快、开发强度大，加之传统的增长方式，导致生态破坏日趋突出，环境污染相当严重。国务院2005年环境公报显示：我国流经城市的河段95%以上受到严重污染，70%的江河水系受到污染，其中40%基本丧失使用功能，3亿农民喝不到干净的水。1/5的城市空气污染严重，4亿城市人口呼吸不到新鲜空气，世界上污染最严重的20个城市中，中国占了16个，1/3的国土面积受到酸雨影响，全国水土流失面积356万平方公里，沙化土地面积174万平方公里，90%以上的天然草原退化，生物多样性减少②。2013年亚洲开发银行和清华大学发布《中华人民共和国国家环境分析》报告称，中国500个大型城市中，只有不到1%达到世界卫生组织空气质量标准。世界上污染最严重的10个城市之中，有7个位于中国。根据耶鲁大学的全球环境绩效指数（EPI）评估报告，中国GDP总量在世界排名由2006年第四名上升到目前稳居第二名，而环境绩效指数从2006年的65分下降到2014年的43分，排名从第94名（参评133个）下降到2014年的第116名（参评132个），倒数第17名。

我国高度重视环境保护，采取了一系列重大政策措施，各地区、各部门不断加大环境保护工作力度，取得了一定成效。但“总体上看我国生态文明建设水平仍滞后于经济社会发展，资源约束趋紧，环境污染严重，生态系统退化，发展与人口资源环境之间的矛盾日益突出，已成为经济社会可持续发展的重大瓶颈制约”（2015年6月《中共中央、国务院关于加快推进生态文明建设的意见》）。在此背景下，从政府与市场的视角构建环境污染成因及治理的综合性分析框架，尤其揭示转型时期我国环境污染的深层机理，无疑为环境污染

① 转引自钟水映，简新华．人口资源与环境经济学［M］．北京：科学出版社，2016.

② 国务院新闻办公室．中国的环境保护（1996－2005）［EB/OL］http：//www.zhb.gov.cn/law/hjjzc/gjfb/200607.

的有效治理理论基础，为“美丽中国”建设提供思路。

第一节　社会科学视野里的环境污染问题及其解读

任何一门学科的产生离不开产生的社会土壤，环境科学是20世纪中叶产生的新兴学科。环境科学是以“人类—环境”系统为其特定的研究对象，研究“人类—环境”系统的发生、发展和调控的科学。包括生物学家、化学家、医学家、工程学家、物理学家和社会科学家等在各原有学科的基础上，运用原有学科的理论和方法研究环境问题，逐渐出现了一些新的分支学科。本部分着重介绍社会科学视野下对环境问题的研究。

一、环境及环境问题

环境是围绕着某个主体的周围世界。《现代汉语词典》把环境解释为“影响人类活动的各种外部条件，包括自然环境、人工环境、社会环境和经济环境等”。[①]《中国大百科全书环境科学卷》把环境定义为“环绕着人类的空间，及其中可以直接、间接影响人类生活和发展的各种自然因素的总体”。《中华人民共和国环境保护法》第2条则规定：“本法所称环境，是指影响人类生存和发展的各种天然和经过人工改造的自然因素的总体，包括大气、水、海洋、土地、矿藏、森林、草原、野生生物、自然遗迹、人文遗迹、自然保护区、风景名胜、城市和乡村等。”换言之，环境是指为生物提供生存、发展的空间和资源的自然环境和社会环境。生态学上把环境看作是“以整个生物界为中心、为主体，围绕生物界并构成生物生存的必要条件的外部空间和无生命物”。本书所取的环境是指包括与人类生存和发展有密切关系的生活环境和生态环境在内的、影响人类生存和发展的各种天然的和经过人工改造的自然因素的总和。其主要包括大气、水、土地、矿藏、森林、草原、野生动物、野生植物、水生生物、名胜古迹、风景游览区、自然保护区、生活居住区等。

所谓环境问题，是指因自然变化和人类活动而引起的不利于人类和生物圈

---

① 日语中环境的‘环’字和德语的Umwelt（环境）的前缀Um都有‘围’的意思，英语的environment（环境）这个名词，就是由environ（围）这个动词造出来的。

生存和发展的生态环境结构和状态的变化，包括生态破坏、环境污染等。环境问题可分为原生环境问题和次生环境问题。原生环境问题通常是指自然灾害，如火山爆发、地震、洪水、冰川运动等带来环境的污染和破坏，这类环境问题是人类无法控制的。次生环境问题通常是指由于人类的生产和生活活动违背了自然规律，不恰当地开发利用环境资源所造成的环境污染和环境破坏。次生环境问题一般可分为两类：一类是指由于人类不合理的开发利用自然资源（超过其恢复能力），造成生态环境破坏，如草原退化、土壤盐碱化、资源枯竭、物种灭绝等；另一类是指人类生产和生活过程中违背自然规律，任意排放的各种污染物超过了环境容量，破坏了环境的自净能力所造成的环境污染，如大气污染、水体污染、土壤污染等。通俗来讲，原生环境问题指一些不可抗拒的自然因素导致的环境破坏，类似于"天灾"；次生环境问题大多由于人类不当活动造成，类似于"人祸"。当然，有时候天灾含有人祸因素（例如 1998 年的长江大洪水是天灾，但重要原因在于长江上游森林过度砍伐造成水土流失严重等人为因素所致），因此这种划分也是相对的。本书所研究的环境问题主要是指次生环境问题。

二、环境科学及其分类

大体而言，环境科学大体包括两大类（见图 1 –1）：环境自然科学、环境社会科学。环境自然科学研究人类活动下自然环境和人工环境中的演化规律，以及环境演化对人体的生理影响和毒理效应等，具体可分为环境化学、环境工程学、环境生态学、环境生态学、环境药学等。环境社会科学则主要是运用社会科学的理论与方法，研究人类社会活动与环境关系以及人类环境行为的社会调控等，包括环境哲学、环境史学、环境社会学、环境管理学、环境经济学、环境法学等。当然，环境自然科学与环境社会科学之间也相互影响：一方面，环境自然科学是环境社会科学的理论基础。离开了环境自然科学和环境工程科学（技术）的基础，环境社会科学无论是对于问题本身的确定与阐释，还是对解决方案的制定，都将缺乏基本的学理依据。以环境法学为例，《环境法》的许多法律规范是由技术规范上升而来，《环境法》中防止环境破坏和防治污染的方法就是对技术方法和措施的法律表述。又如对于城市的大气雾霾问题，如果没有充分的自然科学研究和工程技术手段作为支撑，单凭环境管理学等诸社会学科孤军作战是很难取得什么成效的。另一方面，环境自然科学（尤其环境技术）在具体社会应用上，不仅只考虑其技术的可行性，还必须对该技术应用的成本—收益、社会可接受性、政治上的可行性等诸多方面进行评估。否则，也难以达到应有的效果。

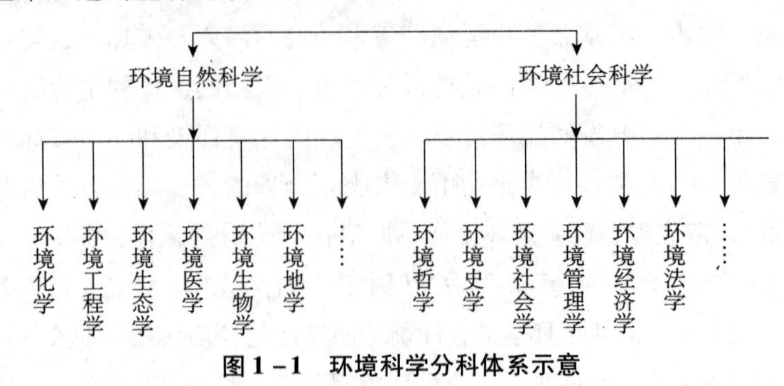

图 1－1　环境科学分科体系示意

三、环境社会科学概览

鉴于本书的主题，我们主要对环境哲学、环境史学、环境社会学、环境法学、环境社会学、环境管理学以及环境经济学等环境人文社会学科做简要介绍。

（一）环境伦理学（环境哲学）①

现代伦理学是社会伦理，是关于人与人、人与社会关系的道德研究，它不涉及人与自然界的关系。遵循“人乃自然的主宰”的哲学思想，人类在征服、改造自然取得“重大胜利”的同时，也带来环境恶化，生态破坏等生态危机。在此背景下，人类开始反思人与自然的关系，将人类道德对象从人与社会领域扩展到生命和自然界，从人与人的社会关系扩大到“人—自然”共同体，即研究的不是人类社会内部的人与人之间的伦理关系，而是人与自然生态环境之间的伦理关系。人与自然的关系的核心是“非人类中心主义”，强调完整的伦理学必须给予整个生态系统以道德关注，而不仅仅是对动物或者生物，还应该包括山川、河流等非生命的自然客体，借以体现生态系统的整体性、依赖性和联系性，包括动物中心论、生物中心论、生态中心论等。

① 关于环境哲学与环境伦理学这两个概念，我国的学者未加以严格地区分，似乎环境哲学讨论的问题主要就是环境伦理与道德问题。从学科的划分标准来说，伦理学是属于哲学一级学科下二级学科中的一个。从研究内容上，环境伦理学是讨论人与自然环境之间的道德行为规范的学问，追问人这个主体在处理与自然之间关系时的道德本质。在与人的道德规范并不直接相关的一些环境问题，如工业生态系统的特性和稳定性以及技术生态化等问题的哲学考量，未必属于环境伦理学的范畴，故环境哲学研究的范围应该要比环境伦理学宽泛。

从发展历程来看，1933 年，德国哲学家阿尔伯特·施韦兹出版《文明与伦理》，倡导“敬畏生命”的伦理原则。1949 年，美国生态学家奥尔多·利奥波德出版了《沙乡年鉴》，提出为了保护“生命共同体的稳定、完整和美丽”，需要一种新的大地伦理的思想。当然，环境哲学得以发展，在很大程度上来自现实的环境保护运动，特别是蕾切尔·卡尔逊 1962 年出版的《寂静的春天》，促成美国国会于 1972 年通过了禁用 DDT 的法案，这标志着全社会最终接受了卡尔逊的见解，使得利奥波德超前的“大地伦理”真正演化为持续的环境哲学运动。在我国，如果将余谋昌先生发表在《生态学杂志》1982 年第 1 期上的《生态观与生态方法》一文作为我国最早的环境哲学论文的话，可以说环境哲学研究在我国已经有了近 40 年的历史。我国环境哲学研究的历史大体（或者说不严格）分为两个阶段。第一阶段为“翻译和引进阶段”，主要从 20 世纪 80 年代中期到 21 世纪初期。此时期，一些学者通过翻译国环境哲学家的著作，将“非人类中心主义”学派的观点引进中国。第二阶段可以叫作“讨论阶段”或者“论争阶段”（从 20 世纪 90 年代中后期直到现在），大体上分成了“非人类中心主义”和“人类中心主义”两个阵营，前者以余谋昌、叶平等为主要代表，后者以刘湘荣、章建刚为主。

这里，特别指出的是，习近平同志在浙江主政期间，提出了“自然休养”、生态功能区划分和“生态补偿”等生态文明制度建设措施。他也要求“加强生态文化建设，使生态文化成为全社会的共同的文化理念”。他指出，要化解人与自然、人与人、人与社会的各种矛盾必须依靠文化的熏陶、教化、激励作用——实际上也指出中国传统文化具有较强的生态性质。进入中央以来，习近平同志先后在不同场合提出丰富的环境哲学思想，如 2013 年 11 月，在党的十八届三中全会作关于《中共中央关于全面深化改革若干重大问题的决定》的说明时，他深刻揭示了这种“天人合一”的生态关系，他说，山水林田湖是一个生命共同体，人的命脉在田，田的命脉在水，水的命脉在山，山的命脉在土，土的命脉在树。由此使我们认识到，山、水、林、田、湖作为生态要素，与人存在极为密切的共生关系，共同组成了一个有机、有序的“生命共同体”，其中任何一个生态要素受到破坏，人类都难以生存和发展。

（二）环境社会学

20 世纪 60 年代以来由于工业化和城市化进程的迅猛发展，西方工业国家环境问题层出不穷。关注着由环境问题导致的种种社会问题的社会学的分支学——环境社会学应运而生。环境社会学的使命就是从社会学视角研究环境问题的内在机理，为协调环境与社会的协调发展提供理论依据。

环境社会学的研究对象概而言有 3 种视角：一是环境与社会之间的相互关系的视角。该学派认为环境社会学的核心是研究人与自然关系中人的行为（个体或群体）对自然环境的影响。二是环境问题的视角。该学派秉持环境社会学的核心问题是环境问题产生的社会原因及其社会影响。从环境问题的社会特征、社会原因、社会过程、社会影响等多个视角进行探析。三是环境行为的视角。该学派主张从个体行为视角透视环境问题，认为控制个体的环境行为是普遍有效的环境对策。

环境社会学领域包括①：

（1）政府、企业和组织对环境问题的反应；

（2）人类对自然灾害和环境灾难的反应；

（3）环境问题社会影响评估；

（4）能源及其他资源短缺的社会影响；

（5）社会不平等与环境风险之间的关系；

（6）公众意识、环境主义和环境运动；

（7）环境问题及政策的国家比较；

（8）对公众环境态度变化的调查；

（9）与环境相关的大规模社会变迁；

（10）人口增长、贫富差距与环境的关系。

我国现有研究涉及环境污染的社会成因、城乡居民的环境意识、受害者的环境抗争、环境公平（正义）、环境教育、环境权利、环境运动、环境群体性事件、生态移民、草原保护、海洋环境、城市垃圾处理、环境政策、环保组织与公共意识广泛等领域。

（三）环境历史学

环境问题并非单一经济因素所致，也不可能仅仅通过经济调整予以解决，它同时也是政治问题、社会问题和文化问题，因此必须全方位地考察人与自然的关系史才能真正揭示环境问题的本质。环境史学努力揭示人与自然之间的长期关系，为认识和应对当代生态环境危机、调和经济社会发展与生态环境保护

① 洪大用．社会变迁与环境问题［M］．北京：首都师范大学出版社，2011.

之间的矛盾提供了历史的视角[①]。环境史学把人的历史视为地球生态系统演化的一部分，把自然环境视为人类文明的能动参与因素纳入历史叙事中，即“人类回归自然，自然进入历史”。

环境历史学始于二战以来人类对自然环境的巨大破坏，导致对环境问题的深刻反思。1962年，卡尔逊《寂静的春天》在美国出版，引起了巨大轰动。20世纪70年代，环境史研究渐在历史学中崭露头角，成为人类重新思考社会发展道路的助推力。在全球重新思考人类发展道路的背景下，中国的环境史研究也成果丰硕。包茂宏的《环境史：历史、理论与方法》，从研究方法、理论框架对环境史进行探讨。侯文蕙的专著《〈尘暴〉及其对环境史研究的贡献》，以描述20世纪30年代美国南部大平原环境灾难为评介对象，较为系统地论述了环境史研究的意义。梅雪芹的《水利、霍乱及其他：关于环境史之主题的若干思考》，从人与社会、环境的互动探讨环境史的研究重点。刘翠溶、伊可主编的《积渐所至：中国环境史论文集》，汇聚了近年来环境史研究领域颇有分量的多篇论文，内容涉及人口、资源、生态、地理、疾病、灾害、社会组织、制度规范、思想观念等许多方面。

（四）环境政治学

环境政治学（生态政治或“绿色政治”）在理论上指的是人类社会如何构建和维持与其生存的自然环境基础之间的适当关系，其中包括人类与地球及其生命存在形式的关系和以生态环境为中介的人们之间的关系；而在现实中则是指人类不同社会或同一社会内部不同群体，对某种类型环境问题或对环境问题某一层面的认知、体验和感悟及其政治应对（郇丛庆）。作为对构建人类与维持其生存的自然环境基础间的适当关系的政治理论探索与实践应对，环境政治学成为一门独立的政治学理论分支或学科。著名的《环境政治学》（*Global Environmental Politics*）杂志就将其办刊宗旨概括为：集中于探讨工业化国家中“环境运动和政党的演进”“公共环境政策在不同政治层面上的制定与落实”“来自环境运动组织或个人的生态政治观念”和“重大的国际环境议题”。国内则把环境政治研究的内容划分为密切关联的四个部分：绿色思想（生态政治理论）、绿色运动（环境

① 汤因比在《人类与大地母亲》中提出历史研究应包括生态进程，但除了在序言中贯彻这一思想外，其他章节仍然没有跳出政治史的老套。年鉴学派的代表人物布罗代尔在《菲力普二世时代的地中海和地中海世界》的开篇第一章就阐述了环境在历史中的作用，把环境当作影响长时段历史发展的结构性因素对待。但他的环境是静止的 Milieu，而不是变化的 Environment。

组织或团体运动）、绿党（环境政党）和环境公共管治制度及政策。

环境政治理论可以概括为“红绿”“深绿”和“浅绿”三大流派[①]：“红绿”主要从经济社会结构的角度来解析生态环境问题，指出生态环境破坏主要是建立在私人所有权基础上的资本主义经济社会制度——资本及其“增殖或者死亡”的逻辑，是生态环境质量不断恶化的经济社会制度根源。相应地，用一种生态的社会主义来替代资本主义可实质性消除生态环境问题或危机。“深绿”秉持生态（生物、生命）中心主义的价值观，认为人类试图征服自然导致全面生态危机，重建人类（公众个体）与自然生态之间的内在统一性为解决生态问题的关键。“深绿”主张公众语动力、政治动力和民众动力。比如，在欧盟核心国家特别是德国发展起来的“生态现代化”政策，之所以能够产生巨大而积极的经济社会影响，正是由于柏林自由大学环境政策研究中心等智库的精心论证阐发、绿党与社会民主党领袖及其联盟政府的强力引导推动和德国民众长期不懈的绿色社会参与。“浅绿”则在生态环境难题理解及其应对上持一种现实或实用主义的理论立场。其不像“深绿”“红绿”流派那样追究生态环境难题的深层根源及企图生态环境难题的一劳永逸的解决方案，其强调更为现实的是利用经济技术手段和法律行政管理手段来切实地推进现实生态环境的改善。

（五）环境法学

一般认为环境法是指以实现人类社会的可持续发展为目的而制定的以全面协调人与环境的关系，并调整人们在开发、利用、保护、改善环境的活动中所产生的各种社会关系的法律规范的总称。环境法学的目的和任务是创新法学理论，就环境问题对法学的冲击做出积极的回应，而不仅仅停留在传统法学理论对环境问题的冲击所做出的消极的反应上，为环境法的实践提供科学的理论指导。具体而言，它是以法学为基础，运用法学原理，并吸收边缘相关学科如环境经济学、生态学、环境管理学的成果原理以及环境科学的某些原理，深入研究环境法学问题而形成的独立学科。它包括环境法的产生和发展、环境法的目的和任务、环境法的体系、环境法的性质和特点、环境法的原则和基本法律制度、环境法基本理论等。

（六）环境管理学

作为环境科学的一个重要分支，环境管理学是环境科学与管理科学交叉渗

① 郁庆治．环境政治视角下的生态文明体制改革［J］．政治学研究．2015（3）．

透的产物，其以生态—经济—社会系统作为研究对象，研究这些子系统之间相互联系、相互影响、相互制约的矛盾运动。环境管理学认为，环境管理的本质是运用各种有效管理手段，调控人类行为，协调经济社会发展同环境保护之间的关系，限制人类损害环境质量的活动以维护区域正常的环境秩序和环境安全。环境管理学包括区域环境管理、部门环境管理、资源环境管理、环境质量管理、环境技术管理、环境计划管理等内容。

（七）环境经济学

环境经济学也称为污染经济学或者公害经济学，是经济科学和环境科学相互渗透形成的交叉学科。主要利用经济学（以新古典的资源配置理论和科斯经济学为理论基础）和环境学原理，研究经济发展和环境保护之间的对立统一关系，探索使经济活动能取得最佳的经济效益和环境效益、将环境纳入主流经济轨道的理论与途径。国内环境经济学的研究主要涉及下述内容：环境（经济）政策，环境管理绩效评估，循环经济，可持续发展，环境污染损失评估，环境库兹涅茨曲线，外部性理论，产权制度，排污权交易，环境税，环境投融资，贸易与环境，国际环境问题，等等。国内从事环境经济学研究的学者实际上分属于两个不同的领域，即“环境科学”领域的环境经济学和经济学领域的环境经济学。前者以理工科教育背景的学者为主，大多隶属于高等院校的（资源）环境学院和国家环保总局下属的相关研究机构，其学术组织为中国环境科学学会所属的环境经济学专业委员会；后者以具有经济学背景的学者为主，多属于高等院校的经济（管理）类院系和政府综合部门的研究机构，其学术组织相对分散，部分学者加入了“中国生态经济学会”或中国人口学会下属的“人口与资源环境专业委员会”。

第二节 经济学的思维特点及环境经济学的理论基础

一、经济学思维特点

要理解经济分析，首先要理解经济学的研究方法、研究特点及研究范式。

我们知道，由于资源的稀缺性及人的欲望无止境性这一基本冲突，逼迫人们做出权衡取舍的选择，以尽可能地最合理地安排有限的资源去满足人的欲望。经济学就是协调人无限需求与有限资源矛盾的学科，换个说法，经济学是研究稀缺资源通过市场在各种可供选择用途间进行有效配置的学问（罗宾斯，1923）。因此，经济学是研究资源如何最优配置的学问（从主体的角度看，其实也是如何做出最合理选择的问题），追求“最优”是经济学的使命。在现实世界中，人与物（世界）形成复杂关系，而归根到底，人与物关系的背后从来就是人与人之间的关系。人与人关系是复杂的，从不同的视角如法律、社会、政治、经济、伦理等来研究人与人之间的关系就相应催生法律学、社会学、伦理学等社会学科。经济学被称为社会科学王冠上的宝石，为什么取得如此显赫地位？本文认为原因在于其独特的研究视角（perspective）、“硬”的研究方法（analytical method），以及严密而自洽的逻辑体系（研究范式 paradigm）①。

经济关系是人与人关系中最基本、最重要的关系。人们进行活动，面临各种选择，而且所追求的是最优的选择。何为最优？怎样衡量最优？（衡量最优是如何达到最优、实现“经济”的前提）。经济学将选择结果“得”“失”予以数量化（如消费者获得多少效用、花费多少货币，生产者收益多少、成本几何），从而巧妙地从效用、成本、利益等数量的视角来研究人类选择②。基于此，经济学引进各种定量描述主体选择行为的表达式（函数），如消费者满足程度的效用函数、生产者对应产量函数、成本函数、收益函数等。与此对应，各种数学工具（如边际方法、动态最优、博弈论）以及经济计量分析方法等广为应用，无疑使经济学成为一门“硬”的科学。正如马克思指出的“一种科学只有成功地运用数学时，才算达到了真正完善的地步”。对于经济学常用的具体研究方法，鉴于成本—收益方法、供求分析方法、博弈分析方法等大家都非常熟悉，就不展开介绍了。这里特别指出另一种常见也是特别重要

---

① 钱颖一在《理解现代经济学》中将经济学研究特征概括为：独特的研究视角、研究方法、独特的参照体系。笔者认为，将现实与理想状态进行对比的比较分析是经济学常用的一种分析方法，钱以“参照体系”进行单列值得商榷。笔者与钱的看法相异的另一点在于，经济学除了独特研究视角和研究方法外，还在于其严密而自洽的研究体系。

② 笔者认为这点区分于其他社会学科。其他社会学科往往停留在抽象的、定性描述层面。在经济学史上，威廉·配第最早使用数量来刻画经济关系，其在代表作《政治算术》中使用量来分析问题。瓦尔拉斯（1874）甚至自豪地宣称那只看不见的手，不是上帝的主意，而是一套数学原理。

的方法——比较分析方法。它是一种可行的形式与另一种形式相比，进而做出现实的选择。事实上，现代经济学向人们提供了多个有用的参照体系（reference）或基准点（benchmark）。如一般均衡理论中的阿罗-德布鲁定理、产权理论中的科斯定理和公司金融理论中的莫迪利亚尼-米勒定理等。这些定理尽管抽象却不失深刻地描述了理想中经济运行的状态及条件，对我们研究现实经济世界提供了非常重要的参照系。因此，“受过现代经济学系统训练的经济学家的头脑中总有几个参照系，这样，分析经济问题时就有一致性，不会零敲碎打，就事论事”①。最后，系统而逻辑严密的研究体系也非常重要。拉卡托斯（1970）将研究纲领分为两个组成部分：纲领的不变“硬核”和它的“保护带”。经济学以经济人假设、理性选择和均衡为不变的“硬核”，借助数学等分析工具将分类选择问题转化为最优问题，从而形成一套能解释、预测选择的逻辑严密的学科体系（经济史大师熊彼特称该体系为“水晶般玲珑透澈的结构”）。而且，借助保护带的弹性缩张，经济学中的几次“革命”（如不完全竞争革命、西蒙的有限理性革命、交易成本革命、理性预期革命等）不仅没有使其“丧命”，反被该理论成功吸收，从而成为更坚强的理论。可见，严密的逻辑体系也是现代经济学的重要特征。

综上所述，经济分析在于从独特的视角（人与人之间经济关系入手），并运用现代数学理论、控制理论等“硬”的分析工具，去研究经济主体在现实约束条件下（即真实的世界）如何做出选择以达到最优，从而实现“经济”一种方法。经济分析向我们提供的不是教条，而是一种方法、一种智慧、一种思维方式，它有助于掌握它的人得出正确的结论（凯恩斯，1941）。

二、环境经济学的理论基础

传统经济学作为稳居话语霸权之优势地位的显学，形成了逻辑严谨的学科知识体系：市场、竞争、需求、供给、成本、价格、收益和分配，构成了微观经济学的基本范畴；国民生产总值、国民所得、财政、金融、就业、外贸、经济周期、经济增长，构成了宏观经济学的基本范畴。通常认为，环境经济学是西方经济学逻辑体系的自然延伸和组成部分，它以福利经济学、外部性理论等为基础，采用新古典的分析方法，通过给予环境和资源以合适的使用价格，最

① 钱颖一．理解现代经济学．经济社会体制比较［J］．2002（2）：33-38.

终实现外部效应的内部化，以达到减少污染和实现资源有效利用。

环境经济学有两个理论支柱[①]，一个是新古典资源配置理论，一个是科斯经济学。新古典资源配置理论分析市场机制配置资源的效率，为环境经济学提供了理论参照系。科斯经济学强调产权明晰对资源配置效率的决定作用，引导经济学家关注外部性的产权根源，以及环境产权制度变革。

（一）环境经济学的理论基础Ⅰ：新古典资源配置理论

稀缺资源的有效配置是新古典经济学的核心问题。由于资源是有限的，而人的需要是无限的，要用有限的资源来满足人们多样化的无尽需求，就必须尽可能有效地配置和利用资源。众所周知，新古典经济学用边际效用理论和一般均衡理论解决了这个问题，其结论是，让市场机制自由发挥作用，就能够实现资源的有效配置和个人利益最大化。该思想被瓦尔拉斯，以及后来的阿罗与德布鲁等人加以精确地形式化，并被福利经济学第一定理和第二定理推向极致。新古典经济学的资源配置理论，特别是阿罗—德布鲁模型想象了一个抽象的、无摩擦的人造世界，该人造世界有一系列严格的假设条件，如完备市场和完全信息、不存在外部性等。既然市场机制这只“看不见的手”在环境资源的有效配置中存在着失灵，人们必然会想到政府这只“看得见的手”在环境资源配置中的作用。

早在20世纪30年代，英国福利经济学家庇古就开始从经济学角度对英国的环境污染问题进行研究。他首次提出，商品生产过程存在社会成本与私人成本不一致的现象，生产者只关心其生产成本，而对排污所产生的社会损失并不予置理，这就形成了企业的私人成本与社会成本的差异。由于这一差异并未反映在企业的生产成本中，就形成了庇古称之为边际净社会产品与边际净私人产品的差额。庇古认为，这一差额不可能通过市场自行消除。在这种情况下，国家即政府可以采取行动，以征税的方式，将污染成本加到产品的价格中去。即由政府或其他权威机构给外部不经济性定一个合理的负价格（“庇古税”或“庇古费”），以促使外部成本的内部化。这一观点后来不仅为政府以强制性制度形式参与生态环境治理提供了基本框架，而且还成为支持政府干预经济的经典之论（Pigou，1932）。

---

① 沈小波．环境经济学的理论基础、政策工具及前景［J］．厦门大学学报（哲学社会科学版），2008（6）．

60年代以后，西方国家的环境污染更加突出，促使更多的学者开始关注环境问题。学者一致认同庇古的观点，认为对于工业污染的处置，市场运作失灵，完全不具有效率（Kneese，1977）。由政府对生产企业征收“庇古税”或“庇古费”等方式进行宏观市场干预，就可以达成帕累托最优的基本条件，这已经成为学术界的共识。达斯古普塔（Dasgupta）还提出了类似于“庇古费”或“庇古税”的“社会贴现率”的概念，并且认为，可再生资源影子价格随时间的变化率，应该由政府按照与“社会贴现率”相等的原则来确定（Dasgupta，1982）。

（二）环境经济学的理论基础Ⅱ：科斯经济学

科斯在1960年发表的《社会成本问题》中，对庇古税的合理性和必要性提出了质疑。按照庇古的逻辑，之所以要对污染排放者征收污染税，是由于污染者的排污行为对他人造成了损害。但是，在科斯看来，污染者和被污染者之间的损害是相互的，为了避免损害被污染者，反过来会损害污染者。因此，真正的问题不是如何阻止污染者，而是我们应该准许污染者损害被污染者，还是准许被污染者损害污染者。问题是如何才能避免更严重的损害。科斯的答案是，如果产权确定是明晰的，且交易成本为零，则污染者与被污染者之间的自愿协商能够实现资源有效配置，而无须任何形式的政府干预。这就是所谓的弱版本的“科斯定理”。强版本的科斯定理甚至声称，只要产权确定是明晰的，且交易成本为零，则无论资源产权归谁所有，经济主体之间的自愿协商能够实现资源配置效率。

从20世纪80年代初期开始，西方经济学家开始从纯市场理性出发研究环境问题，并且对传统的政府干预进行了批判。他们认为，虽然存在“市场失灵”，但政府不必直接进行环境管制或干预微观市场的运行。因为，在生态环境与资源利用中，并不存在庇古所说的社会成本与私人成本差异，“一种商品的价格体现了该商品的全部社会成本”（Simon，1981）。有经济学家甚至认为，即使政府以经济杠杆进行宏观干预，也是多余的。相反，缺乏明确的产权界定，没有市场价格，或者定价太低或补贴，才是造成环境破坏的根本原因。因此，他们主张对生态环境治理采用自由放任的方式，即“自由市场环境主义”（Anderson and Leal，1991），并且认为，由于存在“政府或政治缺陷”，政府的干预同样可能带来社会损失，因此市场的失效并不表明政府的干预就会成功。政府对于环境活动的行政管制相对缺乏效率，存在优先问题选择误导以及公共选择误区等，不仅妨碍资源的有效配置，而且还可能导致环境破坏。

三、环境成因经济分析的核心“抓手”：环境库兹涅茨曲线（EKC）理论[①]

1991年，格罗斯曼和克鲁格（Grossman and Krueger，1991）对GEMS的城市大气质量数据做了分析，发现SO_2和烟尘符合倒U型曲线关系。1993年帕纳约托（Panayotou）借用1955年库兹涅茨（Kuznets）界定的人均收入水平与收入不均等之间的倒U型曲线，首次将这种环境质量与人均收入水平间的关系称为环境库兹涅茨曲线（EKC）。EKC揭示出环境质量开始随着收入增加而退化，收入水平上升到一定程度后随收入增加而改善，即环境质量与收入为倒U型关系。此后，众多学者对EKC进行了深入的研究，取得大量的研究成果。这些研究归纳起来主要集中在以下两方面。

（一）EKC的形成原因的研究

主要从以下角度展开论述：第一，经济结构。格罗斯曼和克鲁格（1991），帕纳约托（1993）等从经济结构的改变解释EKC现象，认为EKC现象是经济规模效应和经济结构自然演进作用的结果。伴随着经济发展水平提高，经济结构将发生变化，以能源密集型为主的重工业向服务业和技术密集型产业转移，导致环境质量的改善。第二，市场机制。Thampapillai（1995）等学者认为，随着经济增长，许多自然资源开始变得稀缺起来，致使自然资源价格上涨，迫使企业采用减少原料消耗的技术来降低成本。同时，市场参与者日益重视环境质量，公众选择购买绿色产品对维持或改善环境质量起到了重要作用。第三，需求者偏好变化。随着经济增长，人们对环境质量的需求将迅速上升。这一方面将促使人们选择消费更加环保的产品；另一方面公众通过选举、游行等形式给执政者施加压力，促使政府采取更为严格的环境保护政策。第四，国际贸易。苏里（Suri，1994）、科普兰（Copeland，2004）等认为，污染会通过国际贸易和国际直接投资从高收入国家转移到低收入国家，使发达国家环境质量好转，使之进入倒U型曲线的下降段，同时造成发展中国家环境质量进一步恶化，而处于倒U型曲线的上升段。第五，国家政策。一般而言，

① 该部分内容发表于《中国地质大学学报》（人文社科版），2009年第5期，并被《中国社会科学文摘》2010（2）全文转载。

经济发展水平达到一定程度以后，随着经济增长，政府将加大环境投资并强化环境监管，将产生改善环境质量的政策效应。托拉斯和博伊斯（Torras and Boyce，1998）发现一些发展中国家较少考虑政策对环境友好与否，高效民主的国家更有利于环境友好政策的采纳与实施。此外，还有一些学者从更广泛的社会角度对 EKC 的形成进行了研究。马尼亚尼（Magnani，2000）、希林克（Heerink，2002）从环境保护政策与收入分配入手来研究 EKC 的实现条件。托拉斯和博伊斯（1998）则指出，在低收入国家，制度因素影响环境库兹涅茨关系，更广泛的知识和更大程度的政治自由及公民权利对环境质量产生积极的影响。还有学者从政府腐败、国家民主程度等角度分析环境污染的影响，洛佩斯（López，2000）等的模型也显示腐败是 EKC 的决定因素之一。马尼亚尼（2000）从环境保护政策和收入分配入手来研究 EKC 的实现条件，希林克（2001）则从收入不公平来对 EKC 做出解释。

（二）环境库兹涅茨曲线是否存在的研究

不少研究结果证实了环境库兹涅茨曲线的存在。例如，沙菲克（Shafik，1992）的实证结果是二氧化硫（SO_2）和悬浮颗粒物（SPM）的排放量随人均收入的增长先恶化而后改善。帕纳约托（1993）以及克罗珀（Cropper，1994）发现森林毁坏（deforestation）的程度与人均收入呈倒“U”型关系，国内张晓（1999）、范金和胡汉辉（2002）等的研究结果表明环境库兹涅茨曲线假说成立。当然也有认为 EKC 不存在的研究结果，如考夫曼（Kaufmann，1998）、奥普斯库尔（Opschoor，1994）、陆虹（2000）、彭水军等（2006）。普遍接受的认识是丁道（Dinda，2004）的研究结论：不存在适合所有地区、所有污染物的单一模式（one-form-fit-all）。环境库兹涅茨曲线只是一个客观现象，而不是一个必然规律。

（三）有关 EKC 的简要述评

第一，就经济增长和环境质量二者关系而言，不存在适合所有地方、所有污染物的单一关系模式，甚至对同一污染物，在同一地区，采用的计量方法或选用指标不同，我们也会得到不同的曲线形状。也就是说，环境状况和收入之间是否存在所谓倒 U 型关系，在很大程度上取决于污染物所在的国家（地区）、污染物类型、指标的选取以及所用的计量经济模型。这种“不同的数据、不同的模型会有不同结果”的现象暗示着环境和发展间 EKC 关系的脆弱性。当前，国内有关环境 EKC 的研究仍是热点，有关这方面的研究论文可谓汗牛充栋。遗憾的是这些研究大多“似曾相识”（绝大多数研究都是用时间序列数据进行简单回归，唯一的差别就是所研究的地区不同），鲜有创新；研究结论差异很大甚至互相矛盾。例如，同为南开大学研究者的赵细康和包群，使用大致相同的数据来研究全国的 EKC，得出大相径庭的结果；凌亢和王宜虎分别研究南京的 EKC，得出的结论却完全相反（见表 1－1），等等。奇怪的是这些迥异甚至矛盾的结论倒能相安无事，也鲜有人对此予以指出并进行评判，这种情况确实值得反思。我们认为这一定程度上反映了当前学界出现“拷打数据”[①]，为模型而模型的倾向。显然，这种浮躁的学风对探讨 EKC 乃至对学术研究都是非常有害的。

表 1－1　　SO_2、工业废气 EKC 研究中互相矛盾的结果

研究者	研究区域	计量模型	污染指标	曲线形状	收入水平（拐点）	时间段（年）
凌亢	南京	时间序列	总量指标	递增	递增	1988～1998
王宜虎	南京	时间序列	总量指标	U 型	6382	1991～2003
赵细康	全国	时间序列	平均指标	U 型	35291	1981～2003
包群	全国	面板模型	总量指标	递增	4111	1996～2000
范金	全国	面板模型	浓度指标	倒 U 型	21000942	1995～1998

第二，由于经济发展涉及人口、经济规模、经济结构、技术水平、贸易、政治体制、政策变化等众多因素。同时，环境质量除了受经济活动直接影响外，还受到公民环境意识、环境教育、消费观念、文化传统等因素的间接影响。这些都表明经济增长与环境之间的关系是非常复杂的，简单地用收入去解释环境质量的变化是太过草率的。而且，即使环境质量与经济增长存在某种关系（比如倒 U 型关系），它向我们表明的也只是一种既成的事后结果，并没有揭示这种关系背后的作用机制，经济与环境之间的关系实际上还是处于“黑箱”状态。显然，剖开“黑箱”去探寻 EKC 曲线背后的作用机制才是更重要、更有实践意义的工作，至于 EKC 到底呈现什么形状不是问题的关键，因此并不重要了。当前太多的力量集中于研究 EKC 具体呈现出什么形状而较少放在研究 EKC 的生成机理上，实乃将研究引入歧途，学界应该反思并予以扭转。

第三，显然，EKC 假说赖以成立的理论基础并不是经济增长本身，而是隐含在经济增长过程中的产业结构的升级（贸易结构的优化）、技术的进步（资源利用效率的提高）、政府对环境污染治理力度的加大以及人们环保意识的增强，等等。因此，在实践中如果简单的迷信环境质量的改善是经济增长内

① 该句话源自科斯，其对经济学界过度注重数学形式而忽视思想的“舍本逐末”现象进行调侃。原文：“if you torture them（data） enough，they will give in”。

生的结果，在实践中依靠粗放式生产方式去追逐更快的经济增长速度，将不仅不能带来环境质量的改善，还会由于环境质量的持续恶化阻碍经济的可持续增长。正如阿罗（Arrow，1995）指出的，经济增长并不是提高环境质量的灵丹妙药，甚至不是主要的办法，问题的关键是经济增长的内容——投入（包括环境资源）和产出（包括污染物）的构成。

总之，我们认为笼统地把经济发展水平与环境污染程度相关联，是一种从外部考察“经济—环境”系统“黑箱”（black box）的方法，这种方法短于深刻性，难以揭示环境污染发生的内在机制。当然，正是学者们对 EKC 不断争论与探索，使人们对经济与环境之间的关系有了更细致、深刻的认识，我们对经济与环境的认识不再仅仅停留于马尔萨斯、梅多斯、鲍尔丁等先辈们尽管睿智但缺乏操作因而只能停留在无尽的忧虑上。也正是在对 EKC 探索的过程中，经济—环境“黑箱”研究正在逐步地被打开（帕纳约托）。正如人们在对“索罗剩余”的探寻中深化了对经济增长的认识并导出了壮观的新经济增长理论一样，我们相信，随着人们对“环境库兹涅茨之谜”探讨的不断深入，研究将会结出产生更加丰硕的果实。

第三节　经济学发展过程中“市场—政府”主线及其在环境领域的表现

市场经济理论的发展与政府理念的变迁一直密不可分，市场与政府的交互发展共同推动了人类社会向前发展。正是在这个意义上，林德布洛姆认为，政府与市场的关系既是政治学又是经济学的核心问题，它对计划制度和市场制度来说同样重要。

一、经济史中关于政府、市场在资源配置中作用认识的简要回顾

有关政府及市场在经济发展中的角色定位，可大体梳理为：“市场万能→（市场失灵下）政府务必干预→（政府干预失灵）重回市场→政府、市场共同作用”的认识历程。具体而言，经历以下三阶段：

（1）古典自由主义时期——管得最少的政府是最好的政府。18 世纪中叶

到19世纪三四十年代，产业革命使得工业对原料的需求急剧增长，同时也要求海外市场随之扩大，重商主义为特征的国家干预经济成了经济发展的障碍。对此，须建立一种确保“个人选择的自由和生产组织的自由”的亚当·斯密式的“自然的自由制度”。主张通过“看不见的手”（市场）指引追求个人的私利，进而促进公共福利，而政府基本功能就在于“保护社会，使其不受其他独立社会的侵犯；保护社会上各个人，使他们不受社会上任何其他人的侵害或压迫；建设并维持某些公共事业及某些公共设施。”——管得最少的政府（“守夜人”）是最好的政府。

（2）凯恩斯主义时期——全面干预经济的政府是最好的政府。伴随着自由放任市场经济的迅速发展，经济危机也周期性地表现出来，并导致1929～1933年世界性的经济危机。经济危机的现实使人们意识到，市场并非万能，也存在失灵。在此情况下，凯恩斯的《就业、利息和货币通论》合为时而著，系统阐释市场自动调节不能保证社会资源达到充分利用，指出政府（“看得见的手”）通过采取积极的财政货币政策等需求管理手段来弥补有效需求不足，进而实现总需求与总供给的平衡。“只要政府知道如何聪明地运用权力来征税、借贷和花钱，资本主义就完全有救”。至此，政府全面干预经济的理论应运而生，“罗斯福新政”则是这种理论走向实践的肇始。政府的理念也由“管得最少的政府是最好的政府”向“全面干预经济的政府是最好的政府”演进。

（3）新古典综合时期——管得适当的政府是最好的政府。20世纪七八十年代以后，西方各国开始陷入经济停滞、高失业与通货膨胀并存的局面，以弗里德曼为代表的货币学派、卢卡斯为代表的理性预期学派以及奥肯等为代表的供给学派从货币中性、公众理性预期会使政府政策失效等角度对长期奉行凯恩斯主义的政府干预政策的后果进行分析，指出政府不当的干预是经济滞涨的根源，进而提出减少政府干预，重新回到市场在资源配置中的基础性作用。

概言之，学界对市场及政府在经济中作用的认识基本可归为两派：“亲市场派”和“亲政府派”，前者以亚当·斯密为标志，强调市场这支“看不见的手”对经济的主导，后者以凯恩斯为代表，偏向政府“看得见的手”对经济的调节。显然两学派存在共同的疏漏：将理想情况与现实情况进行对比，进而想当然地厚此薄彼；前者以完全竞争市场的理想模型为依据，指出此状态下社会个体（企业、消费者）终能达到最大化目标，进而实现社会资源的最优配置（即福利经济学第一定理）；后者是以一个信息灵通、高效的、人道的政府能够认识到并修正市场的缺陷政府，可采用财政、货币、产业等诸手段来实现社会资源配置的最优。然而现实生活并非“亲市场派”和“亲政府派”所设想的那样处于真空状态，现实中的选择实际上是在不完善的市场和不完善的政府之中以及在二者的结合之中进行的（查尔斯·沃尔夫）①。主张“看不见的手”（市场）与“看得见的手”（政府）二者并举，以市场自由与政府“适度”干预的契合点，弥补“市场失灵”与“政府失灵”。世界银行在1991年的报告《发展面临的挑战》中也提出②，发展的核心，也即本报告的主题是政府与市场的相互作用。这不是干预和放任主义的问题——虽然这种二分法广为流行，但并不正确；这不是市场或国家的问题，他们各自都有巨大的和不可替代的作用。在确定和保护产权、提供有效的法律、司法和规章制度体系以及提高社会的服务效率和环境的保护等方面，国家构成了发展的核心。

二、政府与市场在环境经济学中作用的演变

庇古从经济学的角度对英国的环境污染问题进行了研究，认为环境问题是由于市场在环境资源配置上的失灵所导致。他指出如果存在负外部性，如生产者只关心其生产成本，任意排放污染物而造成了社会福利的损失的时候，就需要政府通过征收“庇古税”来纠正，使得外部性问题内部化。1968年，生物学家加勒特·哈丁在《科学》杂志上发表《公地的悲剧》一文，文中假设有一个公共牧场，每一个牧民都可以自由在牧场放养牲畜，每个牧民都为了追求自己的最大利益，都会尽可能多地在牧场放养自家的牲畜，最终导致草毁畜亡的悲剧。哈丁的理论揭示，看似理性行为因缺少必要规则制约将导致囚徒困境的结果。因此。在资源不能私有化的情况下，政府的干预具有充分的必要性。此后，众多学者沿“市场失灵”思路提出政府适当干预以实现外部性内部化的观点。如萨缪尔森、斯蒂格利茨、曼昆等在其经典教材中均强调政府对市场失灵带来的环境污染问题进行必要干预的必要、必然性。据此，学界把政府对环境实施管制的思路称为庇古思路（Pigou-approach）。这里，我们把强调政府在环境领域发挥主要作用的学者称为环境政府主义者③。环境政府主义理论大

---

① 查尔斯·沃尔夫．市场或政府：权衡两种不完善的选择［M］．北京：中国发展出版社，1994.

② 世界银行．发展中的挑战——1991年世界发展报告［M］．北京：中国财政经济出版社，1992.

③ 贴上这个标签的原因有二：一是与学界现已认同的环境市场主义者，如达斯古普塔（1982）、安德森和利尔 Anderson and Leal（1991）等强调利用市场本身去解决环境问题所谓的“自由市场环境主义”的提法相对应。二是本论文主要从政府、市场的角度探讨环境问题，环境市场主义、环境政府主义的分类无疑更能自洽于研究框架。

体沿着以下三条路线演进：其一，循着庇古市场失灵思路，强调环境污染等外部性问题政府应予以干预。如达斯古普塔（1982）提出了类似于庇古税的“社会贴现率”的概念，要求政府按照与“社会贴现率”相等的原则来确定资源的影子价格。尼斯（Kneese，1985）等从基于市场失灵的角度主张政府对环境资源利用进行直接干预。平迪克指出，鉴于环境污染或生态破坏往往具有广泛以及长期影响，市场难以保证他人以及后代人的利益，因此政府进行管理是必要的。其二，基于公共品视角的研究。环境领域的环境基础设施，维护生态的森林等具有非竞争、非排他性特性，是典型的公共品。哈丁（1968）认为政府明确产权是防止自然资源、环境等公共物品出现“公地悲剧”的主要手段。萨缪尔逊、斯蒂格利茨、曼昆等都从公共品（及外部性）的角度强调政府提供公共品的必要性。其三，从国家作为制度主要供给者角度来论证。如戴维·皮尔斯（1997）认为，只要能够进行恰当的制度安排，资源、环境的可持续发展并非遥不可及。奥斯特罗姆等研究也表明，政府建立有效的激励制度对实现资源保护具有重要意义。我国环境领域权威的智囊机构——中国环境国际合作委员会（CCIED）也在研究报告中指出：导致环境污染的重要原因是市场失灵，环境保护是政府必须发挥中心作用的重要领域，……政府的环境保护工作不应是逐渐放松规制，而应是不断强化规制①。

随着时代发展以及理论的成长，环境领域强调政府干预的思想在理论和实践中受到挑战。科斯（Coase，1960）对外部性问题的解决只能靠政府出面的传统思想提出了质疑。其在《社会成本问题》（1960）一文中指出，面对环境污染等外部性问题，只要产权界定清晰，经济主体还可以通过谈判协商来实现环境污染等外部性的内部化（即市场机制本身就能解决自身产生的问题）。因此，庇古式国家干预主义方案并非是想当然的答案。我国将这种强调运用市场机制本身去解决环境问题的学者称为环境市场主义者。

具体来说，环境市场主义者往以下方向发展：

第一，延续科斯的思路，从产权的角度论证产权（市场）能解决环境问题。如帕纳约托（1997）认为，明确产权相关法律及政策的执行是环境得以改善的关键因素，库普和托莱（Koop and Tole，1999）认为政府加强产权保护是环境质量改善的驱动力量。朱利安（Julian，1995）、达斯古普塔（1982）

① 中国环境与发展国际合作委员会（CCICED）．给中国政府的环境与发展政策建议［M］．北京：中国环境科学出版社，2010.

等认为不能形成有效市场是生态环境被破坏的根本原因。国内学者卢现祥（2002）认为环境问题关键是产权（不清晰），从产权失灵的角度去分析和解决环境问题是一条重要思路。盛洪（2001）也强调产权在环境保护中的重要性，廖卫东（2004）提出了建立环境资源产权市场，以加强环境资源的有效利用。

第二，市场价格、竞争内在机制的发掘。随着人们对市场在环境领域的作用机制认识也不断深入，环境市场主义者发现市场本身也存在一些降低污染排放的内在机制。昂鲁和穆莫（Unruh and Moomaw，1996）认为对一些自然资源而言，市场自身存在内生的自我调节机制，如由于经济发展，导致一些资源需求增加进而价格上升，市场价格机制将会刺激经济主体减少对该资源的消耗，同时加速非资源密集型技术的研发，这都会带来污染的缓解。科纳和科恩（Konar and Cohen，1997）认为，市场中的一些主体在促进环境改善方面发挥重要作用，如银行出于对环境的考虑会拒绝给污染企业提供贷款，消费者绿色需求也会倒逼企业减少污染。国内方面，滕有正（2001）较早对环境领域市场机制进行了探索，张小蒂（2001）对市场与环境保护兼容的机理进行了理论分析，李国柱（2007）、涂正革（2014）对市场化与环境保护兼容进行了实证分析。

第三，环境保护市场化机制实现形式的探索。环境保护中市场机制运用集中在两个方面。一方面是污染治理市场化。具体包括污染集中处理、污染委托治理、污染设施运营服务市场化等。另一方面是环保投融资研究。中国环境规划研究院以王金南为代表的研究小组对我国环境投融资进行了系统研究。中国环境国际合作委员会（CCIED）也进行过专题研究，姚从容在博士论文中对环境基础设施各种投融资方式进行了深入研究。

第四，排污权交易研究。国外方面：克罗克（Crocker，1966）、戴尔斯（Dales，1968）提出了通过排放权交易在厂商之间分配减排成本的思想；蒙哥马利（Montgomery，1972）理论研究已经严格地证明，排放权交易制度能够为减排提供一种经济上有效的政策工具；蒂坦伯格（Tietenberg，1995）、史蒂文斯（Stavins，1995）做了文献评述。国内方面：邹骥（2000）较早对排污权交易的原理和运作进行了论述；此后蓝虹（2005）从不同角度对此问题做了研究；王金南（2008）、刘晓红（2014）对我国案例进行了系统全面的总结与梳理，等等。

综上所述，随着环境问题日益由边缘上升到社会中心问题（岩佐茂，2001；世界银行，2008），学界对环境污染成因的研究重心也历经“市场失灵→市场成功→制度失灵（主要是‘政府失灵’）”的演变历程（Stavins，2006；陆远如，2010）。有关政府“看得见的手”在环境治理中角色定位亦可大体梳理为："（市场失灵情形下）政府务必干预→政府干预并非一定有效（政府失灵）→政府、市场、社会共同作用"的认识历程，总体呈现"螺旋式"上升逼近"真实世界"的态势。从表面上看，环境问题的解决思路从市场失灵到政府干预，到政府失灵，人们又重新重视市场的力量看似从终点又回到了起点，但实际上却体现了经济学家们对环境问题的分析的不断深化；也意味着人们已从单一的依靠市场或政府的力量来治理环境的思维模式中逐步解脱出来，开始强调市场与政府的结合，实现环境治理制度的不断创新。

第四节　本书结构梗概：基于政府—市场视角的我国环境污染成因及治理

本研究选择从市场与政府的视角研究环境污染问题，一个很重要的原因是因为该问题本身在理论和实证上都有很大的拓展空间。

就理论研究而言，已有关于环境问题的理论研究存在一些不足，主要表现在以下几方面：其一，现有研究在市场、政府与环境关系问题上存在较大的误区。如过度强调市场失灵造成了环境问题，对市场机制本身可能会改善环境水平的认识不足；在政府与环境问题的关系上也大多强调政府环境管理的必要性（所谓"经济靠市场，环保靠政府"的口号就是代表性的观点），而对政府环境管理过程中可能引致更严重的环境问题不够重视。其二，已有文献大多没有区分中央、地方政府之间的利益差别，也较少考虑我国正处于经济社会转型时期的国情。显然，考虑中央、地方政府的利益差别以及我国财政分权体制下各级政府存在过度追求 GDP 增长的内在冲动（表现为不顾环境承载能力片面地追求地方经济总量的增加）的现状，将这些现实因素纳入研究，无疑会使理论更接近真实的世界。其三，对环境领域政府与市场的关系认识有待深化。在环境领域关于市场与政府的关系基本上停留于"要么市场、要么政府"的浅层认识（表现为庇古与科斯之间的争论）。事实上，现实中市场与政府关系是复杂的，如何协调政府、市场"两只手"，充分发挥其解决环境问题的作用上存在较大的研究空间。其四，解决环境问题的国际共识是市场、政府、社会公众等共同参与才能有效解决。现有研究一般注重政府环境管理等正式制度，而对公众、社区、其他环境利益团体的参与以及对社会环境意识等相对关注不够。其五，研究问题的片面性。已有研究多从生产、消费、产业结构、技术、贸易、产权、政府环境管制、民主与政治自由度、环境意识等某一个或几个方面研究环境问题，在研究中不可避免地陷入强调本方面而忽视其他，表现出“盲人摸象式”的片面。对环境问题进行综合性、全景式考察的研究相对稀缺。其六，现有关于改善环境质量的政策提议大多空泛，缺乏可操作性。本研究提出建立环境容量权制度的创新思路，该制度既充分发挥政府优势又发挥市场长处，具有较大的理论及应用价值。

本研究以问题为导向，整体结构安排遵循“提出问题—分析问题—解决问题”的思路。首先，分别从市场和政府的角度分析环境问题的根源；接着，从市场与政府相结合以及第三部门等方面提出解决环境污染的思路；随后，提出改善我国环境质量的制度创新构想；最后是基于政府—市场的视角构建我国环境经济学的初步设想（即“余论”）。

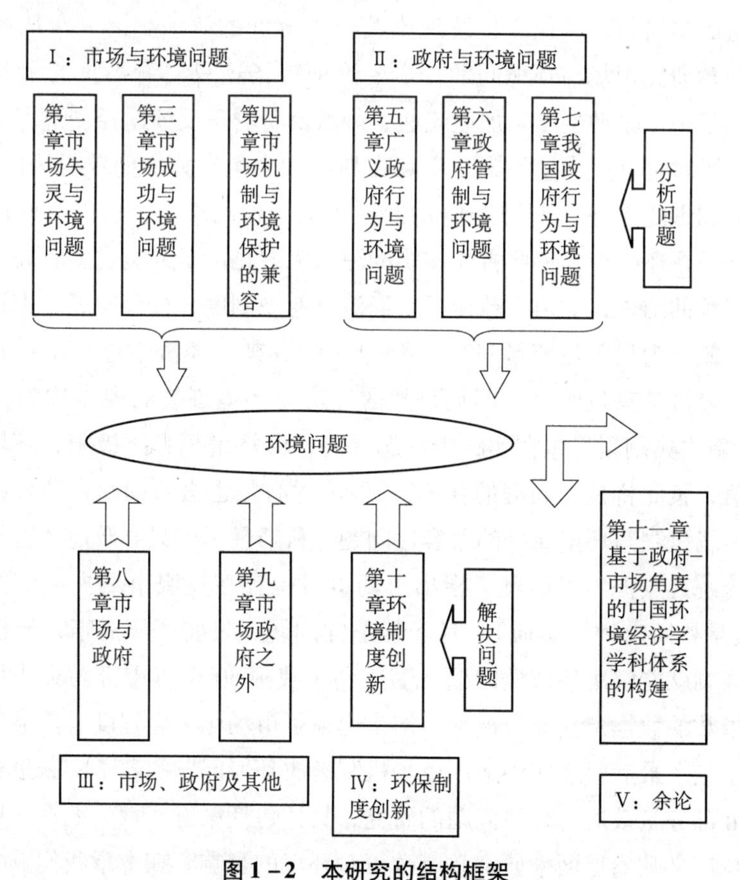

图1－2　本研究的结构框架

具体而言，本研究包括五大部分（图1－1），各部分及相应章节大体安排如下：

第Ⅰ部分是市场与环境问题关系的研究，具体包括第二、三、四章。市场对环境具有两面性，一方面市场失灵产生了严重的环境问题，另一方面市场在一定程度上也能减缓环境污染，即市场与环境能够兼容，这三章分别围绕这两方面展开。第二章主要探讨市场与环境污染之间的关系。我们认为，市场这只“看不见的手”创造了空前的物质财富的同时也排放大量污染。当资源的消耗、废物的排放超过资源、环境的再生产能力时，地球这艘飞向太空的宇宙飞船将会崩溃。其次，环境领域是外部性问题表现非常突出的领域，表现为交易费用非常高、产权也不容易清晰界定等，这些特性使市场机制不能正常发挥作用（即市场失灵），正是市场失灵使环境问题进一步突出。在本章里，我们还从交易成本的视角对产权、外部性的关系进行了深入的研究，指出外部性的本质是交易成本问题，深化了传统理论关于外部性的认识。第三章从市场“成功”的视角研究市场与环境问题，主要论证市场这只“看不见的手”通过深化、广化分工，驱动生产，加速流通、刺激消费的正反馈途径创造了丰富的物质财富，同时也排放大量污染。市场在释放社会生产力方面取得了巨大成功，但同时亦如影随形地（不可避免）创造污染，长此甚至会损害、取消前者的成功。这一章还指出，一些古代文明的湮灭大多是由于人类过度剥夺、破坏地球表土资源的结果；对边际革命后，经济学忽视制度、社会发展，无视自然环境系统，蜕变为只关注资源最优配置的（新古典）经济学进行了批判，并且将新古典经济学只见经济、不见自然的经济与环境割裂的现象称为“新古典割裂”。新古典割裂思想在实践中的恶果是，经济增长超过极限，环境、生态超过阈值，长此将是“寂静的春天”。经济学必然也必须回归古典传统。第四章研究市场机制与环境保护的兼容性问题。科斯最早对只有政府才能解决市场失灵的传统观点提出了质疑，指出市场本身也存在克服市场失灵的内在机制（这其实是科斯定理的实质）。对于外部性问题，只要产权清晰，经济主体通过市场谈判就能解决外部性问题。随后利用我国30个省市区污染排放密度与市场化指数的数据建立面板模型，初步论证了市场化一定程度上能够实现环境改善的结论。最后对现实中运用市场机制解决环境问题的若干实践进行介绍。

第Ⅱ部分是政府与环境问题的研究，具体包括第五、六、七章。第五章主要侧重从广义政府层面来研究政府政策对环境的影响。在本章我们首先指出政府在经济—环境的权衡中是偏重经济发展还是追求经济与环境协调共进，即选择何种发展战略对该国环境有至关重要的影响。其次，我们分别分析了政府具体经济政策，如产业政策、城市化、财政、税收、贸易等宏观政策直接影响环境质量。为了克服以往在此方面定量研究的不足，我们建立了一个包含经济发展、产业结构、技术水平、贸易水平作为解释变量的计量模型，以探讨这些宏观控制变量对环境的影响（同时也顺便对 EKC 进行了研究）。第六章主要从政府环境管理的视角研究政府管理失灵对环境的影响。我们先简要介绍政府环境管制的工具的分类、特点及变迁。随后对政府环境管制失灵的原因进行了较系统的分析，最后运用博弈理论就政府环境监管与企业污染治理之间的互动关系进行了研究。第七章则重点揭示我国财政分权制度以及以 GDP 为主要指标的政绩考核体系刺激地方政府不顾环境污染而过度追求 GDP 增长，这种内在机制是造成我国环境污染严重的深层原因。这里，我们把各级地方政府对辖区污染企业环境管制松弛现象称为环境软约束，并运用基于向量自回归（VAR）模型中的 Granger 因果检验方法以及新近发展的刻画主体行为互动（strategic interaction）特征的空间计量经济学（spatial economics）对环境软约束现象的存在进行证明。

前两部分探讨了市场、政府与环境问题，第Ⅲ部分则着重研究如何协调看得见的手（政府）与看不见的手（市场）之间的关系，以及市场与政府“双失灵”情况下如何应对，本部分的第八、九章分别探讨这两个问题。第八章中我们先分析了政府、市场在解决环境问题中各自的优势、不足，并在此基础上还对市场与政府的边界进行了粗略的划分；然后我们对传统理论中简单地将市场与政府对立（即要么政府，要么市场）的观点进行了批判，指出这种错误的两分法有着共同的缺陷：天真地将理想状态与现实状态进行对比（表现为现实中的“斯密神话”与“凯恩斯神话”）；面对现实中不完全的市场与不完全的政府，扬长避短地将两者有机结合才是可取之道。第九章主要探讨如何破解市场与政府双重失灵问题，指出了解决双失灵的两途径：其一，利用公众、企业、社区、环境 NGO 等第三部门来填补这些双重失效的领域；其二，加强环境宣传、教育、环境意识培养等措施，以提升社会公众的环境道德水平等非正式制度的建设来弥补市场、政府解决环境问题的不足。在此，我们提出了环境治理“市场—政府—社会”综合分析框架。

第Ⅳ部分（第十章）探讨我国环境制度创新，并提出了一个具体设想。在该部分，我们先分析了我国环境管理面临严峻挑战，指出了进行制度创新的必要性；然后在前面研究的基础上提出了建立环境容量权制度的具体设想：构建环境容量权制度，只要环境产权明确，各主体（省政府、县市政府、企业）

在利益的驱使下会通过各种方式最优地利用该环境容量资源，随后结合杭州湾水污染治理来详述该制度具体的推行。

最后，是余论（即第Ⅴ部分）。总结全书基本观点并提出从市场与政府的角度来构建中国环境经济学的初步设想，以期为我国环境经济学体系建设贡献绵薄之力。

第二章

市场与环境（Ⅰ）：市场失灵与环境问题

资本的逻辑可以导致环境的破坏，却从中产生不出积极保护环境的逻辑来。

——岩佐茂

市场的发展大大加速了生产的进程，市场在给我们带来丰富的物质产品的同时也带来了严重的环境污染、环境破坏。这样，环境问题也日益从社会边缘而成为社会的中心问题。市场与环境问题的关联表现在三个方面：第一，正如传统上大家普遍认为的，环境领域存在较强的外部性、较高的交易成本、产权不清晰等因素阻碍市场机制的正常运行，从而出现环境污染等问题，即市场失灵带来环境问题。第二，市场机制促进分工深化、广化，加速生产—流通—交换—消费链条，社会产品被魔术般生产出来。产品的生产与污染的产生是一枚硬币的两个方面，产品越多对应的污染也越多（正如人的个头越大所对应的影子也越大），即市场的“成功”也引致环境问题。第三，市场自身的价格机制、竞争机制本身能抑制资源消耗（进而减少排放），同时污染治理的市场化能使污染以较低成本得到处理，即市场同时也是“环境改善”之手。为此，本研究拟分别从以上角度展开论述，对应分为三章，即第二章（市场与环境（Ⅰ）：市场失灵与环境问题）、第三章（市场与环境（Ⅱ）：市场“成功”与环境问题）、第四章（市场与环境（Ⅲ）：市场机制与环境保护的兼容）。本章我们先论述第一个问题，即市场失灵导致环境污染。

第一节 “经济—环境”作用系统及反馈的阻滞

许多专家学者从不同角度阐述环境的概念和内涵。有的把环境定义为：“人们赖以生存的自然环境和社会环境的总体。”显然，用自然环境和社会环境来定义环境显然不够准确。还有的把环境定义为：“人类进行生产和生活活动的场所，是人类生存和发展的物质基础。”这些观点把环境简单理解为空间和物质是不全面的。本研究认为朱庚申对环境定义较为合理：“组织运行活动的外部存在，即围绕人类生存的空间及其中可直接、间接影响人类生存和发展的各种外部条件和因素的总体以及它们之间的相互关系。”

自然环境具有三个重要功能。首先，水、空气、土壤、油田、矿藏、森林等这些可再生资源和不可再生资源是人类经济生产的物质基础，这被称为自然的“源泉功能”（夏光称之为“生存性功能”）。其次，天然原料通过人类经济活动形成各类产品满足人类的需求（可称之为“生产性功能”），而那些使用过的产品以及生产过程中产生的副产品形成了废弃物，最终又被排入自然环境，这是自然环境为人类经济活动提供一定的容纳、分解、净化废弃物的空间的“洼地功能”（也应属于广义的“生产性功能”）。其三，湛蓝天空下洁白如玉的地中海海滩、森林中绿色的植物清新的空气、清晨小鸟的啼叫，对人类来说都是一种享受，由此人们创作出音乐、图画、诗歌、雕塑等美妙的作品，此即为自然环境的第三个功能是“美感功能”。可以通过一个简单的图示来说明人类与自然环境的关系（图2-1）。

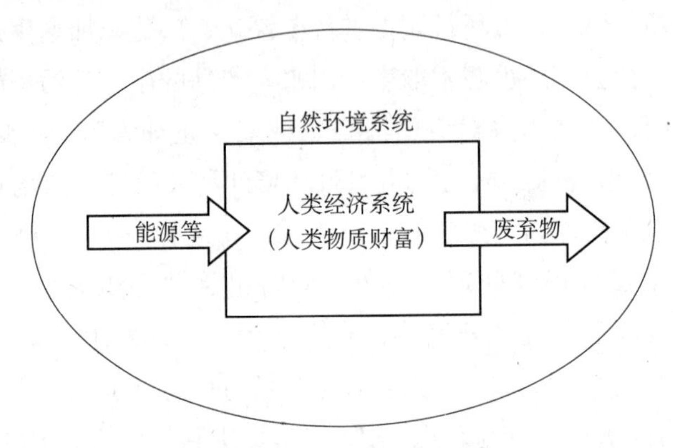

图2-1　人与自然环境关系

我们可以得出有关人类经济系统与自然环境内在关系的两个基本认识：

一是人类经济活动包含在环境系统之中，它是“生物圈”的从属系统。经济中所加工的一切物质（如，粮食、牙刷、水杯、计算机、汽车等）都来自环境资源系统，无不直接或间接源自环境的物质制造而成。长期以来，环境资源被认为是取之不尽、用之不竭的公共品，将环境资源作为一种外生变量，不纳入生产函数，导致经济体系趋向“增长的极限”。此外，环境资源承载能力是有限度的，人类活动对资源环境的过度攫取会导致发展难以为继（马尔萨斯、梅多思），甚至人类文明的衰落（卡特）。

二是自然环境容纳、分解、净化废弃物的“洼地功能”，对人类的作用日益重大。环境向个体和工业生产系统提供一种自然服务流，涉及工业生产过程与环境间物质和能量的直接物理性交换。当环境提供的物质资源和能量超过了环境再生能力，环境容纳的废弃物超过了其承载力时，环境必然会退化。而传统经济理论在研究中，仅仅考虑了环境作为工业原料和能源输入的功能，忽略了其在经济活动中作为生产和生活废弃物容纳场所的作用，导致污染超过环境的“承载阈值”（carrying threshold），环境质量恶化的不可逆转性的破坏（Arrow，1995；stern，2003）。

第二节　市场失灵与环境问题

经济主体在“看不见的手”作用下追求自身最大利益，最后导致环境污染物累积和资源耗竭，生态经济学家把市场引起的这种消极后果的功能称为“看不见的脚”。正是市场这只“看不见的脚”推动私人自利行为把公共利益“踢成碎片”，造成严重环境问题。生态经济学中“看不见的脚”实际上就是传统经济学上所概括的市场失灵。

所谓市场失灵是指现实中的某些障碍造成市场机制资源配置缺乏效率的状态。环境领域市场失灵主要源于：环境资源相当程度上是公共物品、环境污染以及环境治理是典型的外部性问题，环境领域的信息不完全，存在较高的交易费用等。以下我们将主要讨论与环境问题有关的市场失灵因素。

一、环境的公共品性质

环境物品是典型的公共品，具有消费的非竞争与非排他性。所谓消费的非竞争性指一个人消费某物品时并不影响其他人消费该物品，消费的非排他性是指个人在消费物品时不能阻止其他人消费该物品。公共品的非排他性意味个人在使用时不能排除其他人也可使用，在这种情形下追求最大利益的个人势必增加该物品的使用，每个人掠夺性使用该物品的结果必然是该物品被过度使用乃至耗竭。英国学者哈丁（1968）以牧民公地放养羊的隐喻指出公共资源自由利用最终结果是草原的破坏。“如果一个牧民在他的畜群中增加一头牲畜，在公地上放牧，那么他所得到的全部直接利益实际上要减去由于公地必须负担多一吃口所造成整个放牧质量的损失。但是这个牧民不会感到这种损失，因为这一项负担被使用公地的每一个牧民分担了。由此他受到极大的鼓励一再增加牲畜，公地上的其他牧民也这样做。这样，公地就由于过度放牧、缺乏保护和水土流失被毁坏掉。毫无疑问，在这件事情上，每个牧民只是考虑自己的最大利益，而他们的整体作用却使全体牧民破了产”①。每个人追求个人利益最大化

① Hardin Garrett. Tragedy of the commons［M］. Science reprinted in H. E. Publisher by Oxford University Press，1968：93－96.

的最终结果是不可避免地导致所有人的毁灭——这种合成谬误被哈丁称为“公地的悲剧”。

我们用以下模型来描述这种现象。设有 n 户牧民，每户牧民放羊数量 q_i，草场总的放羊量 $Q = \sum q_i$。v 代表平均收益，v 是 Q 的函数，即 $v = v(Q)$。显然，随着草场放羊数量的增加，放羊得到的平均收益 v 将急剧下降。即有：$\frac{\partial v}{\partial Q} < 0, \frac{\partial^2 v}{\partial Q^2} < 0$。下面讨论牧民单独追求自身收益最大化与共同安排放牧以求总体收益最大化情况下的牧羊量与利润比较。各个牧民单独行动、分散决策时的纳什均衡的情形为：每个牧民照自己利益最大化来进行放羊数量决策，其收益为 $q_i v(\sum q_i)$，假设成本为固定的 c，则其利润函数为：

$$\pi_i(q_1, q_2, \cdots, q_i) = v(\sum q_i) - q_i c$$

利润最大，有：

$$\frac{\partial \pi_i}{\partial q_i} = v(Q) + q_i v'(Q) - c = 0$$

$$q^* = (q_1, \cdots, q_{i-1}, q_{i+1}, \cdots, q_n)$$

因为：$\frac{\partial^2 \pi_i}{\partial q_i^2} = v'(Q) + v'(Q) + q_i v''(Q) < 0$

$$\frac{\partial^2 \pi_i}{\partial q_i q_j} = v'(Q) + q_i v''(Q) < 0$$

所以：$\frac{\partial q_i}{\partial q_j} = -\frac{\partial^2 \pi_i / \partial q_i q_j}{\partial \pi^2{}_i / \partial q^2{}_i} < 0$

也就是说，第 i 个牧民的最优放羊数量是其他牧民放羊数量的减函数。N 个反应函数的交点就是纳什均衡点：

$$q^* = (q_1^*, q_2^*, \cdots, q_n^*)$$

纳什均衡的总放羊量：

$$Q* = \sum q_i^*$$

纳什均衡时总收益：

$$\pi^* = Q^* v(Q^*) - Q^* c \quad (2-1)$$

将 N 个均衡条件相加，得到：

$$[v(Q^*) + Q^* v(Q^*)]/n = c \quad (2-2)$$

其中，π^*，Q^* 是每个农户从自己利益最大化出发，独立行动分散决策时得到的最大利润及相应的最大产量之和。

所有农户联合行动，统一决策，总收益函数为：

$$\pi = Qv(Q) - Qc$$

帕累托最优条件：

$$\frac{\partial \pi}{\partial Q} = v(Q^{**}) + Q^{**}v'(Q^{**}) - c = 0 \tag{2-3}$$

共同放牧，最优收益为：

$$\pi^{**} = Q^{**}v'(Q^{**}) - Q^{**}c = 0 \tag{2-4}$$

比较式（2-1）、式（2-2）、式（2-3）、式（2-4），可得 $Q^* > Q^{**}$，$\pi^{**} > \pi^*$，即独立行动分散决策时的纳什均衡放羊数量大于联合统一决策时的帕累托最优放羊量，而收益却小于统一决策时的收益。所以，独立行动分散决策造成资源过度利用，且效率低下。如果没有有效的制度安排来约束、协调每户农户的放羊行为，该草场将面临“公地悲剧”的结局。

二、环境污染的负外部性与环境保护的正外部性

环境污染是最典型的负外部效应问题，它表现为私人成本与社会成本、私人收益与社会收益的不一致。当存在负外部效应时，污染企业生产私人成本低于社会成本，企业生产不必考虑给社会带来的额外成本，从而产量会大于社会最优产量，过度生产就产生过度的污染排放。相反，一些环境保护行为，如制定环境保护法律法规、环境保护工程的建设与养护等活动，这些活动具有社会收益远大于私人收益的特点，表现为正的外部性。在这种情况下，由于私人所得到的收益小于社会收益，因此私人所提供的产量小于社会福利最大的产量。可见，由于外部性的存在，私人成本（收益）与社会成本（收益）出现背离，企业私人产量不是社会最优的产量，市场机制没能实现帕累托最优结果，即市场出现失灵。

我们可以从图形上更直观看到外部性使厂商私人产量大于社会最优产量的偏离。对于负外部性而言，厂商私人成本（MPC）小于社会边际成本（MSC），在图上表现为曲线 MPC 位于曲线 MSC 的下方（如图 2-2）。厂商追求最大利润，按照等边际原则（MR = MPC）进行生产决策，在 E_P 处达到均衡，对应产量为 Q_p。站在整个社会角度看，社会最优均衡点为 MR 与 MSC 得交点 E_S，对应产量为 Q_S。从图 2-2 可看出，$Q_p > Q_S$，表明由于（负）外部性的存

在，导致了市场生产量大于社会最优的产量，市场出现失灵。同样，正外部性表现为厂商社会收益（MSR）大于私人收益（MPR），即曲线 MSR 在曲线 MPR 之上（图 2－3）；厂商获得最大利润的均衡点 E_P，对应产量 Q_p，而社会最优均衡点 E_S，对应产量 Q_S。从图 2－3 可以看出：$Q_p < Q_S$，表明对于有正外部性的产品，社会生产始终是不足的，市场不能达到帕累托最优状态，即市场失灵。

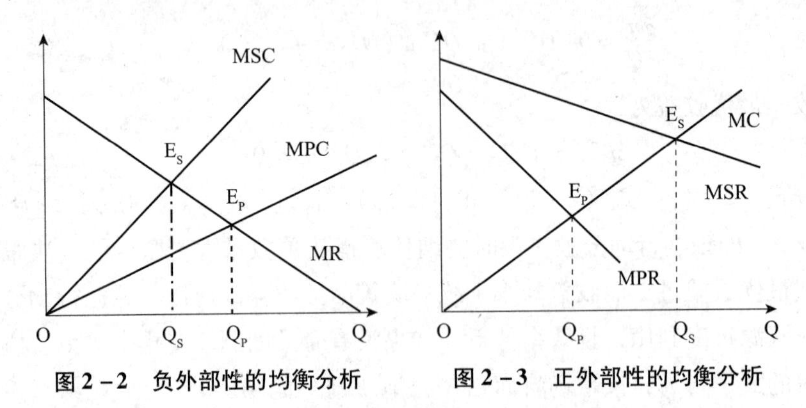

图 2－2　负外部性的均衡分析　　　图 2－3　正外部性的均衡分析

我们将环境领域正、负外部性形成的原因、后果综合于以下力学分析框架。我们知道，私人成本（收益）与社会成本（收益）出现背离，产生了外部性问题，它使市场“天平”失衡（如图 2－4）：“天平”左边，私人收益小于社会收益，对应于正外部性。在这种情况下市场生产不足，“天平”上翘。“天平”右边，私人成本小于社会成本，对应于负外部性，自发的市场力量驱使生产过度，“天平”下沉。

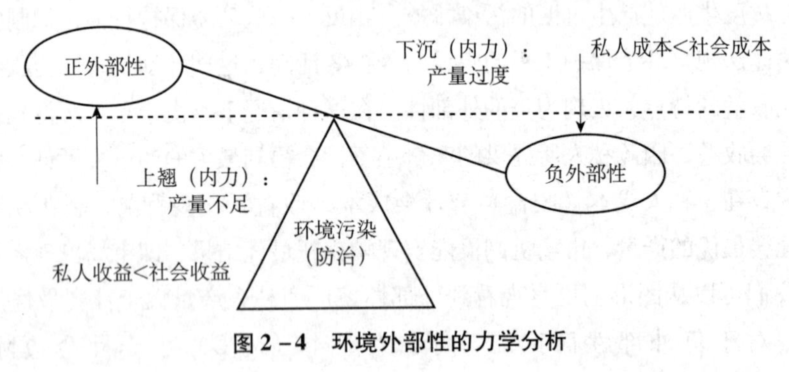

图 2－4　环境外部性的力学分析

三、交易成本

交易成本是交易中取得信息、互相合作、讨价还价和执行合同等所产生的费用。环境领域面临高的交易成本，它产生如下不良后果：其一，过高的交易成本使环境、资源产权界定不清晰，导致资源滥用与过度使用的恶果。其二，即使环境产权能界定清晰，产权交换时面临高额的交易成本，导致一些资源环境市场交易不活跃（如排污权交易的交易成本非常高，一定程度上限制了该市场的发展）。其三，政府在环境管理过程中也面临高的管理（交易）成本问题，如政府对污染企业收费、政府监察企业污染排放状况等都需要花费大量成本，过高的执行成本会使环境政策效力大打折扣。

四、信息不对称

信息不对称指信息在相互对应的经济个体之间呈不均匀、不对称的分布状态，即有部分人对关于某些事情的信息比另外一些人掌握得多一些。信息的不完全将导致市场无法有效地配置资源，可从政府环境管制以及市场主体行为反应来看信息不对称对环境污染的影响。

（1）政府环境管制过程中的信息不对称。政府任何决策都基于一定信息作出，但由于充分信息获取需要高额成本，无论是选民还是政治家所拥有的信息都是有限。因此，许多公共决策实际上是在信息不完全的情况下做出的，这就很容易导致决策失误。由于规制者没有关于污染的损害和消除污染的成本的可靠数据，因此他们不可能设计出既有效率又不失公平的机制。同样，污染企业为了逃避环境执法部门的检查，经常采取“检查，不排放；不检查，排放”的策略，与环保部门玩猫捉老鼠游戏。此外，由于对公共决策的未来效果的判断有着很大的不确定性，无论是选民还是政治家都存在短期的近视倾向，其结果是政治家或政府官僚为了自己的政绩表现或获得升迁等个人利益而迎合选民的短视，制定一些从长远的角度来看弊大于利的政策。

（2）市场行为主体间的信息不对称。主要有两种类型，一种是道德风险，另一种是所谓逆向选择。道德风险指交易之后信息多的一方滥用该优势作出损害一方利益的行为。现实生活中如大家随地吐痰，乱扔垃圾，企业偷排污水等等。而逆向选择多指交易之前，购买方因产品相关信息不充分，而理性地放弃选择质量高的商品，从而使低质量商品充斥市场的情形。逆向选择导致市场失灵的例子在环境领域随处可见。在产品市场上，消费者无法鉴别哪些产品是绿色产品，其理性的选择是不购买价格较高的真正的绿色产品（因为无法辨别），而买价格相对便宜的假的绿色产品，市场最终结果是绿色产品被驱逐出市场。同理，现实中一些不注重环境质量的地区往往制定很低的环境标准以吸引投资，从而使注重环境的“干净”地区反而处于不利境地，最终可能是这些“干净”地区的管制标准向“肮脏”地区的管制标准看齐，环境污染进一步加剧。道德风险指一方利用自己较多信息的优势，去做损害对方而增加自己利益的现象。在环境领域，道德风险现象也比较普遍。农户为了提升产量而过量喷洒农药，导致农产品农药残留严重，而由于信息不对称，购买者无法知道该产品严重农药残留状况而正常购买。一些食品生产企业违规使用添加剂、采购过期甚至变质原材料进行食品生产等事件屡见不鲜，均是生产者与消费者信息不对称之道德风险的表现。

第三节　外部性的再认识以及外部性与市场失灵关系新探

外部性是环境经济学的理论基础。传统理论（以庇古为代表）认为外部性原因在于私人成本与社会成本不一致，外部性的出现导致市场失灵。本研究从交易成本的视角来认识外部性问题，发现外部性表面上是私人成本与社会成本背离，根本原因是交易成本（过高）问题。基于此，我们还发现外部性与市场失灵并不构成传统上所说的“因果”关系，以下就这两方面做详细论述。

一、交易费用—产权框架下的外部性

外部性是经济学文献中最难捉摸的概念之一，但外部性又是那么迷人，吸引了无数学者，包括萨伊、马歇尔、庇古、阿罗、罗默及以科斯为代表的新制度经济学家。根据 J. J. 拉丰（1984）的考证，最早对外部性问题进行研究的是剑桥学派的两位奠基者西迪威克和马歇尔，尤其是马歇尔，其最早对外部经济现象进行了论述。此后，奈特（1926）指出公路过度拥挤与外部不经济有关，埃利斯（Ellis，1938）和费尔纳（Fellner，1943）研究认为“外部不经济”与产权有关，但更加关注现实生活中的“外部不经济”，将污染等问题与“外部不经济”联系起来。遗憾的是，上述学者对外部性只做现象上的论述，对外部性形成原因、后果以及如何消除等没有做进一步研究。

庇古最早系统研究环境领域的外部性问题。庇古认为外部性原因在于私人

成本与社会成本出现背离，通过政府对制造外部性的企业征税填平私人、社会成本的差距可以实现外部性的内部化。此后，学界关于外部性的认识基本上沿袭庇古的观点。直到1960年，科斯从产权的角度研究了外部性问题，并对庇古强调政府干预以纠正外部性导致的市场失灵的做法提出了质疑。科斯认为，只要产权是清晰的，在交易费用为零时，私人之间可以通过市场交易实现资源的最优配置，外部性并不成为资源最佳配置的障碍，在此情况下，外部性并不成为一个“问题”。在科斯那里，产权是一个外生变量。德姆塞茨则强调产权背后交易费用（即将产权作为一个内生变量），进而把外部性看成是交易费用问题。德姆塞茨在《关于产权的理论》中看门见山指出，产权的一个主要功能是引导人们实现将外部性较大内在化的激励。使成本和收益外部化的一个必要条件是，双方进行权利交易（内在化）的成本必须超过内在化的所得。也就是，产权界定明晰，一方面能产生收益，这里记为TR；另一方面，界定产权需要耗费大量的交易成本，记为TC。而且，可以想见，随着产权逐渐界定清晰，所带来的收益会越来越少，所耗费的成本会越来越多，即界定产权所带来的收益TR会以递减速度增加，所要耗费的成本TC会以递增速度增加，TR、TC的形状和变动趋势如图2－5所示。从图2－5中我们可以得出结论：如果TR > TC，表明界定产权的收益大于成本，界定产权有利可图，产权趋于界定清晰，不会有外部性问题；反之，如果TR < TC，表明界定产权的收益小于成本，产权界定清晰是一种不经济、不值得的行为。

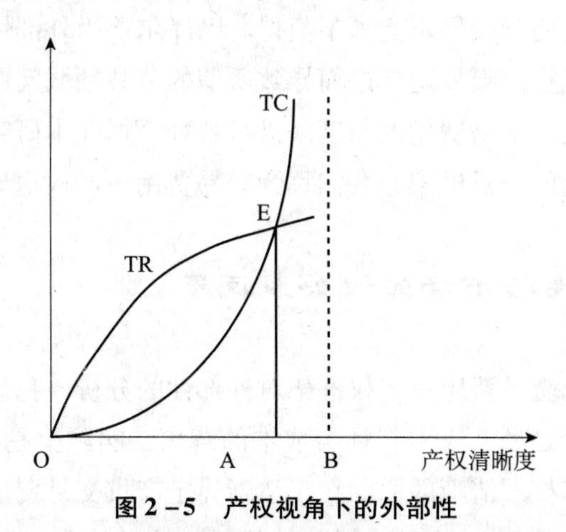

图2－5　产权视角下的外部性

由图2－5可以进一步看出，界定产权的成本线TC与界定产权的收益线TR的交点E，就是产权界定的均衡点。在E点左边，TR > TC，产权界定的收益大于成本，产权趋于界定清晰；在 E 点右边，TR < TC，界定产权的收益小于成本，产权界定清晰就不值得，就产生了外部性问题。需要说明的是，巴泽尔（1991）把这部分没能清晰界定的属性叫作公共领域（public domain），区域为 AB。据此，我们可以得出以下结论：公共领域区域 AB 越大，外部性问题越严重；反之，外部性问题越轻微。而且，公共领域 AB 是始终存在的（只是表现为区间大小不同而已），外部性问题其实是无处不在的。因为除非产权得到完全界定——在交易成本为正的情况下，这是永远做不到的——部分有价值的产权总是落于公共领域中①。因此，所谓外部性问题，表面上看是产权不清晰，实质是界定产权交易费用过高。

综上所述，我们对外部性有以下认识：

（1）在经济学说史上，众多学者（萨伊、马歇尔、庇古、阿罗、罗默、卢卡斯等）从不同的角度对外部性进行了研究并提出了不同见解。这些解释一方面丰富了外部性的理论内涵，但另一方面这些解释在某种程度上是各说各话，表现出“盲人摸象”式的片面，使得外部性成为一个“大杂烩”。无疑，建立一个能够整合这些驳杂的有关外部性的理论分析框架就非常有意义了。

（2）我们发现，以科斯为代表的新制度经济学者实际上为我们提供了一个理解并整合外部性的分析框架。科斯认为，外部性实质是产权没能界定清楚的问题（只要产权界定清晰，那么通过市场交易，外部性问题就不存在了）。德姆塞茨进一步将科斯产权内生化，认为外部性表面是产权界定不清晰，实际上是交易费用过高使产权界定清晰不值得。巴泽尔认为外部性实际上是过高的交易费用阻碍了产权清晰界定，进而导致所谓的公共领域问题。可见，外部性实际上可以从产权、交易费用的角度来进行解释，据此本研究实际上提供了一个整合外部性理论的分析框架，我们称为交易费用—产权框架。

二、外部性与市场失灵关系反思

经由上面基于交易费用—产权框架对外部性的分析，我们发现对所谓外部性问题，表象上看是私人成本与社会成本的背离，实际上是产权不清晰问题。更深一步地看，产权不清晰的原因在于清晰界定产权交易费用过高。因此，外部性的本质是交易费用（过高）问题。基于此认识，我们发现传统有关外部

---

① Barzal, Y.. Economic Analysis of Property Right [M]. Cambridge University Press, 1989.

性与市场失灵的原因、外部性是“坏”的东西等认识是有瑕疵的。

（1）基于交易费用—产权的视角，我们发现交易费用过高的后果可以从两个不同角度进行考察：从产权的角度看，过高的交易费用导致产权界定不清，致使这些权利不能通过市场进行定价，产生了所谓外部性问题；而从市场运行机制上看，过高的交易费用阻止市场的形成或使市场运行不畅——这就是所谓的市场失灵问题。因此，外部性与市场失灵都是由于交易费用过高的结果（只不过是所考察的角度不同：前者从产权角度探讨，后者从对市场运行的结果来看问题），传统上经济学认为外部性是市场失败的原因的看法是有问题的。

（2）如果我们从更广泛的交易费用—产权的框架看待外部性问题，就会发现分析外部性与效率准则的冲突需要重新解释。外部性之所以出现，是因为在交易中对这种溢出效应定价的测度和监督费用太高，任何内在化都只能导致更高的成本，以至于将外部性内在化的激励不足。从这个角度上看，外部性的存在实际上是市场体系的自动保险装置，因为要建立消除外部性的理想市场的成本已经远远超过其他替代制度的组织和实施成本，所以外部性本身就是一种节约、一种效率的象征。因此，所谓外部性，只有在与新古典的交易费用为零的理想状态的经济效率相比时，才是一种经济无效率。进一步地，如果我们对商品空间进行重新解释，即把外部性看做是普通商品，此时所有正统的竞争均衡理论都复活了。达尔曼（Dahlman，1979）的一句话也许是对此逻辑的最好注释：外部性不存在意味着最优，它的存在，意味着成本较高，那么也必然是最优的。因此，传统认为外部性是“坏”的，从而将外部性“一棒子打死”的做法是草率的。

总之，所谓市场失灵并非真的是市场机制的失败，而是产权不曾明确界定的结果。外部性问题其实质是一个用何种方式正确度量和界定权利边界的问题。如果权利边界可以界定和度量清楚，市场的价格机制就会为这一新的权利定价并实现资源的合理配置。也正基于此，张正常在《经济解释》中自豪宣布：显而易见的市场缺陷要么是产权不清的结果，要么是交易成本影响的结果。今天，有见识的经济学家只是用讽刺的口吻谈市场失灵。就实用目的来说，庇古传统已成历史①。

---

① 张五常．经济解释［M］．北京：商务印书馆，2000.

第四节　环境产权失灵

前面我们分析了市场失灵以及市场失灵与环境问题的关系。环境领域最突出特征是环境产权不清晰（表现为所谓外部性的现象），进而造成市场失灵。因此，从产权的角度来分析环境领域的市场失灵可能更深入发掘环境问题的本质。本节尝试从产权角度来解析市场失灵以及由此引致的环境问题。

一、产权及环境产权

经济学在本质上是对稀缺资源产权的研究，一个社会中的稀缺资源的配置就是对使用资源权利的安排，因此，经济学的问题，实质上是产权应如何界定与交换以及应采取怎样的形式的问题[①]。产权（property right）有很多定义，如产权是一种通过社会强制而实现的对某种经济物品的多种用途进行选择的权利，产权是不同所有者不出让除他自己以外的任何人占有、使用、控制某物的能力[②]，产权是所有者和所有权的各项权利的法律安排，产权不是物品，而是抽象的社会关系，是人与人之间由于物的存在而引起的、与其使用相关的关系[③]。菲吕博腾和配杰威齐（1972）的定义使用最为广泛，产权不是指人与物之间的关系，而是由物的存在及关于它们的使用所引起的人们之间相互认可的行为关系[④]。因此，产权表面上是人与物之间的关系，本质上是人与人之间关系的反映。

环境产权指行为主体对某一环境资源的占有、使用、处分以及收益等各种权利的集合（姚从容，2005），环境产权具有整体性、公共性、稀缺性、广泛性等特点。产权经济学家认为，产权具有减少不确定性、降低交易费用，为经济主体提供激励和约束、能够实现外部性的内在化等功能。在环境领域产权基

---

① Alchain. Some Implications of Property Rights Transaction Costs, Economics and Social Institutions. Boston：M. Nijhoff，1979.

②③ Demsetz，Harold. Toward a Theory of Property Right. ［J］. American Economic Review. 1967，no. 2：347－269.

④ 菲吕博腾，配杰威齐．产权与经济理论：近期文献的一个综述［A］．科斯．财产权利与制度变迁［M］．上海三联书店，1991.

本功能具体表现为：

（1）明晰的环境产权可以减少不确定性和降低交易费用。正如德姆塞茨（1975）所说，产权是一种社会工具，其重要性就在于事实上它们能够帮助人们形成与其他人进行交易时的合理预期，进而减少不确定性。反过来，产权不清晰一方面会带来高的交易成本甚至使交易无法达成，造成资源配置低效率（科斯，1960），同时相关主体为争夺不清晰的产权归属将导致租金耗散（张五常，2002）。因此，产权明晰是至关重要的。由此不难理解我国近年来林权改革、荒山拍卖、排污权交易等生态环境领域的改革中首要的就是明确产权。

（2）产权界定了人们行使权利过程中的行为边界，规定承担成本以及受益范围。这样，成本约束机制与利益激励机制驱动人们积极寻找能够实现环境产权价值最大化的行为安排。

（3）产权明晰可以解决外部性问题。科斯早就指出，对于企业排放污染的外部性行为，只要界定产权，相关经济主体会通过市场就损害（环境产权）进行交易，外部性问题自然不复存在。卢现祥（2002）用新制度经济学方法，对环境的外部性问题进行了研究，认为环境保护市场化的关键是产权，可以解决因公共地的悲剧带来的环境污染；有效的产权制度是环境保护市场化有效运作的基础和前提条件。郝俊英、黄桐城（2004）借鉴国外的环境资源产权理论，论证了摆脱我国环境资源困境的根本出路是环境资源实行产权管理、有偿使用，建立完善的市场调节机制。张世秋（2005）从中国社会经济制度转型对环境管理提出的需求出发，分析了现行环境管理制度的内在矛盾，认为产权缺失是环境资源配置低效率的根本原因，有效环境权益结构的构建是实现环境资源公共管理的基础。

二、环境领域市场失灵的实质：环境产权失灵

基于前面的认识，我们知道环境领域的外部性、环境领域市场失灵等实际上与环境产权相关联。因此，从产权的角度来分析环境问题应该是一条可行的路径。事实上，环境产权问题在20世纪初就受到了关注。1911年丹麦经济学家延斯·沃明（Jens Warming，1911）对渔业自由进入进行了初步论述，20世纪50年代，戈登（Gordon，1954）和斯科特（Scott，1955）从产权的角度对该问题进行了深入研究。1960年科斯发表了《社会成本问题》，在文中系统分析了产权与外部性的关联，指出环境污染等外部性问题实际上可归结为产权问

题。此后，克罗克（1966）、戴尔斯（1968）在科斯思想的基础上提出了运用环境产权交易来解决环境问题的主张（即现在大家熟知的排污权交易思路），学者哈丁（1974）“共地悲剧”的隐喻更使公地产权与资源耗竭的关系家喻户晓。国内方面，卢现祥较早从产权角度对环境问题进行了研究，指出环境保护关键是产权，盛洪则提出了通过明确环境产权（成立环境公司）以提高环境质量的主张。这里，我们把环境领域产权不清晰，或者产权的作用受到限制等使产权激励、约束、外部性内部化功能丧失，从而出现的资源配置低效甚至无效的产权残缺的现象称为产权失灵。

产权在人与环境之间的有效平衡形成中起着极为重要的作用，在此我们以非洲撒哈拉地区的干旱为例来说明这一点①。干旱对沿撒哈拉沙漠南部边界的8个国家带来了很大的冲击。这8个国家是世界上最穷的国家。撒哈拉地区并不是一直处于如此贫困的状态，它也曾是庞大的贸易帝国，那时候，社会秩序极其依赖于贸易和市场运行。虽然干旱与饥饿会周期性出现，但人民生活相对繁荣，总能从自然困境中恢复过来。那年代与今日撒哈拉地区的彻底贫困及极其干燥、贫瘠的土地形成强烈对比。是什么造成这种状态的呢？过去不少人从沙漠化等自然因素方面寻找撒哈拉干旱的原因，但韦纳·T. 布洛夫等人认为，当前干旱问题的加剧和不断扩大的沙漠化起源于法国人对产权制度和市场相互作用关系的割裂。在成为法国殖民地以前，市场运行确实为经济发展提供了基础。这些地区因这种平衡而相对繁荣。虽然会有周期性干旱，但当时存在的产权体系和市场运行减轻了饥荒的严重性。然而成为法国殖民地以后，市场运行逐步受到限制，脆弱的平衡招致了破坏（如法国人出钱在撒哈拉打了很多井，破坏了当地的生态平衡），进而引发了现在的撒哈拉问题。这种变化源于原有的有效产权体系和市场关系的崩溃。从现在大量的个案研究来看，历史与现实中很多环境灾难，并不仅仅是一个自然因素和人与自然的比例失调，而更主要的是人为的因素，而在人为因素中对市场与产权的割裂是最主要的原因。基于许多资源和环境问题是产权界定不清造成的判断，一些经济学家把产权私有作为解决资源耗竭和环境恶化问题的政策手段（Cheung，1970；Demsetz，1967），有人甚至认为，要解决这类问题，必须把一切资源私有化（亨利·勒帕日，1985）。以产权交易为切入点解决环境污染问题，不仅有助于实现社会福利最大化，而且有利于资源与环境的合理利用和保护。

① 卢现祥．环境、外部性与产权．经济评论［J］．2002（4）．

具体来讲，环境领域产权失灵主要有两种形式。第一，受成本约束，产权不能界定。现实中大多数环境资源，如公海里的鱼、原始森林、草原、山区野生动物，废气、废水等污染物的排放，等等。这些环境资源由于技术、交易成本等因素使得产权界定的费用高于收益，产权不能界定。这些不能界定的权利留在“公共领域”，公共领域中资源的价值叫作“租”（Tullock，1965），不清晰的产权驱使人们竞相攫取其中的租，从而出现滥捕、滥伐、滥排等公地悲剧现象。第二，政府不当干预导致产权残缺（产权受到限制）。产权残缺指完整的“产权权利束”中的一些属性的删除，“产权束”中所有权、控制权、收益权出现分离的状态。现实中，政府看得见的手干预环境资源市场使环境资源产权残缺，将导致资源滥用和环境的破坏。典型的是例子如我国直到当前还不同程度地存在着“原料低价、资源无价”的价格扭曲，无疑助长了企业资源的过度消耗和污染的大量排放。

我们可以从更宽阔的视野（基于经济—环境系统）来“看”产权失灵与环境问题的关系。环境资源系统与经济系统构成投入—排放（产出）的关系：一方面，水、石油、煤炭、矿产等资源被投入我们非常熟悉的经济系统，经济系统进行生产后将伴随废渣、废水、废气等抛向环境系统，环境经济系统间的投入—生产—排放关系如图2－6所示。

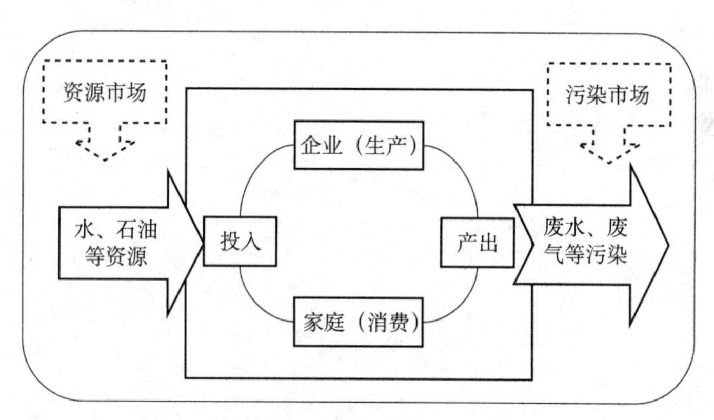

图2－6　环境（资源、污染）的产权失灵

在经济系统的“前端”，是水、石油、矿产等原材料自然资源，这里我们称为资源物品。资源物品等自然资源具有“自然”的性质，具有使用的非竞争与非排他性的特性，一定程度上是公共品，人们在公共品在使用上具有过度使用的特性，于是公地悲剧不可避免地产生，资源过度使用意味污染大量排放。另一方面，自然资源产权难以清晰界定，无法形成有效的资源市场，市场的扭曲不仅造成资源配置的低效率，同时无市场意味市场对经济主体的压力和动力功能的丧失，由此造成资源使用的动态低效率不可避免。可见，投入资源的产权不存在（不清晰）是资源滥用的根源。相反，如果资源产权清晰，资源市场顺畅运行，则经济主体在市场利益驱动下最合理使用资源，实现资源帕累托最优配置效率，资源滥用与由此带来的巨量污染现象会大大减缓。同样，在经济系统的最“末端”，是废渣、废水、废气等污染物排放。由于污染权不能（不可能）界定清晰，一方面企业将污染成本外部化，向外界大量排放污染；另一方面污染产权不清晰，相应污染市场不存在，市场激励以及约束经济主体排污治污的功能丧失，导致严重的环境污染问题。

可见，资源过度消耗以及环境污染问题，大抵都与相应的资源、环境产权无法清晰界定或政府不当干预产权有关。可见，就环境问题而言，从产权入手比从市场失灵入手更能解决问题。从国内外的实践来看，以完善产权制度为切入口来解决外部性（包括环境问题）要比国家干预效果更好。

第三章

市场与环境（Ⅱ）：市场“成功”与环境问题

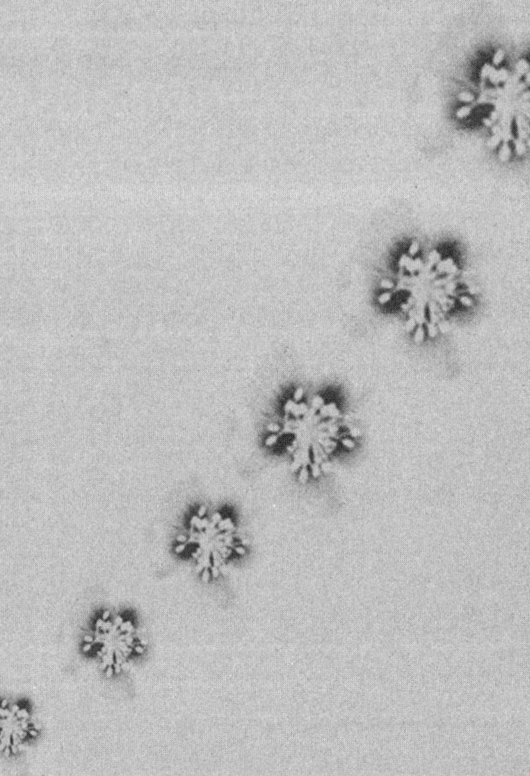

文明人跨越过地球表面，在他们的足迹所过之处留下一片荒漠。

——弗·卡特、汤姆·戴尔

我们知道，市场在解放社会生产力、创造财富方面取得了大大的成功，但同时也带来了日益严峻的环境问题——即市场的“成功”带来了意想不到的环境恶果。本章我们将从宏观（文明演进）和微观（分工、交换、流通、消费）的视角来探讨市场的“成功”与环境污染的密切关联，最后对市场的成功驱动经济增长带来污染排放的增加进行实证研究。

第一节　市场与环境：创造性的破坏

一、亚当·斯密、杨格等关于分工、市场与财富增长关系的论述

亚当·斯密（1776）指出分工使生产效率提高，市场扩大，同时分工受市场范围的限制（此即著名的斯密定理），它揭示了社会分工对市场的单向促进关系。杨格（1922）在其经典论文《报酬递增与经济进步》中发展了斯密的分工思想，杨格认为，一方面“市场规模取决于劳动分工”，另一方面“劳动分工取决于市场规模”，即分工与市场之间呈现双向反馈，互相增进的关系，“经济进步就存在于上述条件之中”（此即杨格定理）①。杨格所强调的分工与市场间相互决定并相互促进的正反馈机制可由图 3－1 来表示。

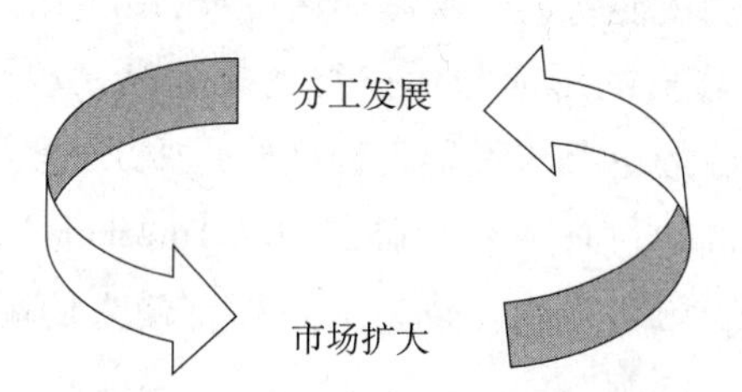

图 3－1　分工与市场的相互促进

正是上述市场与分工的互相促进机制，促进社会生产进程加速，社会财富爆炸式增长。美国伯克利大学经济学家德隆（2001）的研究，人类 97% 的财富，是在过去 250 年时间里创造的。库兹涅茨（1989）研究发现从 1750 年至今的 200 多年里，人均产出大约 36 年翻一番，总产出大约 24 年翻一番。为什

① Allyn Young. Increasing Returns and Econmic Progress, 1928.

么人类的奇迹在近代社会出现？张维迎等学者认为，答案（甚至唯一答案）就是人类实行了市场经济制度。对此，马克思也惊叹，资产阶级在它不到一百年的阶级统治中所创造的生产力，比过去一切世代创造的全部生产力还要多，还要大……①

我们从另外一个角度——“生产—交换—消费”的视角来考察市场机制驱动生产的作用。我们知道，生产决定消费，大量生产意味社会财富空前增加并形成庞大的购买能力，旺盛的购买力与丰富而多样的产品在市场上汇合，这进一步刺激流通、交换加速进行，形成大量生产、大量交换与大量消费的循环。而且，上述生产—交换—消费循环事实上是互相促进的：一方面，生产决定并刺激消费，生产和消费汇成强大的市场力量，它驱动商品流通、交换加速运行。另一方面，消费引致生产加速进行，商品流通加速润滑生产—消费，推动生产、消费进一步扩大，这种相互促进的正反馈机制如图3－2所示。驱动生产—交换—消费加速循环的内在力量是什么呢，答案显然还是市场机制。

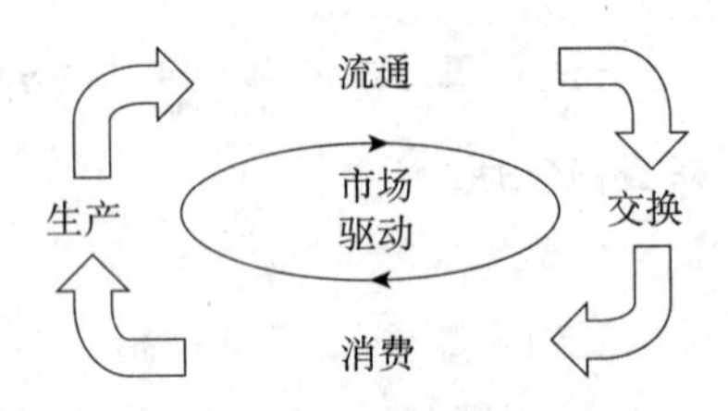

图3－2　市场机制驱动经济系统

二、市场的阿蒂斯之踵：环境污染

前面分析市场机制促使人类财富爆炸性增长，社会消费空前繁荣。但我们也注意到，财富（产品）的形成与污染物的排放是一枚硬币的两个方面。大量生产、消费的同时一般也意味大量废物排放。如果人类不采取措施而任由污染排放，当污染物排放超过环境容量临界点（Threshold），人类赖以生存的生态系统将崩溃。可见，市场机制在创造大量财富使人们享受富足生活的同时，也带来日趋严重的环境问题。

为了理解财富迅速增长的同时也伴随污染排放的增加，我们引入了一组概念：正的（物质）世界与负的（污染）世界。根据前面的分析，人类自引入市场机制后社会财富出现爆炸式增长，表现为对人类有用的（正的）物质产出急剧扩大。这里，我们把社会生产所形成的产品世界称为正的世界。它随着市场的扩展、生产力的进步而不断（加速）扩张。另一方面，由于生产过程同时也是

---

① 马克思恩格斯全集（第23卷）［M］．北京：人民出版社，1972.

污染产生过程，人类在创造物质产品（正的世界）的同时也排放了大量污染物，形成污染的世界（见图3－3）。我们不仅要注意财富增长“正”的世界，我们还应重视那一个隐性的，污染排放的负的世界①。可以预见，随着市场进一步发展，在催生更加丰富的物质世界的同时，负的污染世界也会膨胀。当污染排放超过环境容量时，生态系统崩溃，人类将无法生存。早在19世纪恩格斯在《自然辩证法》中就深刻地揭示了人类过度追求财富最终会导致负的世界的报复：……我们不要过分陶醉于我们对自然的胜利。对于每一次这样的胜利，自然界都报复了我们……美索不达米亚、希腊、小亚细亚以及其他地方的居民，为了得到耕地，把森林都砍完了，但是他们梦想不到，这些地方今天竟因此成为荒芜不毛之地，因为他们使这些地方失去了森林也失去了积聚和贮存水分的中心②。

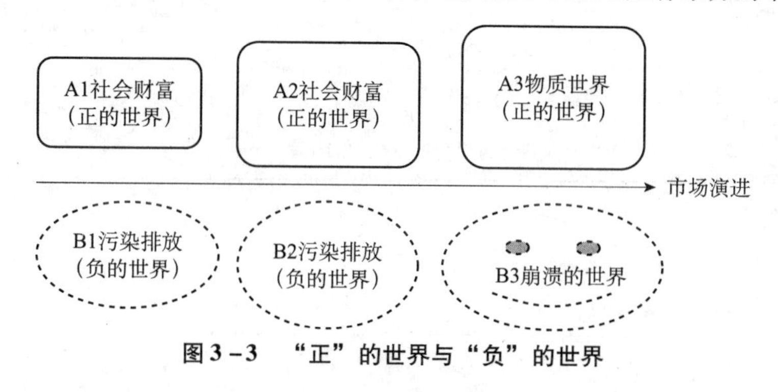

图3－3　“正”的世界与“负”的世界

一些数据也证实了正的物质世界与负的污染世界加速扩张的事实。有资料显示，1950年以来，世界对粮食需求量扩大了几乎3倍，对燃料的需求量扩大了几乎4倍；当前，全世界每年约有4200亿立方米污水排入水体，造成55000亿立方米的水体污染。每年排放到大气中的硫氧化物1.96亿吨，氮氧化物6800万吨，比20世纪初增加了6～10倍。瓦克纳格尔（Wackernagel，1999）对52各国家或地区的生态足迹进行了计算，结果表明：全球平均人均生态足迹为2.8hm^2，而可利用生物生产面积仅为2hm^2，全球人均生态赤字0.8$hm^2$③。在计

---

① 钟茂初在《可持续发展经济学》中提出了负值财富的概念（钟茂初．可持续发展经济学［M］．北京：经济科学出版社，2006：21.）。所谓负值财富指出人类在创造财富过程中带来资源消耗、环境污染等，有害的、负的东西。笔者正、负世界概念的提出，一方面是该思想的扩展，同时也与戴利“空”的世界、“满”的世界相呼应。

② 马克思恩格斯选集（第23卷）［M］．北京：人民出版社，1972.

③ Wackernagel M，et al. National natural capital accounting with the ecological footprint concept［J］. Ecological Economics. 1999（29）：375－390.

算的52个国家和地区中35个国家和地区存在生态赤字。人类现今的消费量已超出自然系统的再生产能力，人类正在耗尽全球的自然资产存量。有关研究表明，在20世纪，世界人口增加了3倍，能量消耗增加10倍多。人类正在消耗至少超出地球可更新资源25%的资源（图3-4）。2004年，中国21世纪议程管理中心发表了1980~2000年中国及其各省份的生态足迹的时间序列变化结果。1961年以来，中国的人口已经翻了一番，中国的人均生态足迹也翻了一番[①]。20世纪70年代中期以来，中国对生物承载力的需求开始超出其自身生态系统的供应能力，如今，中国需要两个中国大小的面积承载力，超出美国以外的任何国家。

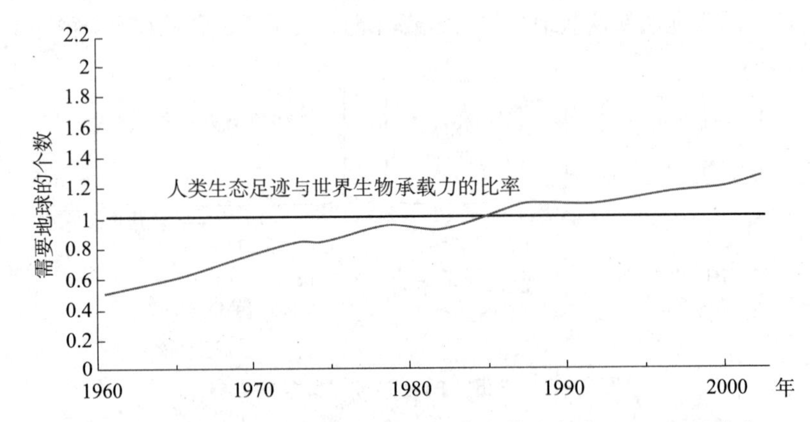

图3-4　人类生态足迹与实际生物承载力的比率（1996~2003年）

资料来源：中国环境与发展国际合作委员会世界自然基金会《中国生态足迹报告》

可见，人类借助市场机制创造了空前的财富（正的、满的物质世界），但同时也使人类陷入了日益严重的环境危机（负的污染世界）。人类力量所创造的文明背叛了人类自己，将这种文明送进坟墓。

第二节　文明演进视域下的环境问题

人类的生存、繁衍、发展、演进的过程，在一定意义上来说是人类认识、适应、开发、利用自然资源及环境的过程，同时也是人类与自然关系发展演变的过程。随着文明的演进，科学技术的发达，人类对自然生态环境的依赖性下

① 中国可持续发展课题组．中国可持续发展报告［M］．北京：科学出版社，2006.

降，而对其的控制能力上升，这时的人类与生态环境的关系由适应转向控制。然而，在人类与生态环境的互动过程中，生态环境也不是完全被动消极的，人类活动必然受到生态学原理的制约。从文明演变历程来看，人类文明史是一部人与环境相互作用的历史。不同的文明阶段，人类对环境的适应方式及所造成的环境后果也不相同。

一、“索取—加工—流通—弃置”视角下人类文明的演变及各阶段环境问题

人类的文明大致可分为蒙昧时代的文明、农业文明和工业文明几大阶段。为了阐明文明与自然生态环境的关系和文化对环境的适应，以及环境问题产生的文化根源，本研究将人类文明发展划分为三个阶段：远古文明（公元前50万年～公元前1万年）、农业文明（公元前4000年～公元1500年）、工业文明（公元1500年～至今）。

远古文明时代，人类的基本生存方式是狩猎、捕鱼、采集野果充饥维持生存。此时期，人类生存方式可以概括为从自然界索取，然后就消费，消费完就扔掉（即“索取—消费—弃置”），扔掉的废弃物就由环境负责降解、分解[①]。此阶段由于人口密度低、也不生产剩余食物、以自然材料为工具和对“肌肉力量”的依赖，人类对生态环境的影响一般来说很小，主要表现在对植物的过度采集、动物的过度猎取和纵火围猎对森林的毁坏。

到了农业文明阶段，人类开始有目的地开发自然。真正的农业文明在大约4000年前随着集约型农业生产而出现。集约农业使得新的农作物不断产生、产量不断提高、人口增长过快；增加的人口数量，又反过来要求更多的食物供给，因而毁林开荒，增加耕地面积就成了必然。此阶段人类使用生产工具，开始有目的地对自然对象进行加工与利用。人与自然的关系由先前简单的“索取—消费—弃置”变为“索取—加工—消费—弃置”。借助于工具的使用，人类开垦、征服自然的能力大为提高，此时出现了局部性的生态环境遭受到破坏。但总体而言，在此阶段人类对自然施加影响的能力仍相当有限，人类在地

---

① K. Boulding（1965）所描述的“牛仔经济”（美国西部开发中的牛仔可以随意开垦无际、空旷的草原，而不用考虑资源耗竭与环境边界问题）其实就是对这种简单、原始经济状态的描述。在这个阶段，人类活动对环境的影响非常有限。

球表面留下的“环境足迹”非常稀疏和轻微，而且往往被自然环境的自净化力所消解[①]。但在一些生态系统脆弱的地区，如半干旱地区，人类过度开发土地、深林，导致赖以支撑的生态系统崩溃，进而导致美索不达米亚、玛雅、楼兰等古文明的衰落（下节将简要讲述）。

又过了几千年，人类进入工业文明时代。以英国第一次工业革命为标志的近代工业的兴起与发展，揭开了人类大规模掠夺性利用自然资源、大规模物质生产、消费、大量排放废弃物污染环境的序幕。工业文明与人类历史上出现过的任何文明不同，它是立足于最终彻底改变自然生态系统而建立完全人工生态系统。现代农业、工业区和现代化的大都市，这些独立于自然生态系统的人工生态系统，其物质循环与能量流动完全借助于该系统外的系统来支撑。从某种程度上讲，工业文明与农业文明的差别之一表现为工业文明是生产社会化的商品经济，生产目的不再是为简单地满足自己的需要，而是为了卖出以获取更多的财富（也就是生产由追求物品使用价值向商品的价值转变），自此，人类与自然的关系由先前简单的“索取—消费—弃置”演化为复杂的“索取—加工—流通—消费—弃置”的过程。正是这种为价值增值而生产的机制（市场机制），使得人类社会近百年创造的财富比过去所有时期创造的总财富还要多。市场这只“看不见的手”大大加速人作用自然的深度与广度，表现为自然资源过度开采及废物大量排放，进而出现严重的环境问题（图3－5）。

综上所述，不同文明对地球剥夺方式和程度是不一样的：农业社会主要对地表的资源进行剥夺，如土地、森林、草原。工业社会则将这种掠夺由地上转到地下，如地下矿藏开采、地下石油的钻探等。进入后工业社会，人

---

① 尽管总体上环境问题不严重，但人类已能使用工具，征服改善自然的能力大大增强（正因为如此，马克思把人类有意识地发明和使用工具称为具有划时代意义的事件），这同时也意味人类在能力上已经具备影响、甚至破坏自然的能力。美国学者弗·卡特和汤姆·戴尔在其合著《表土与人类文明》中，考察了包括尼罗河谷、美索不达米亚、地中海地区以及印度河流域文明、中华文明和玛雅文明等历史上20多个文明的兴衰过程，得出结论是：绝大多数地区的文明的衰败，缘起于赖以生存的自然资源受到破坏，表土状况恶化使生命失去支撑能力导致所谓的“生态灾难”。依照卡特等人的解释，文明衰落的根本原因是一个民族耗尽了自己的资源，特别是表土资源。据此卡特等人推论：“文明之所以会在孕育了这些文明的故乡衰落，主要是由于人们糟蹋或者毁坏了帮助人类发展文明的环境”。卡特等引用一句简洁的话语来勾画人类社会历史发展的简要轮廓：“文明人跨过地球的表面，在他们的足迹所过之处留下一片荒漠”（卡特，戴尔．表土与文明［M］．北京：中国环境科学出版社，1987）。无独有偶，英国学者汤因比从历史学家的视角，总结并反思了人类文明与自然界的关系。研究指出世界古往今来共有26个文明，其中5个发育不全，13个已经消亡，7个明显衰落。衰落的特别是那些消亡的文明，都直接或间接地与人和自然关系的不协调有关。

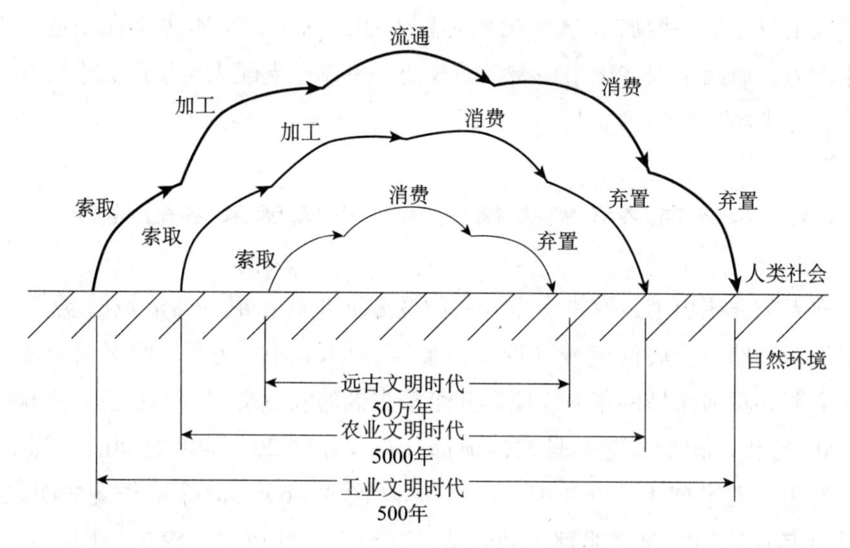

图3－5　人类文明变迁与环境问题

资料来源：叶文虎主编．可持续发展理论的新进展［M］．北京：科学出版社，2007：46－50.

类对地球剥夺延伸到海洋、天空。正如托夫勒指出的，可以毫不夸张地说，从来没有任何一个文明，能够创造出这种手段，不仅能够摧毁一座城市，而且可以毁灭整个地球，从来没有像开采矿山这般如此凶猛，挖得大地满目疮痍①。

值得指出的是，钟茂初（2005）从社会发展中第一要素（prime factor of production）更替的视角分析了人类环境问题的变迁。钟教授认为，决定人类生产方式的核心因素是“第一生产要素”，第一生产要素的更替意味人类改造自然能力的变化。随着人类生产的第一要素的更替，伴随的环境问题呈现以下规律：环境问题不存在（环境系统消纳）→环境问题局部轻微存在（农业社会过度耕种、滥砍滥伐等）→环境问题局部严重（工业革命污染急剧排放）→全球性的严重的环境问题（资本深化、资本国际化时代污染全球化）。因此，“第一生产要素”是认识生态环境危机是如何形成的关键因素。钟教授从人类社会中生产第一要素的视角勾勒了人类不同生产力水平下的经济活动对环境问题的影响，既抽象又具体，大大丰富了我们对人类经济活动与环境关系的认识。这里有一个小小的问题需要补充，就是以资本为第一要素的阶段，人类创造财富相对封建社会有了质的提高（封建社会相对奴隶社会的生产能力一

① 阿尔温．托夫勒．第三次浪潮［M］．上海三联书店，1983.

定程度上只是量的增加）。《大国崛起》专题组认为，资本主义在创造惊人社会生产力，原因不仅在于第一要素的改变，更在于支配人类生产、生活规则的改变，即市场机制的确立①。

二、人—自然环境失衡视角下古文明衰落的解释

在人类文明史上，有许多重大的问题令人难解：尼罗河流域的埃及文明、底格里斯—幼发拉底河流域（即两河流域）的苏美尔文明、印度河流域的哈拉帕文明和黄河流域的华夏文明等几个最古老的农业文明，都在公元前6000～前4000年代，相继兴起，且发祥地都分布在北纬20°～40°之间的广阔地区，形成所谓“北半球中—低纬度文明带”②（图3－6）。但除了华夏文明之外，几乎所有其他的古典文明都先后衰落，甚至今天变成了沙漠带（图3－7）。

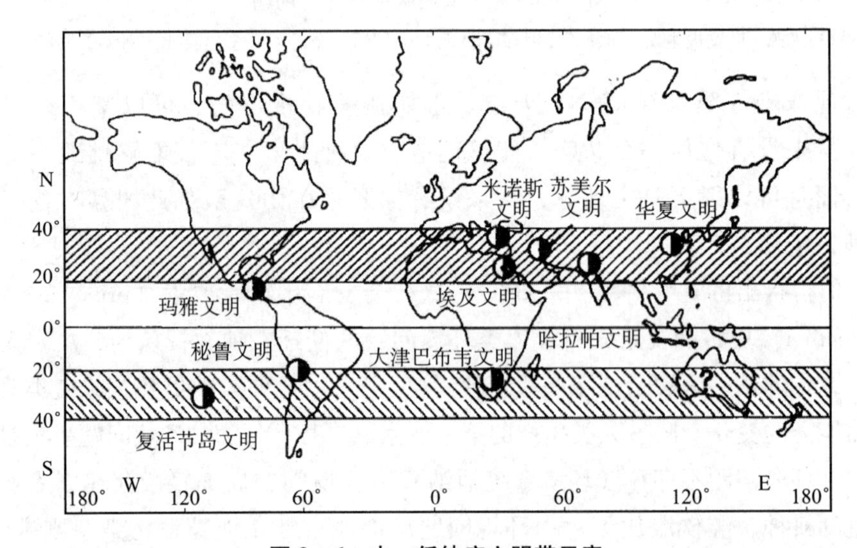

图3－6 中—低纬度文明带示意

为了阐释世界古典文明兴衰荣枯的历史命运及其空间分布的规律，学者们提出了各种假说。在关于文明起源的问题上，有所谓“大河文明论”“绿洲文

---

① 让历史照亮未来的行程——中央电视台12集大型电视纪录片《大国崛起》解说词，2006－11－12。

② 大约在10000年前期间，地质历史进入了全新世（holocene）时期。全球气候转暖，导致了大陆冰盖消融，中—低纬度地区降水量增加。公元前7000年晚期，底格里斯河与幼发拉底河谷、美索不达米亚文明的家乡，被丰富的森林与草原覆盖。

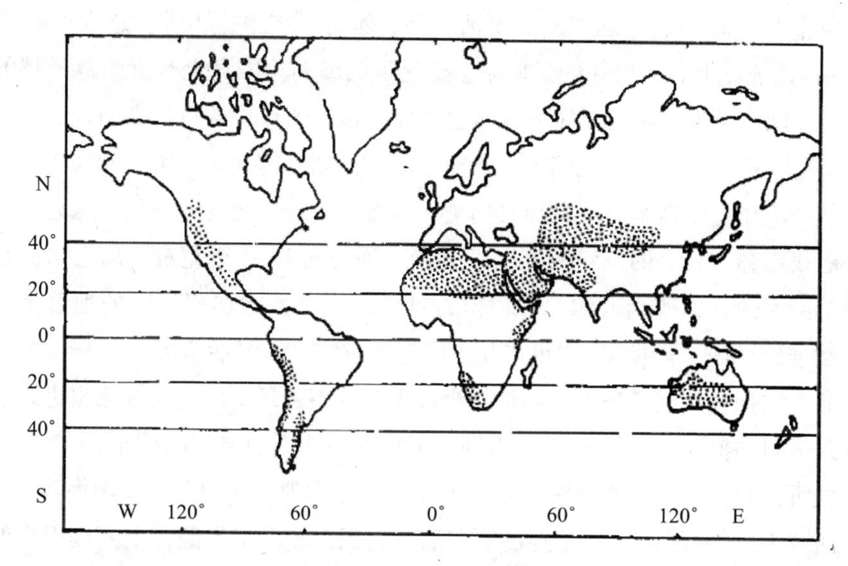

图3-7　全球现代沙漠的分布

明论"以及A. J. 汤因比的"逆境论"①，在解释文明衰落的原因时，则出现了诸如"政治腐败论""经济失调论""战争征服论""种族退化论"以及"地力耗竭论"等，所有这些理论都难免顾此失彼。有的能够勉强解释某些文明的兴起，但无法说明文明的衰落；有的可以解释个别文明的兴衰，但未能阐明所有古典文明的历史命运②。一些学者在考察了人类几千年文明史的基础上，提出了解释世界古典文明时空运动的"地理环境变迁论"，得出颇为新颖的结论。由于生态环境退化导致文明衰落最明显的例子是中美洲早期的玛雅社会。公元550年左右，以库班城为中心的玛雅人口大约为5000人，到公元850年人口增加到约20万人。但随着对森林的砍伐，亚热带降雨严重侵蚀了农业用地，到公元1000年，人口下降50%，到公元1250年，整个城市废弃。类似的悲剧也出现在美索不达米文明的衰败上。文献资料表明，约公元前2500年时，美索不达米亚平原的制陶业和铸铜业就达到了相当高的水平。不幸的是，由此带来城市人口压力、能耗增加压力加速自然环境劣变的进程，最终导致良性生态平衡的彻底崩解：灌溉的良田变成了盐碱荒滩，不可恢复的烧荒和砍伐的森林迹地渐次化作沙漠，气候变化和武装入侵的综合作用终结了美索不达米亚文

① Toynbee A. J. *Astudy of History*. 12Vols. NewYork：Oxford University Press，1935：61.

② 此处参考王会昌．世界古典文明兴衰与地理环境变迁．《华中师范大学学报（自然科学版）》，1995（3）：113－118.

明。复活节岛的兴衰也是如此。复活节岛，也称“拉帕努伊”，意为“石像的故乡”，是地球上有人居住的最偏僻、最遥远的海岛。因岛上有近千尊神秘的巨人石像而闻名世界。考古学家发现这里曾经有过一个辉煌的古代文明，后来陆地沉入海里，古老文明也随之消失了，而这座小岛则是古老文明留下的遗迹。考古学家们一直致力于破解这一世界文明史上的难解之谜。较为普遍的说法是：当地居民滥伐森林。岛上的人口起初增长缓慢，到公元1200年左右，岛上居民热衷于建造巨大的石头雕刻人像，环境压力日益增大。美国加州大学的地理学家里德·戴蒙德（1995）指出：“仅在几个世纪的时候里，复活节岛上的居民们就砍光了岛上的森林，使得岛上的动植物全部灭绝，随后岛上的人类社会也进入混乱并导致最后的覆灭”①。国内楼兰古国的衰亡也是这方面典型的例子：在纪元年，楼兰城所在的罗布泊以西地区，是林木繁茂、水草肥美的沃野。《山海经》《汉书·西域传》《水经注》所记述的罗布泊的面积，和由卫星照片上判读得出的纪元前后的罗布泊面积大体相当②。然而，它在公元四世纪时，却突然“销声匿迹”了。楼兰地区的先民起码在两个方面遭受到了可怕的报复：一方面，由于他们在把农业文化、铜铁文化推向繁荣时，耗尽了有限的森林资源，水分积聚和贮存的中心消失了，土地沙化面积不断扩大，灌溉水源日趋紧张。另一方面，随着气候日益干旱，罗布泊的水面一天天地缩小，而且盐度越来越高，变得无法饮用不可能用于灌溉，人类和其他许多生物赖以生存的基础被彻底摧毁了。

正如恩格斯在《自然辩证法》中说到，只有人才能在自然界打下自己的印记，因为他们不但变更了动植物的位置，而且也改变了他们居住地方的面貌和气候。我们不要过于得意我们对自然界的胜利。对于我们的每一次胜利，自然界都报复了我们③。美国环境史学者弗·卡特，汤姆·戴尔（1955）进行了更系统的总结。在他们合作出版的《表土与人类文明》一书中指出，除了很少例外情况，文明人从未能在一个地区内持续文明达30～60代人以上（即800～2000年）。他们的文明在一个相当优越的环境中经过几个世纪的成长与

① 贾雷德·戴蒙德．枪炮、病菌与钢铁——人类社会的命运［M］．谢廷光译．上海译文出版社，2000：10－24.

② 1982年4月《植物》杂志的署名章，根据《水经注》《汉书·地理志》《汉书·食货志》《续资治通鉴》《梦溪笔谈》等大量资料以及对地层中的植物孢子和花粉分析指出：春秋时期（公元前8世纪～前5世纪），黄土高原森林覆盖率约53%，到20世纪50年代初期，仅仅为3%左右了。1983年10月5日的《人民日报》在《黄土高原本来不姓旱》的文章中指出，1840年前后，甘肃华池县林木覆盖率达50%；1943年下降为23%，1983年林木面积仅占18%了！

③ 马克思恩格斯选集（第20卷）［M］．人民出版社，1972.

进步之后就迅速地衰落、覆灭下去，不得不转向新的土地。两位作者认为文明之所以会在孕育了这些文明的故乡衰落，主要是由于人们糟蹋或者毁坏了帮助人类发展文明的环境①。

第三节　“空”的世界与“满”的世界的经济学

一、经济—环境系统的“新古典割裂”

早在经济学启蒙时期，经济学家就开始关注人口和资源的关系，特别是人口与土地、粮食的关系。例如马尔萨斯早就注意到，人口以幂指数速度增长而资源仅以算术级数形式增长，长远看来经济社会将出现灾难（这种基于资源将被耗尽的思想被称为资源的“绝对稀缺论”）。李嘉图（1817）认为虽然客观上存在着资源稀缺，但技术进步以及对外贸易最终可以缓解资源的稀缺问题，因此相对稀缺的资源并不会对经济发展构成不可逾越的制约（即资源“相对稀缺论”）。穆勒（1872）则将稀缺的概念延伸到更为广义的范畴，从哲学高度提出了建立“静态经济”的概念，指出自然资源、人口和财富应该保持在一个静止稳定的水平下，并且这一水平要远离自然资源极限水平，以防止出现食物缺乏和自然美的大量消失。我们不难看出，古典经济学家不论资源稀缺论还是静态经济主张，其理论有如下共同特点：其一，研究领域广泛，包括社会分工、财富增加、人口、自然资源等广泛的经济、社会问题。其二，不仅研究经济系统，而且将资源环境系统纳入了考虑，即研究的是经济—（资源）环境系统。

伴随着边际革命，经济学进入新古典经济学时代。丰富的古典经济学日益退化为研究“稀缺资源通过市场在各种可供选择用途间进行有效配置的学问”的新古典经济学，新古典经济学使古典经济学丢掉了“政治”，变成了纯粹经济学②。简要来讲，新古典经济学家向世人宣讲的实际是流传已达几个世纪之

---

① 弗·卡特，汤姆·戴尔．表土与人类文明［M］．北京：中国环境科学出版社，1987.

② 在经济学说史上，凡勃伦最先使用新古典这个词，他使用这个词刻画马歇尔及马歇尔经济学的特点。但是，多布认为，新古典所做的不仅脱去古典政治经济学粗糙的外衣，而且割断其与自然规律哲学的联系（用微分学将古典重新陈述）。转引自卢现祥．新制度经济学．武汉大学出版社 2004 年，第 24 页。

久的两个男人（一个是家庭，另一个是厂商）的故事。故事的主题词是：经济人、边际替代和均衡。梗概则是：经济人按利益最大化原则的交互作用会形成市场均衡价格，该价格反过来调节他们的行为，最终导致生产效率与配置效率的同时实现，而且社会经济达到你好、我好、大家都好的帕累托最优的佳境。不难发现，新古典经济学最大特征就是抛弃了古典经济学对制度、对环境、社会等广泛问题的关注，转而只研究既定制度下资源最优配置，借助数学模型等分析工具，经济学日益成为一门“硬”的科学。透过华丽包装背后，我们发现新古典经济学致命缺陷：新古典经济学只考虑经济系统资源最优配置而不考虑赖以支撑的资源环境系统，人为地将经济—环境系统分割。在这里，我们以是否把环境问题纳入研究体系为划分标准：把经济纳入经济—环境大系统的思想称为古典传统；把割裂经济—环境系统甚至不考虑环境对经济系统的制约，而专注于研究经济系统中资源最优配置的学说称为新古典割裂①（如图3－8）。

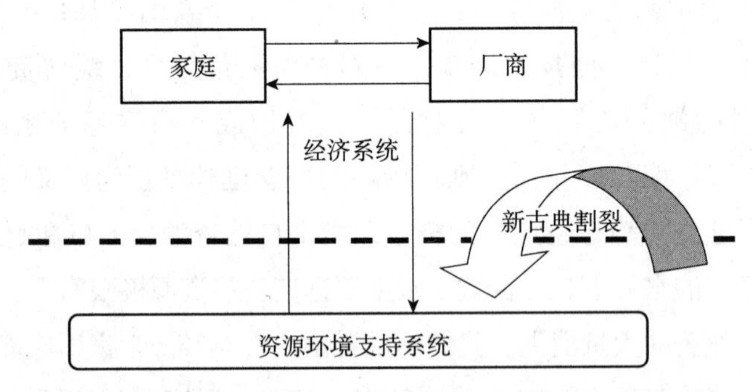

图3－8　新古典（Neo-classic）经济学对经济—环境系统

新古典割裂不仅使丰富的古典经济学理论蜕化为只研究资源最优配置的新古典经济学，强化了经济与环境的分离；更为严重的是，在实践中人们用主流经济学理论为指导，强化生产（追求GDP），刺激消费以达到所谓经济增长、就业充分的政策目标。这些政策导致正的世界（物质财富）急剧增加的同时，负的世界（环境污染）亦如影随形地膨胀至容量极限。人类无止境地剥夺地球，使人类的诺亚方舟尽量塞满。同时，人类利用经济学理论为指导，使舟内

① 粗糙的新古典经济学之所以取代丰富的古典经济学，本身是一个非常值得研究的问题。限于本文研究目的，我们不做具体展开。这里套用萨缪尔森的话也许是合适的：我们把尊敬留给古典，但我们选择新古典（萨翁在评价瓦尔拉与马歇尔时的原话：我们把尊敬留给马歇尔，但我们选择瓦尔拉斯）。

资源最优最合理消耗，以使欲望最大程度得到满足，这种欲望最大程度的满足进一步加剧舟内资源的消耗。更为严重的是，主流经济学没有考虑人类这艘生命之舟是有承载极限的，负载过多的财富（也是欲望）将不可避免地使人类生命之舟沉没。据此，笔者认为只注重经济系统主体行为最优而不考虑环境支撑的主流经济理论（新古典）是造成环境问题的主要原因之一。我们将新古典强化经济与环境的割裂在理论和实践中对环境的影响梳理如下：

（1）新古典经济学不考虑经济系统赖以支撑的环境系统。经济被视为一个孤立系统（即与周围的环境没有物质或能量交换），自然资源和生态环境等自然资本一直被排斥在经济分析过程之外。“没有任何东西是依靠于周围环境的，当然也就不会有自然资源耗费、环境污染等问题”，“查阅经济学的三本主流课本的目录索引，我们即可发现它们并未指出环境、自然资源、污染与之间有任何通衢”①。因此，新古典经济学最大缺陷是割裂经济与环境系统，只见经济，不见自然。对此，著名生态经济学家戴利（Daly，1996）将这种传统经济学中这种不考虑环境资源限制的世界称为空的世界，中国学者孙剑平（2004）把这种经济学批判为浪漫经济学。也正是基于此，日本学者宫本宪一（1982）认为，一旦把资源（环境生态）因素视为经济系统的内生变量，现有的经济学体系就要改写。

（2）新古典经济学不考虑资源环境价值。传统经济学把经济过程描述为“生产—分配—交换—消费”的单向度的线性运行过程，把自然资源等非经济因素只看作是经济行为不变的取之不尽用之不竭的资源因素，乃至看作是不起任何作用的经济系统外部存在因素，也无视自然生态系统内在的价值。表现在传统理论分配中，劳动资本、土地等要素所得到的价值量超过了在价值创造过程中的贡献，而理应由资源要素和环境所承受的价值也被瓜分了，资源和生态环境因得不到消耗的补偿而导致资源耗竭和环境的恶化②。基于此，世界银行将自然资本列为扩展的生产要素，并指出自然资本与物质资本并非对称转化关系。

（3）新古典经济学是个体（消费者、生产者）如何选择以达到最大满足程度（消费者获得最大效用、厂商实现最大利润）。这种最大、最优最终必表

① 戴利．超越增长——可持续发展的经济学［M］．上海译文出版社，2001：35.

② 对外部生态环境对经济的基础性的影响仍然认识不足——而即使后来有里昂惕夫的投入产出法的出现，也只是重视价值平衡和物质平衡，没有真正重视生态环境因素对经济的决定性影响。

现为地球资源更多的消耗以及污染的大量排放。从此角度上讲，新古典经济理论实际上也是引导人类对资源“大规模最优消耗”的理论工具。在宏观经济领域更是将需求、生产推向极致。以凯恩斯宏观经济理论认为，经济不景气是由于有效需求不足（消费、投资等），为了防止宏观效率受到影响（设备闲置、劳动者失业等），政府应当采用财政、货币政策等以实现充分的就业。这样看来，现代宏观经济学理论与实践也是主张对自然资源耗竭使用的。

庆幸的是，主流经济学似乎正在觉醒①。梅多斯（1972）认为经济增长受可利用自然资源的制约，提出“增长的极限”问题。博芬贝格和斯马尔德斯（Bovenberg and Smulders，1996）等将自然资源、环境质量等要素纳入生产过程来考察最优增长问题。刘思华（2002）将环境视为第四种生产要素，钟茂初（2006）指出实践中人们对自然价值的不重视是造成环境污染、经济社会不可持续的主要原因之一，王玉婧（2008）将传统生产函数扩展为 Q = f（K，L，ENV，W），其中，ENV 代表环境资源的价值，W 为生产活动的废弃物。

二、回归古典：“满”的世界的经济学（或新兴古典经济学）

人类早就认识到经济发展离不开资源环境提供支撑。可奇怪的是，自诩为社会科学王冠的经济学，直到 20 世纪 60 年代才开始由非经济领域的学者指出这个问题。1962 年美国海洋生物学家卡尔逊（Carson）发表引起轰动的科普著作《寂静的春天》，指出人类的不当活动不仅危及许多生物生存，而且正在危害人类自己。如果环境问题不解决，人类将无异于生活在“幸福的坟墓中”，失去“明媚的春天”。1966 年美国学者博尔丁（Boulding）提出“宇宙飞船经济理论”，指出随着人口和经济的不断增长，人类不仅将消耗掉地球这个太空宇宙飞船内的有限资源，同时排出的废物量也会将使飞船舱内完全被污染，人类不改变现有生产、生活方式，人类末日将会到来。

经济学家也开始对传统经济理论进行反思。其中戴利对人类经济系统与赖以支撑的环境系统之间的关系的认识非常直观且不失深刻，为我们认识传统（新古典）经济理论的缺陷开辟了道路。戴利认为，在经济发展的初始阶段，由于经济规模较小，生态系统的环境容量非常大，人们可以尽情利用资源环境

---

① 转引自彭水军. 经济增长、贸易与环境［D］. 长沙：湖南大学，2005.

（类似“牛仔经济”）。在这种情况下人类面对的是一个比较“空”的世界。但是，随着经济系统规模的不断扩大，生态系统的剩余环境容量会越来越小，人类所面对的世界将逐渐由“空”的状态变了“满”的状态。“空”“满”世界如图3－9所示，外面的圆圈代表生态系统，里面的方框则代表经济系统。显然，经济系统应在生态系统的约束范围之内，当经济系统进一步膨胀乃至超出生态系统承载极限时候，经济系统将崩溃。正如戴利所言“世界从一个人造资本是限制性要素的时代进入一个自然资本是限制性要素的时代。捕鱼生产目前是受剩余鱼量的限制而不是受渔船数量的限制；木材生产是受剩余森林面积的限制，而不是受锯木厂多少的限制……我们已经从一个相对充满自然资本而短缺人造资本的世界来到相对充满人造资本而短缺自然资本的世界了”①。

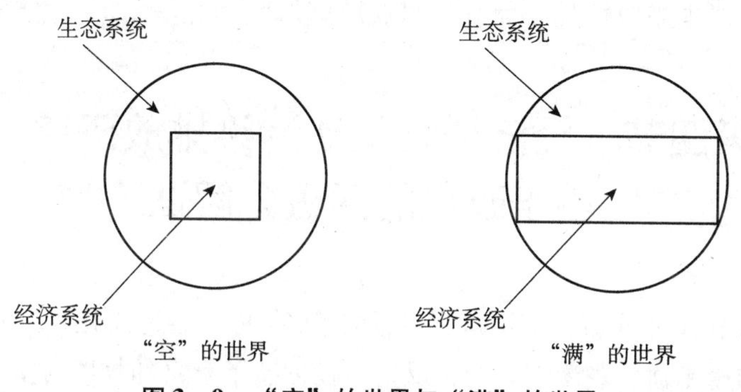

图3－9　“空”的世界与“满”的世界

当然，此也并不意味传统不考虑资源环境限制的“空”的世界经济学（新古典经济学）要被彻底抛弃②。笔者认为，传统经济学错的并不是其逻辑，而是其假定条件。传统经济学像古典物理学那样是和一个特例相关的，即假设我们远离极限——在物理学上是远离光速或远离基本粒子的极限大小——在经济学上是远离地球承载能力限制及社会伦理的限制。因此在经济学中就像在物理学中一样：古典理论在接近极限的地带无法很好地起作用。也就是说，远在经济增长达到地球的生态承载力之前，即在戴利所谓“空”的世界的背景下，经济活动对自然生态系统的稳定还不会造成威胁，此时传统的经济学理论还是能够有效发挥其作用的。但在经济子系统的规模十分庞大，以至于经济活动的

① 戴利．超越增长——可持续发展的经济学［M］．上海：上海译文出版社，2001：38.

② 巧合的是，经济学（economics）和生态学（ecology）来自同一个词根——“生态（eco）”——源自希腊词汇“oikos”，意思是“家”。生态学是家的学问，经济学是家的管理。生态学家所要做的是确定生命能够旺盛和生存的条件和法则。

规模已经接近或达到地球的承载能力时，传统的经济学理论就将失效。

基于此种认识，传统经济学与考虑生态环境制约的新古典经济学就可被看作由“空”的世界向“满”的世界过渡过程中的同一理论体系的相互联结的片断，就像凯恩斯理论和新古典理论可被看作由萧条经济向充分就业经济过渡过程中的不同片断一样。因此，失效的只是外在条件变化情形下其表现形式的变化，而其内在逻辑——“水晶般玲珑剔透的结构”（熊彼特对阿罗—德布鲁一般均衡体系叹为观止证明的评语）依然是坚硬的内核。也正是基于以上认识，对“满的世界经济学”的正确释意应该是“考虑环境制约的经济学”。“新兴古典（New-classic）经济学”之将环境资源纳入真实世界的考虑恰体现了这门学科有别于传统经济学的“特色”，是比以往更加纯正、全面、科学的经济学，是“本来应该是”而且“早就应该是”的经济学。

第四节　经济增长驱动污染排放研究：基于改进的两极分解法

由前几节分析可知，市场这只“看不见的手”通过深化、广化分工，驱动生产，加速流通、刺激消费的正反馈途径创造了丰富的物质财富，取得了巨大成功。但同时亦如影随形地（不可避免）伴随大量污染物的排放，亦即市场的“成功”同时也带来污染过度排放等环境问题。本节定量考察市场机制促进经济增长而带来的污染排放（以严峻影响地球气候变化的二氧化碳为例）及其变化，从而定量测度市场驱动污染排放的各效应。

大量文献对我国碳排放及影响因素进行了研究。根据研究方法的不同，大致可以归为三类。第一类方法是经济计量分析，该类研究主要围绕能源库兹涅茨曲线（energy kuznets curve，EKC）而展开。EKC 基本思想是，随着人均收入的提高，能源消耗会增加，但越过某一转折点后能源消耗将会下降。如奥夫哈默和卡森（Aufhammer and Carson，2010）构建中国省级人均收入与人均碳排放的面板模型，发现碳排放 EKC 倒 U 型关系的存在，林伯强和蒋竺均（2011）也得出类似结论。此外，越来越多学者在该框架基础上进一步加入人口密度、城市化水平、贸易出口、FDI 等控制变量，从而使经济增长—能源消耗“黑箱”进一步打开。第二类方法是可计算的一般均衡方法（CGE），如加尔巴乔等（Garbaccio et al.，1999）基于动态 CGE 模型分析了碳税对我国能源消耗及碳减排可能的影响。第三类方法是因素分解方法（factor decomposition），该方法主要基于 Kaya 恒等式，将影响能源消耗的因素归为各相关因素的乘积，随后运用分解方法对各效应进行量测度。由于该方法简单明了，且能多层次、多角度对各效应进行测度，成为研究能源消耗普遍使用的方法。因素分解法种类繁杂，总体可以分两大类：以解聚为基础的指数因素分解法（IDA）和基于投入产出表分析的结构分解模型（SDA）方法。由于 IDA 方法无法详细揭示各行业部门之间相互影响机制的缺憾，以投入产出表为基础进而较好捕捉产业关联影响的结构分解法（SDA）日益成为能源消耗、碳排放领域主流方法。本节基于市场需求的视角，运用反映产业关联的结构分解方法（SDA），全方位（需求整体及各具体需求）、多层次（总体及部门层面）对市场的“成功”带来经济增长进而驱动污染排放的规律进行探讨。

一、碳排放驱动分解模型——改进的两极分解法（polar decomposition）

1. 数学模型

某时期碳排放量系各行业排放量之和①，即：

$$C = \sum_i C_i = \sum_i \frac{C_i}{Y_i} Y_i = \sum_i e_i Y_i \tag{3-1}$$

其中 $e_i = C_i/Y_i$ 为行业单位产出碳排放量，即碳排放强度，其主要由技术水平决定。随着研究的深入，越来越多的学者注意到，产品碳排放不仅包括生产该产品过程中因资源消耗而导致的（直接）排放，还包括各类中间投入品蕴含的（间接）排放，这种经过产业关联而引致的间接排放可由投入产出技术来进行捕捉。定义直接消耗系数 a_{ij} 为生产物品 i 所耗用中间投入品 j 的消耗数量，A 为其直接消耗矩阵。根据投入产出公式：$X = (I - A)^{-1} F$，其中，X 是各部门总产出向量，A 是直接消耗系数矩阵，逆矩阵 $(I - A)^{-1} = (l_{ij})$ 为里昂惕夫（Leontief）投入—产出系数，其刻画各产业间相互依赖关系，F 是最终需求量。这样，考虑第 k 部门提供 1 单位最终需求引致其他部门的总产出可由下式表达：

① 由于生活用能源消费占能源消费总量比例较小且增长较为平缓，因此本文仅考虑生产用能源消费对于中国能源消费总量加速增长的影响。

$$\begin{bmatrix} X_1 \\ \vdots \\ X_i \\ \vdots \\ X_n \end{bmatrix} = \begin{bmatrix} l_{11} & \cdots & l_{1k} & \cdots & l_{1n} \\ \vdots & \cdots & \vdots & \cdots & \vdots \\ l_{i1} & \cdots & l_{ik} & \cdots & l_{in} \\ \vdots & \vdots & \vdots & \vdots & \vdots \\ l_{n1} & \cdots & l_{nk} & \cdots & l_{nn} \end{bmatrix} \begin{bmatrix} 0 \\ \vdots \\ 1 \\ \vdots \\ 0 \end{bmatrix} = \begin{bmatrix} l_{1k} \\ \vdots \\ l_{ik} \\ \vdots \\ l_{nk} \end{bmatrix} \tag{3-2}$$

由（3－2）式可知，第 k 部门1单位最终需求，将带动所有部门提供总产出（即完全消耗），就是里昂惕夫逆矩阵的第 k 列 $(l_{1k} \quad \cdots \quad l_{ik} \quad \cdots \quad l_{nk})^T$，第 j（$j = 1, \cdots, n$）部门提供的总产出就是该列中的 j 个元素 l_{jk}：$X_j^{(k1)} = l_{jk}$，$(j、k=1, \cdots, n)$，式中上标（$k1$）表示“由 k 部门1单位最终需求所引致”。由此，考虑间接排放后，需求驱动的碳排放为：

$$C = ELF \tag{3-3}$$

在碳排放诸多分解方法中，对数平均迪氏分解方法（LMDI）具有分解完全、唯一性等优点而得到广泛运用，但该方法存在无法处理负值等缺憾。尽管结构分解方法（SDA）存在分解不完全、计算量大等不足，但该方法能有效克服负值问题。同时迪茨巴彻等（Dietzenbacher et al.，1998）研究表明，SDA 的简化版本——两极分解法，具有误差小（主要差别在于方差的差异）、计算量大为减少等优势，而得到较广泛使用。两劣相权取其轻，这里我们采用两级分解法。

式（3－3）的极分解形式有两种，其中之一为：

$$Q_1 - Q_0 = E_1L_1Y_1 - E_0L_0Y_0 = E_1L_1(Y_1 - Y_0) + E_1(L_1 - L_0)Y_0 + (E_1 - E_0)L_0Y_0 \tag{3-4}$$

另一种分解形式为：

$$Q_1 - Q_0 = E_1L_1Y_1 - E_0L_0Y_0 = E_0L_0(Y_1 - Y_0) + E_0(L_1 - L_0)Y_1 + (E_1 - E_0)L_1Y_1 \tag{3-5}$$

取两者平均，可得：

$$Q_1 - Q_0 = 1/2(E_0L_0 + E_1L_1)(Y_1 - Y_0) + 1/2(E_1 - E_0)(L_0Y_0 + L_1Y_1) + 1/2[E_0(L_1 - L_0)Y_1 + E_1(L_1 - L_0)Y_0] \tag{3-6}$$

根据里昂惕夫矩阵的定义，有：$L_0^{-1} - L_1^{-1} = (I - A_0) - (I - A_1) = A_1 - A_0$

其中，$1/2[E_0(L_1 - L_0)Y_1 + E_1(L_1 - L_0)Y_0]$

$$= 1/2[(E_0L_1Y_1 - E_0L_0Y_1) + (E_1L_1Y_0 - E_1L_0Y_0)]$$
$$= 1/2[E_0L_0(L_0^{-1} - L_1^{-1})L_1Y_1 + E_1L_1(L_0^{-1} - L_1^{-1})L_0Y_0]$$
$$= 1/2[E_0L_0(A_1 - A_0)L_1Y_1 + E_1L_1(A_1 - A_0)L_0Y_0]$$

令 $L_0Y_0 = Y_{0T} \quad L_1Y_1 = Y_{1T};L_0E_0 = E_{0T},L_1E_1 = E_{1T}$

进而式（3-5）可进一步转换为：

$$\Delta Q = Q_1 - Q_0 = 1/2(E_{0T} + E_{1T})(Y_1 - Y_0) + 1/2(E_1 - E_0)(Y_{0T} + Y_{1T}) + 1/2(A_1 - A_0)[E_{0T}Y_{1T} + E_{1T}Y_{0T}] \quad (3-7)$$

这样，碳排放效应可分为三部分：其一，由需求规模变动带来排放变化（即规模效应）：$1/2(Y_1 - Y_0)[E_{0T} + E_{1T}]$；其二，由技术变化引致碳排放变化（即技术效应）：$1/2(E_1 - E_0)[Y_{0T} + Y_{1T}]$，其三，产业间通过投入—产出关联变动导致碳排放变化（结构效应）：$1/2(A_1 - A_0)[E_{0T}Y_{1T} + E_{1T}Y_{0T}]$。同时，顺便指出，如果用其他各类具体需求（如消费、投资、出口）去替代公式中的 Y 及完全需求 Y_T，就可相应得到消费、投资、出口等三驾马车自身各类排放效应。

2. 数据来源及处理

本文的数据处理与张友国（2009）、刘瑞翔（2011）类似，主要包括三个方面：

首先，行业分类调整。《中国投入产出表》《中国能源平衡表》为我们研究提供了数据基础。各类统计表行业分类并不完全一致，需要进行合并处理。本书以投入产出表为基础，结合能源消耗表中的行业分类，经合并调整得到包含29部门的投入—产出表①。其次，投入—产出表的转换。由于国家统计局公布的投入—产出表为现价、竞争型的投产表，因此为得到更准确的结果，需将其转换为可比价、非竞争性投入—产出表。编制可比价的投入—产出表核心在于确定各行业价格指数，而现“按行业工业品出厂价格指数”分类较粗，不能满足编可比价投产表的需要。这里借鉴籍艳丽（2012）以各子行业增加值占比为权重来确定各行业价格水平的方法求取。关于非竞争性投入产出表，主要借鉴平新乔（2006）、刘遵义（Lawrence J. Lau，2007）等“按比例进口

---

① 具体合并如下：保持投入—产出表中部门1~26不变，将原部门27（交通运输及仓储业）、28（邮政业）合并为新部门27（统称为交通运输仓储邮政业），原部门30（批发和零售业）、31（住宿和餐饮业）合并为部门28（统称为批发、零售住宿和餐饮业），部门32~42等服务业一并归入新部门29（统称为其他服务业）。

假设”方法，将进口中间品按比例分配到产品生产之中①，最后得到以1992年为基准年的区分中间投入来源的非竞争型、可比价投入—产出表。最后，关于各行业 CO_2 排放核算。统计部门没有公布分行业 CO_2 数据，需要结合不同部门化石能源消费来进行估计。CO_2 排放量主要参照《中国气候变化初始国家信息通报》的编制方法，主要思路是根据行业碳排放公式 $C = \sum_i C_i = \sum_i \sum_j \delta_j Z_{ij}$（其中 C_i 为 i 行业的 CO_2 排放量，z_{ij} 为 i 行业的第 j 种能源的消费量；δ_j 为第 j 种能源 CO_2 排放系数）来推算。具体先根据各类化石能源的平均发热量，将其折算和加总为标准煤，随后使用IPCC清单中的推荐各种能源的碳排放系数，进而算出各行业以及社会总 CO_2 排放量。图3－10是本书据此方法估算出的我国1990～2012年化石能源排放 CO_2，并与国际上部分温室气体排放数据开发机构②发布的数据比较。可以看出，各机构估算的结果相对比较接近，而IEA数据素以客观公正享誉全球。本书估算的数据与IEA的数据最为接近，因此估算过程及结果是可以接受的。

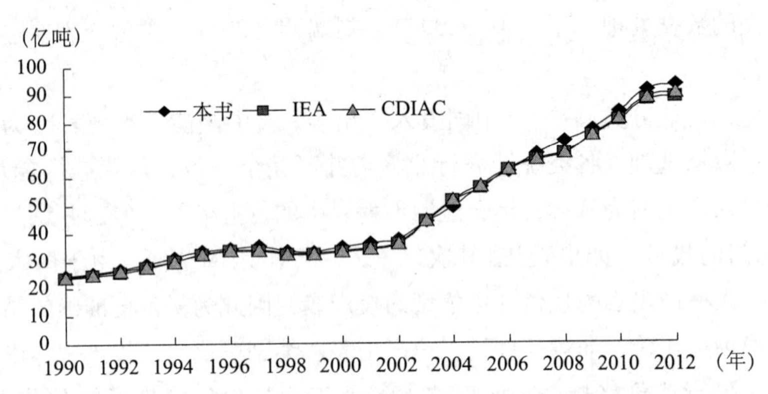

图3－10　不同机构对中国1990～2012年碳排放量的比较

注：CDIAC表示由国际组织二氧化碳信息分析中心公布的数据，IEA表示国际能源总署公布的数据，单位为千吨等价碳，我们通用转换为亿吨 CO_2。排放数据分别来自各机构的官方网站。

① 需要指出的是，国家统计局颁布1992年投入—产出表没有区分进口和出口，我们根据李强和薛天栋（1998）编制的可比价投入—产出表估计了出口与进口之间的比例关系，并结合净出口值得到了相应年度的进口和出口数值。

② 国际上权威温室气体数据开发机构主要有四家：美国橡树岭国家实验室 CO_2 信息分析中心（Carbon Dioxide Information Analysis Center，CDIAC）、国际能源总署（International Energy Agency，IEA）、世界资源研究所（World Resource Institute，WRI）和美国能源信息署（Energy Information Agency，EIA）。

二、最终需求驱动碳排放的分解结果

1. 分时期 1992～2012 年我国碳排放因素分解

将前述处理后的相关数据代入公式（3－6），我们得到 1992～2012 年及各时段最终需求驱动碳排放各效应，分解结果见图 3－11。

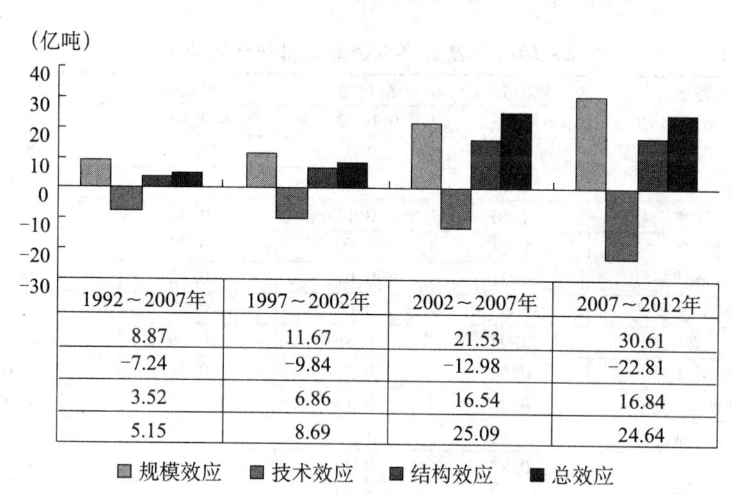

	1992～2007年	1997～2002年	2002～2007年	2007～2012年
规模效应	8.87	11.67	21.53	30.61
技术效应	-7.24	-9.84	-12.98	-22.81
结构效应	3.52	6.86	16.54	16.84
总效应	5.15	8.69	25.09	24.64

图 3－11　不同时期最终需求驱动碳排放效应及变动

图 3－11 结果显示，1992～2012 年，我国碳排放净增加 66.19 亿吨。其中，需求扩张效应导致碳排放净增加 72.68 亿吨，占期间总增量的 111.2%，系碳排放增长的关键因素。同时，反应产业关联的中间投入结构变化带来碳排放净增加 43.76 亿吨，为期间总排放增量的 68.8%。技术进步导致减排 52.87 亿吨，占期间总增量的 83.2%，表明技术进步是减少我国碳排放的重要因素。进一步考察 1992～2012 年四个子阶段，我们发现各阶段碳排放驱动因素并不相同。图 3－11 的结果显示，各时期规模效应分别增排放 8.87 亿吨、11.67 亿吨、21.53 亿吨、30.61 亿吨，系各时段排放增加主要驱动力量。同时，各时段中间结构效应分别增加排放3.52 亿吨、6.86 亿吨、16.54 亿吨、16.84 亿吨，为期间碳排放增长的第二大驱动力量。深入研究各时段中间结构，发现 1997～2002 年、2002～2007 年两个区间内，中间结构效应增长迅速，环比增长 141.1%，远高于同期规模效应 84.5% 的环比增速。如何解释期间中间结构效应急剧增长现象呢？我们知道，中间结构效应主要捕捉各类变动（比如本书中的消费、投资等）通过产业关联对其他行业产生的间接影响。随着经济

增长，人们消费水平、消费层次也在逐步提高，带动水泥、钢材、汽车等高耗能产品需求增加，同时这类物品属典型产业链较长的“迂回生产”型产品，会消耗更多中间投入，从而带来大量间接排放，以上两股力量“汇合”，最终表现为碳排放中间结构效应迅速增加。

2. 行业 1992 ~2012 年我国碳排放因素分解

1992 ~2012 年我国各产业碳排放因素分解结果如表 3 -1 所示。

表 3 -1　　1992 ~2012 年最终需求驱动碳排放分行业分解

产业类型	规模效应	结构效应	技术效应	总效应
第一产业	2.15	0.17	-0.40	1.91
第二产业	48.55	39.06	-32.41	55.34
轻工业	2.22	0.73	-1.32	1.65
食品及烟草加工业	0.50	0.17	-0.31	0.35
纺织业	1.44	0.50	-0.87	1.06
皮革羽绒及其制品	0.21	0.07	-0.12	0.17
造纸印刷文教制造	0.05	0.02	-0.02	0.05
重工业	22.95	9.86	-10.19	22.69
金属矿采选业	0.64	0.26	-0.28	0.64
非金属矿采选业	0.45	0.19	-0.21	0.45
化学工业及制品业	2.81	1.23	-1.23	2.78
金属矿物制品业	0.87	0.35	-0.38	0.85
金属冶炼及压延业	13.73	5.94	-6.11	13.59
金属制品业	0.73	0.31	-0.33	0.71
通、专用设备制造	0.52	0.21	-0.24	0.52
交运输设备制造业	0.78	0.33	-0.35	0.78
电气机械器材制造	1.23	0.52	-0.54	1.23
通信电子设备制造	0.73	0.31	-0.33	0.71
仪器办公机械制造	0.50	0.21	-0.21	0.50
能源工业	18.09	27.13	-15.88	29.42
煤炭开采和洗选业	0.90	1.34	-0.80	1.46
石油天然气开采业	1.49	2.22	-1.30	2.38
石油炼焦核加工业	1.89	2.83	-1.65	3.07
电、热力生产供应	13.09	19.63	-11.44	21.25
燃气生产和供应业	0.75	1.13	-0.66	1.23
其他工业	5.28	1.34	-5.02	1.63
工艺品其他制造业	2.34	0.59	-2.22	0.71
废资源、材料加工	1.11	0.28	-1.06	0.35
水的生产和供应	1.84	0.47	-1.77	0.57
建筑业	1.79	2.67	-1.56	2.90
第三产业	4.10	2.36	-2.36	4.10
交通仓储邮电业	2.93	1.67	-1.67	2.93
批零售餐饮业	0.80	0.47	-0.47	0.83
其他服务业	0.35	0.21	-0.21	0.35
加总	59.14	45.17	-38.14	66.19

表3－1进一步给出了1992～2012年间我国三大产业五部门29个行业碳排放驱动分解结果。从产业大类来看，第二产业驱动碳排放55.34亿吨，占期间总排放66.19亿吨的83.6%，系碳排放的主要部门。这提示我们我国减排“主战场”在工业部门。在工业部门内部，各部门碳排放“贡献”存在巨大差异。从总量上看，能源工业驱动碳排放29.42亿吨，占工业产业比重53.1%，系碳排放“第一大户”，重制造业以22.69亿吨，占比41.0%的比重紧随其后。可见，能源、重制造业两大行业合计占工业碳排放94.1%，为同期碳排放的78.7%，对中国碳排放的削减有举足轻重的作用。进一步深入工业部门内部，电、热力生产供应业碳排放达21.25亿吨，占能源行业及工业部门比重72.3%，38.4%，表明电热力转换系我国工业碳排放的重要形式。重工业内部，与采掘业和机械业相比，化学工业及制品业、金属冶炼及压延业碳排放相对较大，其占重工业部门排放增加总量接近72%，占到该阶段中国碳排放总量的24.7%。可见以化学和金属冶炼及压延业为主的重化工业近年来的迅速发展，是导致我国碳排放总量增长的主要原因。相对而言，轻制造业、农业、服务业等碳排放量较少，期间分别消耗能源1.65亿吨、1.91亿吨、4.10亿吨，合计仅占期间碳排放的11.6%。值得注意的是，第三产业中交通仓储邮电业碳排量2.93亿吨，占比71.3%，应该与该时期国内贸易以及交通、仓储、邮电通业快速发展有关，意味交通减排应成为关注重点。

三、小结

前面的分析构建基于投入—产出的碳排放分析框架，采用改进的两极分解方法，从整体及行业层面对最终需求驱动能源消耗效应及变动进行系统研究，主要有以下发现：

（1）1992～2012年，规模扩张效应增加80.39亿吨碳排放，中间结构效应增加31.99亿吨碳排放，技术进步减少46.23亿吨碳排放，全国碳排放净增加66.17亿吨碳排放。分行业部门来看，第二产业驱动碳排放55.46亿吨，占期间总排放的83.6%，为碳排放的主要部门。工业内部能源工业、重工业驱动碳排放29.42亿吨、22.69亿吨，分别占该时期工业排放的53.1%、41.0%，系碳排放的关键部门。相对而言，轻制造业、农业、服务业等碳排放较少，期间排放1.65亿吨、1.91亿吨、4.10亿吨，合计仅占期间总排放的

11.6%，为能源高效益利用部门。

（2）分时期来看，各时段规模效应导致各时期碳排放增加12.36亿吨、14.91亿吨、24.86亿吨、28.28亿吨，系各时期碳排放增加的主要驱动力量。中间结构效应驱动碳排放增加1.16亿吨、1.79亿吨、10.76亿吨、18.25亿吨，为期间碳排放增长的第二大驱动力量。其中，1997~2012年中间结构效应环比增速为501%和69.9%，远高于同期规模效应66.7%和13.7%的环比增速。究其原因，与需求结构日益“重化”及生产日益“迂回”特征密切相关。

第四章

市场与环境（Ⅲ）：市场机制与环境保护的兼容

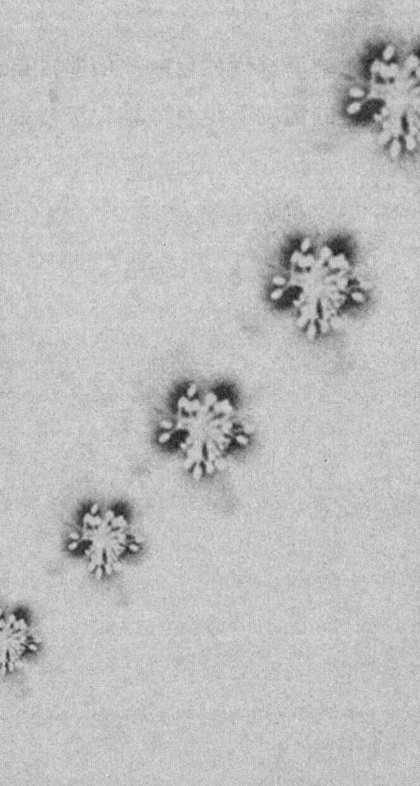

每一个人，……既不打算促进公共的利益，也不知道自己在什么程度上促进那种利益，……他们盘算的也只是他自己的利益。在这种场合下，像在其他许多场合中一样，他受着一只看不见的手的指导，去尽力达到一个并非他本意要达到的目的。他追求自己的利益，往往使他能比在真正出于本意的情况下更有效地促进社会的利益。

——亚当·斯密

经由前面的分析，我们知道环境领域的外部性、公共品、高昂的交易成本、信息不对称等因素使市场失效，进而产生了严重的环境问题。从此点上看，市场是环境污染的罪魁祸首。基于此种认识，强调政府干预以应对环境污染问题等外部性问题的见解成为主流思想（以庇古为代表），很少有人对此进行过再思考。直到1960年科斯发表《社会成本问题》，对以庇古为代表的传统观点提出了质疑。科斯的主要思想是：从产权的角度看，外部性实际上是由于产权界定不清晰产生的。只要产权明确，交易成本不大，经济主体可以通过谈判协商来实现外部性的内部化，即市场机制本身就能解决自身的失灵问题。此后，越来越多的学者奉行科斯理念，坚信市场自身能解决环境污染等外部性问题。如安德森和利尔（1991）、张小蒂（2001）等论证，市场带来经济发展的同时也能够促进环境质量的改善，李慧明（2008）要“让市场说出生态真理”，主张用市场机制本身去解决环境问题。本章将着重探讨市场与环境保护的兼容问题。

第一节 市场机制与环境保护兼容的理论分析

市场自身有着克服或纠正市场失灵的机制①。本节主要从科斯市场谈判以及环境公共品市场提供两方面来论证市场机制与环境保护兼容的一面。

一、科斯的贡献：利用市场机制解决市场失灵

（一）科斯定理及其图形证明

20世纪60年代之前，人们对外部性的看法基本上因袭庇古观点：外部性是私人成本与社会成本出现偏离，在这种情况下市场出现失灵。解决外部性的唯一出路是引入政府的力量，对外部性实施者课税或给予补贴，从而使私人成本与社会成本相等。这一理论被科斯于1960年发表的一篇重要论文《社会成

① 在笔者看来，市场自我矫正是市场“无形之手”运行中的一种自然、本能的反应。吴开超、白莹用身体对疾病的自然抵抗（一定程度上的免疫力）来类比市场自矫正是十分恰当的。见：吴开超，白莹．市场失灵与市场自矫正机制［J］．财经科学，2004（5）：57-60.

本问题》所打破，其在文章中从全新的视角（产权角度）来研究外部性。科斯在文中明确地将外部性与产权联系起来，并提出了其后被斯蒂格勒命名为科斯定理的基本思想：只要交易成本为零，产权的分配不影响经济运行的效率。

科斯定理阐明了产权界定与资源配置之间的关系，对我们理解市场运行具有非常重要的价值。国内有学者对其结论进行了数理证明，但是数学公式比较多，推理过程也较复杂，难以直接“看出”不同产权安排下的资源配置的效果。这里我们在引入图形的基础上，尝试对科斯思想进行直观而不失深刻的说明。

这里我们以科斯文中“走失的牛损坏邻近土地谷物”的案例进行分析。假设那块土地的面积为 S_0，农夫用地为 S_1，牧民面积为 S_2，显然 $S_1 + S_2 = S_0$。设产量为土地面积的函数，即：谷物产量 $Q_1 = f_1(S_1)$，牛肉产量 $Q_2 = f_2(S_2)$，它们具有一般生产函数如边际产量递减等特征。成本为产量的函数，即：生产谷物的成本 $C_1 = C_1(Q_1)$，生产牛肉的成本 $C_2 = C_2(Q_2)$，同样成本函数也具有如边际成本递增等一般生产函数的性质。再假设市场谷物价格为 p_1，牛肉价格为 p_2，为不使情况复杂化（当然更复杂的情况不会影响问题的实质结果），我们假定谷物、牛肉市场互不影响，而且价格也各自保持不变。正如科斯所设定的：“当然，放牛一般会造成谷物损失，因此养牛业开始出现时会抬高谷物的价格，那时农夫就会扩大种植。不过，我只想将注意力限于单个农夫的情况。”①

现在，我们来分析农夫、牧民的利润情况。农夫利润：

$$\Pi_1 = P_1Q_1 - C_1(Q_1) - C_0,\ (C_0 \text{ 为固定成本}) \tag{4-1}$$

其对土地面积求导，有：

$$\begin{aligned} MR_1 &= \frac{\partial \Pi_1}{\partial s_1} = \frac{P_1 \partial Q_1}{\partial S_1} - \frac{\partial c_1(Q_1)}{\partial s_1} \\ &= \frac{P_1 \partial Q_1}{\partial s_1} - \frac{\partial c_1(Q_1)}{\partial s_1} \times \frac{\partial Q}{\partial s_1} \\ &= (P_1 - \frac{\partial c_1(Q_1)}{\partial Q_1}) \times \frac{\partial Q}{\partial s_1} \end{aligned} \tag{4-2}$$

它表示投入土地的变化（增加）所带来的净利润变化（增加），即为土地的边际利润。式（4-2）中：$\partial C_1(Q_1)/\partial Q_1$ 是种植谷物成本对谷物产量的导数，实际上就是种植谷物的边际成本记为 MC_1；$\partial Q_1/\partial S_1$ 是谷物产量对谷物面

① 科斯．社会成本问题．载于科斯等《产权权利和制度变迁》[M]．上海三联书店，1994.

积导数，表示土地投入的边际产出，记为 $\partial Q_1/\partial S_1 = MP_{S1}$。这样，土地的边际利润可以进一步表示为：$MR_1 = (P_1 - MC_1) \times MP_{S1}$。由于价格 P_1 不变，而土地边际产量 MP_{S1} 递减，耕种面积的边际成本 MC_1 递增，那么土地带来的边际利润应该是逐渐减少的，据此我们可以作出农夫土地边际利润的曲线 MR_1，如图 4－1 所示。我们还可以可进一步求出农夫的净利润 Π_1，其量就是图中阴影部分的面积。为了分析方便，我们将图 4－1 中边际收益曲线简化为直线形式 AB，如图 4－2 所示。

同理，我们可得到牧民土地的边际利润 $MR_2 = (P_2 - MC_2) \times MP_{S2}$，$MC_2$ 表示生产牛肉的边际成本，MP_{S2} 代表牧民土地投入的边际产出。同样我们可以得到牧民简化了的土地边际利润线 CD，如图 4－3 所示（注意，我们将坐标做了一下变动）。

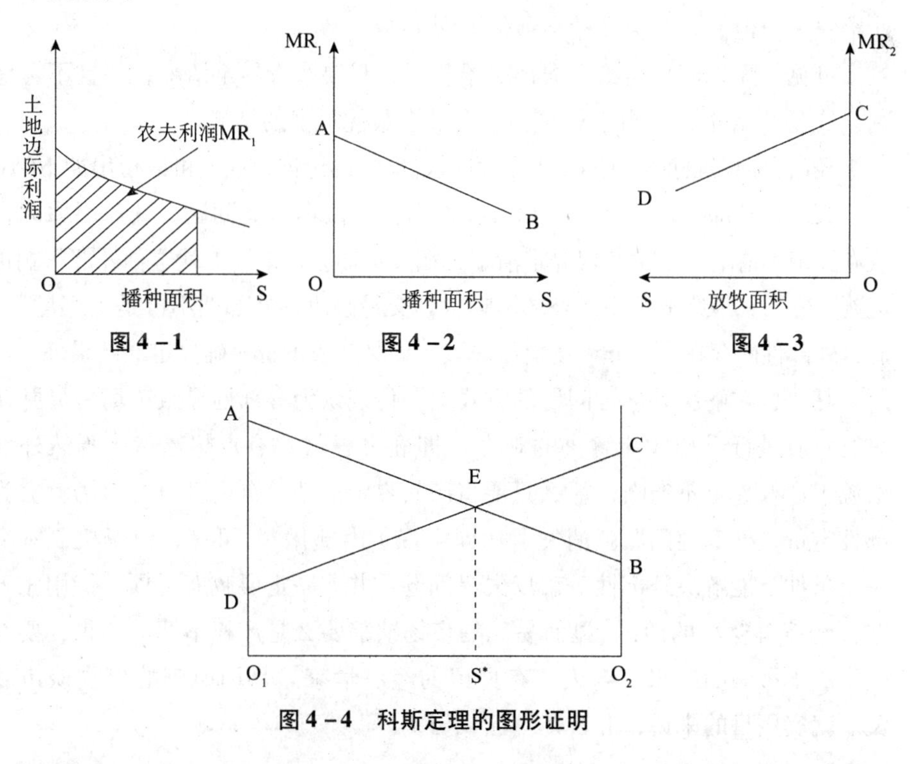

图 4－1　　图 4－2　　图 4－3

图 4－4　科斯定理的图形证明

假设农夫拥有全部土地 S_0，土地的边际利润线为 AB，易算出农夫获得利润为 AO_1O_2B（如图 4－4 所示）。假设牧民拥有全部的土地 S_0，其土地的边际利润线为 CD，AB 与 CD 相交于点 E。我们发现，在农夫耕种土地面积未达到 S^* 时（对应 E 点左侧），AE > DE，表明农夫耕种这部分土地所获得的边际利润比牧民放牧获得的边际利润要多，说明该土地给农夫有更高的生产效率。当农夫耕种面积超过后 S^* 后，CE > BE，表明该土地给牧民将会有更高的生产效率。如果农夫将该部分低效使用的土地转让给牧民，将产生更多的利润，多出的部分 CEB 是社会净福利的增加，这意味着在此种情况下社会存在福利改进的空间（至少是卡尔多改进）。如果牧民与农夫谈判，牧民在受让农夫该部分的土地后答应对农夫进行补偿（至少为 ES^*O_2B），农夫收益没有减少，不会拒绝交易。而牧民补偿农夫之后还有净收益 CEB，更愿意进行交易。由于不考虑交易成本，意味他们可以反复谈判，而且交易在增进一方利益的同时也不损害另一方的利益（当然，如果牧民愿意将净收益 CEB 的一部分拿出来与农夫分享，则交易对双方利益都有增进，交易将能更快达成），可以推测，他们最终会在 E 处达成一致，社会也实现最大收益（为 $AECO_2O_1$）。基于同样的分析，如果将土地产权给牧民，牧民将把自己低效使用的土地（O_1S^* 部分）转让给农夫，他们最终会在社会最优 E 处达成一致。

可见，无论产权是给农夫还是给牧民，只要产权界定清晰，并且不考虑谈判（交易）成本，自由市场总会实现社会最优均衡的结果。

经由上面对科斯思想（即所谓科斯定理）的论证，我们可以得出如下结论：

其一，外部性表面上看是私人成本与社会成本背离问题，其深层原因在于权利界定不清晰。如果产权界定清晰，相关主体会在市场上就这种外部影响进行谈判、交易，最终的结果是外部影响得到交易解决，外部性不再是“问题”。因此，外部性的存在，并非市场机制失效，而是产权不曾明确界定的结果。

其二，在解决外部性问题的方式上，传统认为外部性导致市场失灵并认为只有政府进行干预才能解决的观点（即庇古思路）有点想当然。既然外部性根源于产权界定不清晰，那么只要将产权界定清楚，自由竞争的市场就会为外部性定价，外部性问题就消失了（即实现了内部化）。可见，市场机制本身在一定条件下能解决外部性等市场失灵问题，并非一定要政府干预。借用张五常在《经济解释》的话：“显而易见的市场缺陷要么是产权不清的结果，要么是交易成本影响的结果。今天，有见识的经济学家只是用讽刺的口吻谈市场失灵。就实用目的来说，庇古传统已成历史。”①

（二）科斯市场化思路在环境领域的一些应用

（1）公民环境权的强化。科斯第三定理告诉我们，清晰而明确的产权是

---

① 张五常．经济解释［M］．北京：商务印书馆，2000.

经济主体进行交易的前提条件。既然造成环境污染的重要原因是环境产权不清晰，那么可以通过颁布法律以明确公众环境权，这样，公众会通过各种途径行使自己环境权，自然会大大抑制企业污染的排放。我国公众环境权大体包括两方面的内容：一是以确立环境污染损害赔偿为核心的私权；二是公民参与环境管理权为核心的公权（夏光，2001）。公众环境使用权、环境索赔权等环境私权，实质就是将先前模糊环境产权加以明晰化。这样，面对企业污染行为，公众可根据环境权与企业进行谈判，最终的结果要么企业减少污染，要么企业对公众环境损害予以补偿，这两种方式都促使企业将污染损害的社会成本纳入自己私人成本，从而实现外部性的内部化。此外，公众还可以通过参与立法、听证、举报等各种方式就政府部门在履行有关环境方面的公共职能和行为进行监督，促使政府制定符合社会公众的生态需要的环境方针、政策[①]。

（2）科斯定理与排污权交易。科斯认为，只要产权清晰，各相关主体会进行谈判、交易，最终能实现资源的最优配置。受此思想的启发，经济学家克罗克（1966）和戴尔斯（1968）第一次引入排污交易的思想。戴尔斯对污染权和污染权市场的基本思想阐述为：政府或有关管理机构作为社会的代表及环境资源的所有者，把排放污染物的权利分配发放或以拍卖方式出售给排污者。排污者按有关管理机构的污染权规定，进行排污权的市场交易。市场交易结果是环境资源（污染权）的最优配置，它实现了环境治理效果与效率的统一。

排污权交易制度的实践起源于美国，后在英国、德国、澳大利亚等发达国家实施，实践证明该政策取得显著的环境效果和经济效益。我国自1988年开始酝酿排污许可证制度的试点工作以来，排污权交易有了大的进展，取得了良好的环境、经济效益。关于排污权交易的原理及特点，我们在本章第四节具体介绍。

二、环境公共品的市场供给

（一）公共品供给的政府供给

在经济学史上，萨缪尔森（1954）首次明确区分了公共品（public goods）

① 自2007年以来，贵州省贵阳市、江苏省无锡市、云南省昆明市等地相继成立了专门的环保法庭来处理环境诉讼。环保法庭的建立实际上是基于环境产权思路的尝试，它通过保障环境权来实现环境改善（资料来源：南方周末［N］．2010－10－17）。

和私人物品（private goods），经马斯格雷夫（Musgrave，1964）和奥尔森（Olson，1982）等经济学家不断努力，公共品理论得到了丰富和发展。鉴于研究主题，本专著主要探讨环境公共品的市场提供问题。

传统上，人们从市场失灵的角度来理解政府提供公共品的必要性。一般认为，由于公共品的非排他性和非竞争性特性，若单纯通过分散决策的市场机制来提供公共品会出现公共品要么存在供给短缺（Pigou，1928），要么消费闲置或消费不足（Samuelson，1954），因此市场在公共品的提供方面是“失灵”的。萨缪尔森对市场不能提供公共品问题进行了开创性同时也是经典的研究。这里我们仅简要介绍其基本思路。假设社会有两个消费者 A、B，他们对公共品 G 的需求如图 4－5 所示，图中 D_A、D_B 表示个体 A、B 对公共品的需求。社会对公共品的总需求应该是所有消费者需求的加总，在图形上表示就是个体需求曲线 D_A、D_B 的纵向相加，从而得到社会需求曲线 D_{A+B}；公共品社会总供给为 S，总供给曲线与总需求的交点 E 为公共品的社会均衡点。对应公共品均衡产量 G^*，价格 P^*；其中，$P^* = P_A + P_B$ 具有重要含义：社会公众对公共品所愿意支付的价格之和如果低于 P^*，表明价格不抵成本，社会将不会有该公共品的供给。因此，每个公众如实报告支付意愿并按该数额进行付费对公共品的提供非常重要。但现实中，公共品非排他性意味个体少交钱甚至不交钱都可以消费该物品。理性的消费者都会选择少交或不交费而寄希望于他人交费，大家都抱这种“搭便车”心理而不愿付费，最终结果是必然个人支付加总小于（往往是远远小于）公共品生产成本 P^*，公共品市场供给失败。

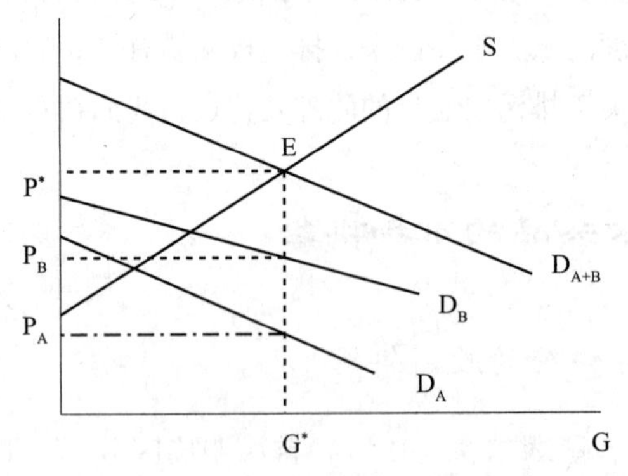

图 4－5　公共品市场供给失灵分析

面对公众在公共品方面隐瞒偏好、不愿足额付费、都想“搭便车”导致市场无法提供的困境（即出现所谓的市场失灵），普遍的观点是政府应该有所作为。具体就是由政府对公众进行征税，然后用该税金去提供公众所需求的公共品。政府直接提供公共品的方式不仅解决了私人提供中的“搭便车”问题，而且还能充分发挥提供的规模优势。

（二）环境公共品供给的政府失灵与私人供给

现实中，政府提供公共品往往偏离社会最优水平，产生所谓公共品政府供给失灵问题。政府公共品供给失灵原因如下：第一，信息不对称使得政府无法准确了解公众对于公共品的偏好及其分布。第二，即使政府了解个人对公共品的需求，但阿罗不可能性定理表明个人偏好不可能加总为社会偏好，公众公共品的社会需求函数其实并不存在。第三，政府垄断公共品的供给，具有低的生产效率和配置效率。同时，公共品生产过程中，相关企业缺乏竞争压力，产生所谓 X – 无效率问题[①]。第四，政府公共品管理存在大量“政府失灵”等问题。以布坎南（Buchanan）为代表的公共选择学派认为，政府官员是经济人。当个人利益与社会利益不一致时，政府官员可能为了自己的私利而损害社会利益，从而导致公共品供给失灵。正如斯里尼瓦桑（T. N. Srinivasan，1985）所指出的，现实的政府往往处在游说团体和利益集团的推拉之中，政府干预的（直接）最终结果可能是在相当大的程度上将资源从生产领域转移到“寻租”上。

与此同时，伴随公共品需求增加，政府单独提供公共品不仅效率低下，面临更大公共品供给缺口，同时财政压力也不堪重负，迫使人们从理论上反思、实践上创新公共品提供问题。理论上，传统凯恩斯主义带来的经济滞涨困境以及以哈耶克、弗里德曼、科斯为代表的自由主义思潮的兴起，主张政府应减少干预，回归亚当·斯密最小的“守夜”政府的呼声日益高涨。在此背景下，人们在公共品的提供上，也在理论进行了反思。科斯（Coase，1974）根据对英国灯塔供应制度演变历史的研究，使人们认识到灯塔等公共品原来也可以由私人有效提供。戈尔丁指出，如果存在排他性技术，则私人可以很好地供给某些公共品。继戈尔丁之后，德姆塞茨在《公共产品的私人生产》一文中指出，在能够排除不付费者的情况下，私人企业能够有效地提供公共品[②]。

---

① X – 无效率最早由莱本斯坦（Leibenstien）提出来的，是指公营企业由于内部缺少成本最小化、利润最大化的刺激，从而出现内部人员过多以及运营效率低下等现象。

② 与此同时，科学技术的进步为公共经济活动提供了技术上的可能性。人们对公共品的认识不断发生变化，认识到公共品可以进一步分类，其中准公共品可以由其他主体来提供。

实践中，学者们提出了多私人参与提供公共品的形式，大体包括三种形式：一是完全的私人供给，二是私人与政府联合供给，三是私人与社区的联合供给。

（1）完全的私人供给：即公共品的生产以及维护由私人单独完成。私人或者供给公共品并通过收费的方式获得收益，或者以自愿捐赠的方式直接提供。前者主要有“俱乐部模式”，后者有修路、造桥、兴办“希望小学”、慈善捐赠等公益活动。

（2）公共品供给 PPP（public-private-partnership）模式。雷蒙特（Reymont，1992）首创了公共品供给 PPP 模式，即公共部门与私营部门的合作伙伴模式。该模式支持政府与私营部门间建立长期合作伙伴关系，以“契约约束机制”督促私营部门按政府规定的质量标准进行公共品的生产，政府则根据私营部门的供给质量分期支付服务费。具体包括合同管理（MC）、合同承包、特许经营等形式（BOT 及其变种）。

（3）私人与社区联合供给指私人与社区通过有条件的联合来提供公共品。社区可给予私人一些优惠政策，如提供场地等，这样私人可以以较低的价格来提供社区公共品；或者社区从私人那里购买一定量的公共品，再提供给社区成员；等等。

第二节 市场机制与环境保护实现兼容的机理分析

上节主要从市场主体（就环境物品或环境权利）交易的视角分析了市场与环境保护的兼容性。本节则从价格机制方面分析市场驱动主体节约资源、刺激技术进步，促进绿色生产等方面进而实现经济发展与环境质量改善的“双赢”。

一、市场机制：看不见的环境保护之手

（一）市场机制与环境质量改善的机理分析：一般分析

萨缪尔森（1954）指出：在市场上，价格协调生产者和消费者的决策；较高的价格趋于抑制消费者购买，同时刺激生产，较低的价格鼓励消费，同时

抑制生产①。在生产方面，企业家考虑生产要素使用多少，取决于它的成本。当一种投入品的市场供给数量多，厂商就会增加使用这种投入品；反之，当这种投入品数量偏少从而价格较高时，厂商就会减少使用这种投入品。

根据这个理论，在初始状态下，某种自然资源如土地煤炭等的存量都是丰富的，它们的价格都非常低，企业可以大量使用。随着资源逐渐耗竭，价格也随着数量的减少而逐步提高。高的价格一方面会抑制社会的需求量，另一方面会刺激供给。在这种情况下，通过政府努力去调控资源似乎是多余的，因为市场价格机制促使经济活动当事人自觉地去节约使用和加大供给价格高昂的生产要素，图 4－6 显示了这种“完美”的市场机制。因此，市场机制在一定程度上能缓解资源的耗竭问题，西蒙与埃尔里奇的资源价格赌局就说明了这一点②。

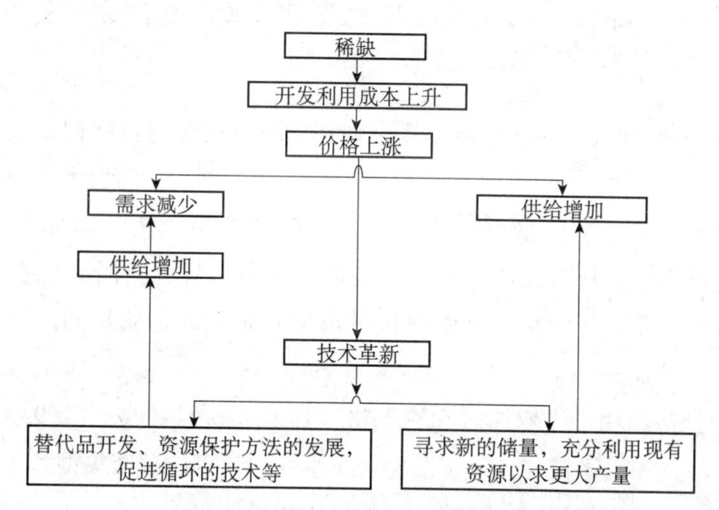

图 4－6　资源稀缺的市场响应模型

---

① Samuelson，P.. The Pure Theory of Public Expenditure［J］. Review of Economics and Statistics，1954（36）.

② 马里兰州立大学的西蒙与斯坦福大学的埃尔里奇，就不可再生资源是否会消耗完进行赌博。埃尔里奇认为不可再生资源迟早会用完，其价格会大幅上涨；西蒙认为这些资源不会用完枯竭，从较长时间看，价格不但不会大幅上升，还会下降。他们选定了铬、铜、镍、锡、钨 5 种金属作为赌博对象。每人以假想的方式买入 1000 美元的等量金属，以 1980 年 9 月 29 日的各种金属价格为准。假如到 1990 年 9 月 29 日这 5 种金属的价格在剔除通货膨胀的因素后上升了，西蒙就要付给埃尔里奇这些金属的总差价；反之，假如这 5 种金属的价格下降了，则埃尔里奇要付给西蒙这些金属的总差价。结果到 1990 年这 5 种金属无一例外地跌价了，埃尔里奇守信地将 576.07 美元交给了西蒙（参见梁小民：《万象》2003 年第 1 期）。

哈耶克（Hayek，1945）认为，在市场上，由于价格的导引作用，当一种原材料稀缺时，无须发出任何命令，无须许多人知晓其原因，成千上万的人（他们的身份即使经过几个月的调查也无法查明）就会节省地使用这些材料[①]。同样，对环境污染问题也有类似的机理：随着污染严重，环境容量资源逐渐稀缺，其价格（污染价格）逐渐提高，一方面会抑制企业污染的排放，同时高的价格会驱使企业改进技术更多地降低污染水平。因此，市场在一定程度上存在内在的调节机制，只要产权清晰，市场机制能够自动解决环境问题，并不一定非得政府插手。彼得·休谟（Peter Huber，2002）指出，签发数量上反映既成事实的排污许可证，这经常是最好的和经济上最高效的处理办法；我们支持私有化污染[②]。

（二）（经济）市场发展与环境质量改善的机理分析：来自 EKC 的解释

20 世纪 90 年代，一些经济学家发现环境质量在经济发展初期随着人均收入水平提高而退化，当人均收入水平上升到一定程度后，随着人均收入水平提高而改善，这种环境质量与人均收入水平间的关系称为环境库兹涅茨曲线（EKC）。众多学者从不同角度对经济发展与环境质量之间倒 U 型关系的驱动机制进行了研究，其中有关经济增长（市场）带来环境质量的改善的主要解释如下：

（1）经济结构。格罗斯曼和克鲁格（1991），帕纳约托（1993）等认为，伴随着经济发展水平提高，经济结构将发生变化，以能源密集型为主的重工业向服务业和技术密集型产业转移，导致环境质量的改善。

（2）市场机制。伴随着资源价格的上涨、治理污染成本的增加以及对环保要求的增加，市场自由配置促进大量洁净资源的利用，从而降低污染物的排放，即经济增长过程中通过市场机制的配置而使用资源，有利于降低污染水平。此外，根据供求规律，经济增长驱动需求增加，导致自然资源价格提高，理性人就自然会较少使用资源密集型的技术。如 20 世纪 70 年代石油价格大幅度提高，结果是电力替代石油充当新能源，同时也减少了污染物的排放。基于

---

① 哈耶克．个人主义与经济秩序［M］．北京：生活·读书·新知三联书店，2003.

② Colo，D. H.. Pollution and Property：Comparing ownership Institutions for Environmental Protections［M］. New York：Cambridge University Press，2002.

此，昂鲁和穆莫（1998）认为，通过市场机制，减少政府干预，通过市场上的价格信号波动能够很好地解释环境库兹涅茨假说。

（3）收入的弹性问题。按照环境库兹涅茨曲线假说，随着人们收入水平的提高，人们对周围环境的质量要求就会提高，对洁净空气以及良好的生态环境的支付意愿大于对收入提高的需求，对环境质量的需求随着收入而上升（Selden，Song，1994；Baldwin，1995）。通常认为，在经济发展初期，对于那些正处于脱贫阶段或者说是经济起飞阶段的国家，其关注的焦点是如何摆脱贫困和获得快速的经济增长，再加上初期的环境污染程度较轻，人们对环境服务的需求较低，从而忽视了对环境的保护，导致环境状况开始恶化。随着国民收入的提高，人们消费结构也随之产生变化。此时，环境服务成为正常品，人们对环境质量的需求增加了，于是人们开始关注对环境的保护问题，环境恶化的现象逐步减缓乃至消失（Panayotou，2003）。

二、市场化促进环境保护：以中国的情况为例

我国当前经济体制的总体目标是经济运行方式由计划体制向市场体制转变。转型时期市场对环境资源损耗的抑制作用表现在很多方面，以下我们从宏观和微观两层面进行考察。

（一）从宏观层面上看

（1）市场化有利于实现经济增长方式的转变。在传统的计划经济体制下，由于缺乏提高效率的激励和动力机制，不可能实现经济增长的有效率的资源配置机制。市场化可以通过以下渠道促进经济增长方式的转变：其一，市场化有利于促进资源合理配置以及资源的高效利用；其二，在市场化进程中，市场竞争的压力促使企业努力降低成本、节约资源、减少排放以及进行技术创新（生产技术和污染治理技术的创新），这些方面都有利于环境质量的改善。

（2）市场化改革有助于促进政府职能的转变，从而有效遏制政府不当干预对环境的破坏。在计划体制下，政府为了实现赶超目标，常常不按照经济、生态规律办事，如实施围湖造田、大炼钢铁等发展方式，造成资源粗放消耗、

环境急剧恶化。同时，计划体制下国企面临预算软约束[①]，其基本不把环境因素纳入生产决策范围，认为污染排放是理所当然的事。显然，市场化改革有利于规范政府行为，从而有效抑制政府“环境破坏之手”。

（3）市场化有利于环境经济政策的实施。传统经济体制下，环境管理采用命令控制型手段，全面监控管理对象的微观活动，管理对象没有选择的余地。而市场经济国家大都建立了以政府直接控制为主、以市场手段为辅、倡导企业和公众自觉行动的一种混合形态的环境管理体系。该管理体系既充分行使政府对环境保护的强制控制措施，又利用征收污染税、明确环境资源产权、推行可交易的排污许可证等各种经济、市场手段来进行环境管理，大大增加环境保护的效果。

（二）从微观层面上看

（1）市场化有利于形成较灵活、准确反映各类自然资源相对稀缺性的价格体系，逐渐替代过去计划经济体制下形成的不合理的资源价格体系，比如过去被大量无偿或超低价使用的水、矿产资源等，曾因其极度扭曲的非市场定价而导致资源的严重浪费及生态破坏，这类现象在市场化进程中开始得到纠正。

（2）在市场化进程中，市场竞争的压力会促使企业进行技术创新，使更多有利于节能、降耗、减污的工艺和技术涌现。据统计，我国每万元 GDP 能耗已由市场化起步时 1980 年的 7.89 吨标准煤下降到 2008 年的 1.57 吨标准煤（陈清泰，2009）。可见，市场化在促进经济增长和综合国力提高的同时，也可增强企业防治污染、改善环境质量的能力与动力。

（3）随着市场经济不断发展，企业迅速发展壮大，这为污染治理提供规模经济、资金保证和技术支持。有关研究表明，由于大企业的技术一般比较先进，同时大企业进行污染治理具有规模效应，将导致企业污染减排成本大大降低，利于污染治理[②]。

---

① 科尔（Cole，1998）对前东欧国家的环境政策的研究很好地证实了这一点。他发现，尽管这些国家制定了很多的环境税，但企业最终无论是盈利还是亏损与企业的生存无关，因此这些税对减少污染排放的效果非常小。转引自聂国卿．环境政策选择的经济学分析［博士学位论文］．上海：复旦大学，2003 年第 108 页．

② 研究表明，从污染物的直接削减费用来看，小企业的水污染边际削减费用是大企业的 10 倍，大气污染物边际削减费用是大企业的 5 倍（Dasgupta，Wang H，Wheeler D，surviving success：policy reform and the future of Industrial pollution in china，world bank working paper，1997）。

三、市场化与环境保护相容的初步实证

以上我们从宏观、微观层面分析了我国市场机制促进环境质量提高的作用机理，主要是基于定性的分析。我国环境质量与市场化的数据是否支撑上述的相容性呢？以下我们将就此做定量的论证。

（一）模型及分析方法

我们设定以下模型来反应污染排放与市场化程度的关系：

$$\ln(E_{it}) = \alpha_i + \beta_1 \ln(M_{it}) + \varepsilon_{it} \quad (4-1)$$

E_{it} 代表第 i 个省在第 t 年 SO_2 排放强度（Kg/亿元）①，M_{it} 代表第 i 个省在第 t 年的市场化指数。α_i 为特定的截面效应，ε_{it} 是随机误差项。

这里，我们采用省级面板数据（provincial panel data）模型。相比时序模型或截面模型来说，面板模型有以下优点：首先，包含截面数据（不同地区）和时序数据的面板模型包含的样本点较多，可带来较大的自由度，从而可较好地解决 EKC 估计中的样本容量问题（Sims，1986）。其次，正如丁道（2004）所指出的，EKC 形状不但具有时间维度（time specific）特征，同时也具有截面维度（cross-specific）特征，结合时序和截面信息的面板数据能反映出市场化程度和对污染排放的综合影响。

鉴于面板模型中变截距模型最常见，因此我们选用变截距模型。变截距模型估计可进一步分为固定效应模型（fixed effect model，FE）和随机效应模型（random effect model，RE）。具体选哪个模型，可用 Hausman 检验来识别：

$$H = (\beta_{FE} - \beta_{RE})' [VAR(\beta_{FE}) - VAR(\beta_{RE})]^{-1}(\beta_{FE} - \beta_{RE})$$

检验统计量 H 在零假设下服从 χ^2 分布。如果 Hausman 检验拒绝 H0，表示固定效应模型是一个较好的模型，否则表示随即效应模型更好。

（二）数据及计量结果

我国从计划经济向市场经济过渡的改革，不是简单的一项规章制度的变

---

① 由于 SO_2 作为一种主要环境污染物，绝大部分是在物质生产过程中排放，生活排放量相对较小，并且自 20 世纪 70 年代以来就受到各国的严密监测，具有统计连续性，所以我们用工业 SO_2 排放量来表示环境污染水平。

化，而是一系列经济、社会、法律乃至政治体制的改革。正因为如此，用数量指标来对这一转轨过程进行分析、度量与比较，是一个极为复杂的工作。单一的市场化指数，必须由多方面、多个指标所构成的一个体系支撑。自20世纪90年代起，多家国外的研究机构对于全球范围内不同国度的经济自由化（程度）进行了实证性的评估，国内许多学者也对我国市场化程度从多个角度进行研究。卢中原和胡鞍钢（1993）、陈宗胜等（1999）对我国的市场化程度进行了测度。本书采用樊纲、王小鲁（2014）等构造的中国各地区市场化进程相对指数。中国各省区市市场化进程“相对指数”的含义是：它并不是表明各地区本身“离纯粹的市场经济还有多远”，而只是在比较各地区在朝市场经济过渡的进程中谁的市场化改革程度相对更高一些，谁相对更低一些。各地区市场化进程相对指数的时间范围为2000~2013年，数据来源于《中国市场化指数——各地区市场化相对进程报告（2014）》。环境污染指标采用2000~2013年各省单位产值工业二氧化硫排放量，单位为吨/万元。工业总产值和工业二氧化硫排放量来源于相应年份的《中国统计年鉴》与《中国环境年鉴》各期。

利用2000~2013年间我国30个省、自治区、直辖市的面板数据，运用Eviews分析工具对单位GDP工业二氧化硫排放量E与各省市场化程度指数M进行回归，结果如下：

$$
\begin{aligned}
\ln(E) &= 4.58 - 0.65\ln(M) + 1.38AR(1) \\
& \quad (0.213) \quad\ 0.045 \qquad\quad 0.132 \\
& \quad [21.50] \quad [14.44] \qquad [10.45]
\end{aligned}
$$

对应小括号的值为方差，中括号的值为t检验值；回归方程中 $R^2=0.95$，$F=387.5$，$DW=2.23$，通过了各种检验。

实证结果表明，污染排放强度E与市场化程度M之间存在负相关关系，符合理论预期。具体来讲，就我国而言，市场化程度每提高1%，导致污染排放强度下降0.65个百分点。

可见，市场深化带来经济的持续增长并不必然伴随着环境质量的持续下降，经济发展也并非必定要以牺牲生态环境为代价。单纯用传统的“市场失灵”概念来判断当前的环境问题容易把市场化与环境保护静态地对立起来。事实上，从动态的角度来看，市场化与环境保护有可能形成某种良性循环。传统经济理论对由市场失灵而引致的环境污染、生态破坏等问题已有较成熟的分析框架，且多数研究集中在如何运用经济等手段去遏制、防范环境问题，其特色是“堵截”。我们认为，市场化是中国经济发展的必由之路，探索市场化与环境保护相辅相成的兼容空间，其特色是“疏导”，这在理论与实践上都是可能的。

事实上，我国政府较早就认识到市场机制在环境保护中的重要作用，并制定了相应的政策措施。1992 年《中国环境与发展十大对策》指出，各级政府应更多地运用经济手段来实现环境保护。1994 年《中国 21 世纪议程》明确提出，要有效地利用经济手段和其他面向市场的方法来促进可持续发展。2005 年《国务院关于落实科学发展加强环境保护的决定》明确提出，要推行有利于环境保护的经济政策，建立健全有利于环境保护的价格、税收、信贷、贸易、土地和政府采购等政策体系，要运用市场机制推进污染治理。2006 年，时任总理温家宝在第六全国环保大会上提出了推进我国环境与发展关系要实施“三个转变”，其中之一就是要将以行政办法保护环境转变为综合运用法律、经济、技术和必要的行政办法解决环境问题，自觉遵循经济规律和自然规律，提高环境保护工作水平。可以说，在未来，随着我国市场经济体制的进一步完善，市场机制将在环境政策中占据越来越重要的位置。2013 年《国务院关于印发大气污染防治行动计划的通知》，强调要发挥市场机制调节作用，本着“谁污染、谁负责，多排放、多负担，节能减排得收益、获补偿”的原则，积极推行激励与约束并举的节能减排新机制，完善促进环境服务业发展的扶持政策，推行污染治理设施投资、建设、运行一体化特许经营等市场化的政策。2015 年《中共中央国务院关于加快推进生态文明建设的意见》进一步提出：加快推行合同能源管理、节能低碳产品和有机产品认证、能效标识管理等机制；建立节能量、碳排放权交易制度，推动建立全国碳排放权交易市场；扩大排污权有偿使用和交易试点范围；积极推进环境污染第三方治理，引入社会力量投入环境污染治理。

第三节　市场机制解决环境问题的几种形式

由上面我们的分析知道，科斯的市场谈判机制为环境污染等负外部性的内部化提供了可能，同时，公共品市场提供理论为正外部性的环境公共品提供了理论支持。本节我们以我国情况为例，重点论述市场机制与环境保护在现实中兼容的问题。

一、环境基础设施建设与运营市场化

中国完全依靠政府财力难以满足城市环保基础设施建设的需求。中国环境保护投融资目前面临的主要问题有两点：一是投资主体单一，私人资本介入较少；污染者付费、特别是居民的污染付费政策还没有落实到位，市场融资手段缺乏。二是污染治理设施的运行没有引入市场机制，造成治污设施运行效率低下和污染治理效果差。因此，引入私人资本势在必行。环保设施的市场化建设和运营有利于拉动环保设施的社会化投资，有利于进一步发挥市场对环境资源的基础性配置作用。

现实中环保基础设施的建设和运营有 4 种模式：即公有公营、公有私营、私有私营、用户和社区自助模式。其中公有私营又分为 3 种形式：一是 BOT 方式（建设—运营—转让）。在该模式下，私营企业根据政府赋予的特许权，建设、经营该环境设施，合同到期无偿移交政府。二是逆向 BOT（Reverse Build Operate Transfer，逆向“建设—运营—转让”），即首先由政府出资完成项目工程建设，再将公共设施有偿转让给私营企。三是 BBO 模式（Buy Build Operate，购买—建设—运营），私营企业从政府手中购买并拥有运营中的公共设施，并拥有永久性经营权。

二、污染治理市场化

工业污染治理市场化就是环境保护市场机制在现实中的一种应用。我们知道，工业污染治理是一项技术较强的专业，在治理方案设计、治理技术选择和工程施工方面都需要一定专业技术和知识，建成后的运用维护中需要专业化的管理。目前一些企业，特别是中小企业并不完全具备这种能力，因此即便投资建设了污染治理设施，也不能正常、高效运行。这些中小企业可以将自己产生的污染委托给专门的污染治理公司进行专业化治理，从而大大降低治理成本，这就是工业污染治理市场化。当前，我国工业污染治理市场化主要有污染委托治理和污染集中治理两种形式。

（一）工业污染委托治理[①]

工业污染委托治理经济学解释是：环保公司通过专业技术和规模经济的优势，使边际治理成本低于企业自己治理的边际成本。在达到同样削减量时，委托治理的总成本低于企业自己治理的总成本。在我国实践中具体包括以下模式：

（1）环保治理公司参与污染企业的环境管理。

（2）工业污染治理设施的承包运营。

（3）从污染治理方案设计、工程施工到建成后运营维护等服务均由污染企业委托环保专业公司提供并支付各项费用。

（4）大型企业污染治理的内部运营部门从原企业剥离，成为企业化的运作的独立公司。

（5）委托有污染治理设施的企业代为处理。

（二）工业污染集中治理

工业污染集中治理是指通过污染企业搬迁、工业园区和经济开发区的规划建设、城镇污水集中处理设施和集中供热、供气设施的建设，利用集中治理的规模效应，使企业有偿使用污染物集中处理设施。工业污染集中治理兼有降低污染治理成本、提高污染治理效率和工业污染治理融资的作用。实践中具体包括以下模式：

模式一，同类或相近行业的污水集中治理。一些布局分散、污染严重且治污困难的同类中小企业，通过搬迁将企业相对集中。采用企业出资、政府投资或民间融资等多元化投融资形式建设污水处理厂和铺设污水输送管网。污水处理厂实行企业化管理、专业化运营，污染企业定期向污水处理厂交一定的污染治理费。

模式二，工业污水纳入城市污水处理系统进行集中治理。通过污染企业、政府或民间等对城市污水处理厂或污水收集输送管网进行投资，将区域内企业排放的污水和城镇居民的生活污水纳入城市污水收集管网，然后由城市污水处理厂进行集中处理，入网企业支付入网费和污水处理费。

---

① 此处参考：周新，任勇．论我国工业污染治理的市场化及政策［N］．中国环境报，2003－09－30.

模式三，新区污水集中治理的“物业管理”。这种模式是在新建的各类经济开发区或工业园区内，将污染治理设施同新区的其他基础设施建设同步规划、同步施工。投资、建设和管理由新区管委会统一负责，实行管委会领导下的“物业管理中心”经理负责制。污染治理设施实行专业化运营，园区内的企业向“物业管理中心”交纳污染处理费。

（三）排污权的市场化配置：排污权交易

1. 排污权交易理论产生的背景

1960年，科斯在他有关社会成本问题的著名论文中指出，污染需要治理，而治理污染也会给企业造成损失。既然日常的商品交换可看作是一种权利（产权）交换，那么污染权也可进行交换，从而可以通过市场交易来使污染问题实现最有效率的解决。1966年，克罗克对空气污染控制的研究，奠定了排污权交易的理论基础；1968年，戴尔斯将科斯定理应用于水污染的控制研究；1972年，蒙哥马利（1972）从理论上证明了基于市场的排污权交易系统明显优于传统的环境治理政策。

美国是最早实践排污权交易的国家。从20世纪70年代开始，美国环保局（EPA）尝试将排污权交易用于大气污染源和水污染源管理，逐步建立起以补偿（offset）、储存和容量节余（netting）等为核心内容的排污权交易政策体系。90年代初美国的《清洁大气法修改案》确定了酸雨治理计划。据美国总会计师事务所的研究，排污权交易制度自1990年被用于二氧化硫排放总量控制以来，已经取得空前的成功，获得了巨大的经济效益和社会效益。我国也在大气和水污染控制方面开展过排污许可证交易试点工作。

2. 排污权交易的经济学分析

假设有两污染企业A和B，MC_1和MC_2分别表示A企业和B企业的污染物边际控制成本曲线（见图4-7）。企业B治理污染比企业A具有更高的效率，这样，对于同一污染治理水平，企业A的控制成本高于企业B的，即$MC_1 > MC_2$。如果执行相同的排放标准（两企业均需治理Q_0的污染物），A企业的控制费用大于B企业的费用。在经济利益的驱动下，污染企业A会选择向污染企业B支付$S_{CQ_1Q_0E}$（四边形CQ_1Q_0E的面积）的费用以换取B企业额外承担总量为$Q_0 - Q_1$的削减任务。

当两污染企业都要满足同量污染物治理水平Q_0时，整体污染治理成本为：

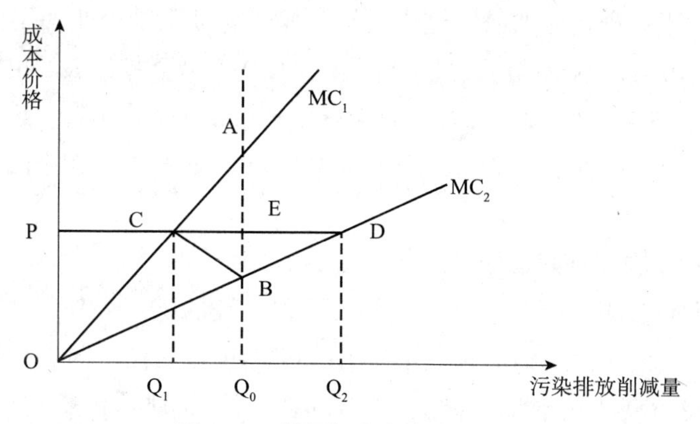

图 4－7　排污权交易的图形分析

$$TC = S_{OAQ_0} + S_{OBQ_0}$$

式中 S_{OAQ_0} 和 S_{OBQ_0} 分别是三角形 OAQ_0 和三角形 OBQ_0 的面积，代表企业 A、B 的污染控制成本。

当两企业进行排污权交易，则实际污染控制成本为：

$$TC^* = S_{OCQ_1} + S_{ODQ_2}$$

则：$\Delta TC = TC - TC^* = S_{ACQ_1Q_0} - S_{DBQ_0Q_2} = S_{ABC}$

所以，采取排污权交易后，整体污染控制成本下降了 S_{ABC}。

3. 排污权交易的优点

（1）在环境总容量一定的条件下实现环境资源的优化配置：由于市场交易使排污权从污染治理成本低的企业流向污染治理成本高的企业，而且排污许可证的总量是固定不变的，即排向环境的整个污染物总量不会增加，结果是社会以最低成本实现了污染物的削减和环境资源的优化配置。又由于排污权可以在市场竞争中获得，这无疑也会大大减轻环境管理部门界定排污权的难度和为此所应付出的执法成本，实现了环境资源的高效优化配置。

（2）充分发挥市场调节与政府管制的优点，实现“政府＋市场”的理想结合：采用行政命令的方式硬性规定企业治理污染，削减排污量，以防止增加环境中污染物的浓度，往往会束缚地区经济的发展；而且行政管制手段的运用往往受到政府自身理性的限制，使其决策出现滞后的现象或偏离客观实际。经济手段旨在通过经济刺激的方式，而不是通过硬性的标准或强制的命令来改变企业的行为。其表现在通过对环境资源予以定价，将相关的外部成本反映到企业的生产成本中，促使企业以利益最大化的方式对特定的刺激做出反应，转向最有利于环境的经济活动中。

（3）利于促进企业的技术进步：排污权交易会激励企业使用更先进的环保技术削减污染，减少排污，只要其污染治理成本低于排污权的出售价格，企业由此产生的排污权节余在市场上就会以相对较高的价格出售，这使企业有利可图。这无疑加强了排污单位全方位削减排污并且进行技术创新的主动性和积极性。

4. 排污权交易在我国的应用

我国从 1991 年开始了排放大气污染物许可证的试点工作，并在包头、柳州等城市尝试大气污染物的排放权交易。1994 年开始在全国推行排污许可证制度，至 1996 年，全国地级以上城市普遍实行了排放水污染物许可证制度，共向 42412 个企业发放了 41720 个排污证[①]。从 1997 年起，开始了在总量控制条件下建立排污权交易机制的可行性理论研究，并于当年在南通和本溪两城市进行了试点工作。2002 年，国务院批准《两控区酸雨和二氧化硫防治“十五”计划》，明确提出我国施行排污权交易制度。为此，国家环保总局在山东、天津、柳州等七省市开展了二氧化硫总量控制及排污权交易政策实施示范工作，产生了大量成功案例，典型的有：江苏南通醋酸公司与南通天生港、广西柳州化工厂与柳州木材厂的二氧化硫排污权交易，江苏太仓港发电公司与南京下关发电厂成功实行了我国首例跨行政区域的异地排污权交易，等等。“十一五”以来，党中央、国务院将促进人与自然和谐作为坚持以人为本、落实科学发展观的重要内容，这为排污权交易的试行创造良好的政策环境。2005 年 12 月国务院发布的《关于落实科学发展观加强环境保护的决定》（国发［2005］39 号）提出“有条件的地区和单位可以实行二氧化硫等排污权交易”。2007 年《国家“十一五”环境保护规划》再次强调了这一点。2009～2011 年连续 3 年中央政府工作报告中明确提出排污权交易的工作任务；《国民经济和社会发展第十二个五年规划纲要》中提出“发展排污权交易市场，规范排污权交易价格行为，健全法律法规和政策体系”；2012 年 2 月 15 日，时任总理温家宝主持召开国务院常务会议，研究部署 2012 年深化经济体制改革重点工作，明确改革重点之一就是建立健全排污权有偿使用和交易制度。2014 年 3 月财政部发布公告，要在全国范围内大力发展建立排污权的有偿使用和交易制度，力争在全国主要省市开展排污权有偿使用和交易试点，这意味着中国的排污权交易试点正式向全国全面铺开。

---

① 转引自王金南，杨金田．排污交易制度的最新实践与展望［J］．环境经济 2008（10）．

第四节　环境市场手段解决环境污染实例：浙江的典型案例

随着经济社会的深入发展和国际国内形势的不断变化，我国资源环境双重压力日益凸显。对作为经济大省，同为资源环境小省的浙江而言，资源环境压力更为严峻。充分运用市场机制，促进资源节约以及环境污染的有效治理，是实现浙江经济、社会和自然的全面协调的关键。对此，浙江省一些地区进行了积极的探索，提供了典型污染治理市场化的浙江案例①。

一、宁波合同能源管理

节能对保障能源供应、经济持续发展、保护环境具有十分重要的意义。但是，即使在市场经济的条件下，节能市场仍存在诸多的障碍；而建立一种专业化的节能服务公司，可以克服这些节能的市场障碍。20 世纪 70 年代，在欧美发达国家，合同能源管理模式（energy performance contracting，EPC）应运而生。

合同能源管理（国内称 EMC）是西方发达国家建立的一种基于市场运作的全新节能机制。节能服务公司（energy services company，ESCO）通过与客户签订节能服务合同，为客户提供包括：能源审计、项目设计、项目融资、设备采购、工程施工、设备安装调试、人员培训、节能量确认等一整套的节能服务，并从客户进行节能改造后获得的节能效益中，收回投资和取得利润的一种商业运作模式。合同能源管理的内涵如图 4 – 8 所示。

在宁波，越来越多的企业开始实施合同能源管理。企业通过与节能机构签订能源管理合同，由节能公司投资进行节能项目改造，再委托第三方机构测定节能量，省下来的能耗开支，由双方按比例分享利益。企业可以免费享受节能机构的节能诊断、融资、改造等服务，而且采用的节能机构提供的设备和技术都无须自己投资，根据合同约定，若干年后全套设备归企业所有。

① 该部分主要引用课题组成员刘晓红相关成果，特此说明。并表示感谢！

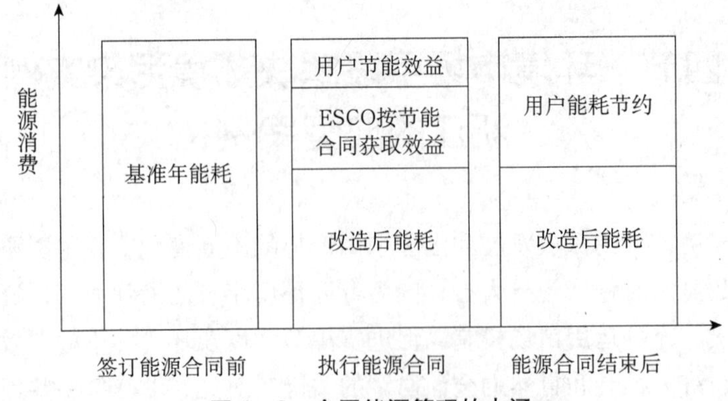

图 4－8　合同能源管理的内涵

（1）北仑区的合同能源管理模式①。北仑区港口工业多，能耗量占全区总能耗的 85%，节能任务繁重。大企业的设备和工艺技术与同行相比较为先进，但由专业公司来“会诊”，可以找到企业自己看不到的节能“盲点”，挖潜空间很大。宁波钢铁有限公司炼钢厂通过与专业节能公司合作，取得了显著的节能效益。公司的倒罐站，实施了除尘风机变频改造的节能项目，投入 300 多万元，每年可以省电 880 万千瓦时。之后，企业又规划了两个节能项目：水处理系统低压水泵项目变频改造和蒸气余热发电项目，全部完成可省电 2000 多万千瓦时。2011 年 4 月，台化塑胶宁波有限公司完成了一台水塔高压冷却风机的节能改造项目，全部投资由浙江能华节能投资有限公司承担，可节电 35%。企业不用投入资金，就可以顺利实现节能；节能公司通过从企业节能的收益中分成，收回投资成本，实现盈利。合同能源管理对企业和节能公司来说，是双赢的合作。

（2）宁波开发区的节能服务公司②。节能是一项专业性、技术性很强的工作。企业在开展节能工作时，需要结合自身行业特点，选择有实力、节能经验丰富的节能机构进行合作。宁波开发区内活跃着多家的合同能源管理机构，如斯派莎克公司、宁波华研节能环保安全设计研究有限公司、日本日立公司、杭州能源投资管理有限公司、浙江能华节能投资有限公司、西门子（中国）有限公司、浙江科维节能技术有限公司等。斯派莎克公司来自英国，是全球唯一专业致力于推广有效应用蒸气、热水、压缩空气等多种工业流体的节能公司。

---

① 张品方，陈醉，等．宁波北仑试水“合同能源”做法企业节能，专业公司“埋单”［N］．浙江日报，2011－06－01.

② 罗佳旻，苑京成．宁波：合同能源管理受欢迎［N］．宁波日报，2013－05－03.

自1994年进入宁波开发区市场至今，斯派莎克公司已经为当地企业提供了1万多套节能产品，累计为当地节约标煤百万余吨。紫泉饮料公司与日立在2008第三届中日节能环保综合论坛上建立合作关系，日立公司派专业团队到紫泉饮料公司进行现场摸底，根据不同工艺、不同设备等，提出了13个关于水系统优化、热源变更等方面的改造方案，总投资192万元，每年可减少煤耗771吨，减排二氧化碳1682吨，节省资金156.2万元。截至2013年3月，紫泉饮料公司已经完成变频改造、余热回收、外气利用中的大部分节能改造项目。

二、浙江的排污权交易案例

嘉兴排污权交易始于1997年，嘉兴市秀洲区进行的水污染物排放总量控制和排污权有偿使用的尝试。2007年11月10日，国内首家排污权交易机构——排污权储备交易中心在嘉兴成立。嘉兴市排污权交易，解决了嘉兴环境容量有限的问题，通过“存量”换“增量”，解决了企业减排的激励机制。“存量”指老企业的排污量，“增量”是新企业的排污量，老企业通过减排项目削减的减排指标，供给新企业使用，区域内保证总量平衡。2007年，嘉兴的兴华电池厂计划上一个锌筒和钢壳电池零配件的建设项目，到环保局审批时，被告知没有COD和SO_2的指标。之后，企业以38.58万元，从排污权交易中心购买了4.11吨COD/年和6.021吨SO_2/年的排放权。2007年11月，嘉兴汇源纺织染整公司通过排污权交易中心，出售了50吨COD/年的排放权，获得400万元的收入。2006年以来，公司共投资4000万元，建立中水回收设施，使得污水排放量从2005年的8000万吨，下降到2007年的4500万吨，每年COD减排100吨①。

此后，杭州市、诸暨市、绍兴市等纷纷试行排污权交易。2007年底，原省环境保护局下发《关于开展排污权交易试点工作的通知》，标志着排污权交易在省内的全面推行。2006年9月1日，杭州市人民政府办公厅印发了《杭州市主要污染物排放权交易管理办法》。2008年，杭州市人民代表大会常务委员会又颁布了《杭州市污染物排放许可条例》，随后成立了杭州市主要污染物排污权交易领导小组，落实了相关管理部门的职责。2007年8月，诸暨市人

---

① 转引自王晓辉主编．运用环境经济政策促进浙江节能减排研究．[M]．北京：经济科学出版社，2014.

民政府办公室印发了《诸暨市污染物排放总量指标有偿使用暂行规定》，诸暨市环境保护局印发了《诸暨市污染物排放总量指标有偿使用暂行规定实施细则》，规定交易对象为化学需氧量、二氧化硫和电镀、酸洗企业的废水量，新老企业排污权有偿使用实行差别价格。2008 年 1 月 23 日，绍兴市人民政府办公室印发了《绍兴市区排污权有偿使用和交易实施办法（试行）》，该文件对排污指标的初始分配按新老污染源作了不同规定；对排污单位富余的排污指标，采取政府回购的方式，并规定了必须回购的几种情况。接着，绍兴市财政局与绍兴市环境保护局联合印发了《绍兴市区排污权有偿使用金管理办法（试行）》，规定将排污权有偿使用金全部纳入财政账户管理。2009 年 4 月 8 日，杭州市主要污染物排放权交易在杭州产权交易所正式启动。通过电子交易平台竞价，涉及四个行业的 19 家企业，共获得 1095 吨二氧化硫和 180 吨化学需氧量的排放许可，总成交额 2980 万元。2009 年 9 月 15 日，杭州产权交易所又举行了第二次主要污染物排放权交易，总成交金额达 1436 万元。两次累计 27 家企业进行交易，交易额达 4416 万元[①]。2012 年 1 月 4 日，义乌人民政府办公室印发《义乌市主要污染物排污权有偿使用和交易管理办法》。2012 年 8 月 12 日，排污权有偿使用收费标准正式出台：COD5000 元/吨 · 年，二氧化硫 2000 元/吨 · 年，电镀酸洗行业废水试行价格 2 元/吨 · 年。排污许可证有效期不超过 5 年，收费标准根据义乌社会经济发展情况调整。收费标准出来后，义乌所有新建、改扩建项目新增的排污权都将收费。

三、跨区域的水权交易案例

2000 年 11 月，东阳市和义乌市签订了我国第一笔水权交易。此后，跨行政区的水权交易在浙江不断涌现，余姚市与慈溪市、绍兴市与慈溪市也先后签订了水权交易合同。通过水权交易，上下游行政区之间实现了水资源的优化配置，达到了合作共赢的目标。

（一）东阳—义乌的水权交易[②]

东阳、义乌是同属于金华江流域的两个县级市，市中心相距不过十多公

① 李炯．先行先试省内碳排放权交易［J］．浙江经济，2011（18）：40－41.

② 李国柱．经济增长与环境协调发展的计量分析［M］．中国经济出版社，2007.

里。2000 年 11 月，东阳市和义乌市签订了我国第一笔水权交易，被誉为中国水权交易市场的破题之作。东阳市境内水资源总量 16.08 亿立方米，人均水资源量 2126 立方米，位居金华江上游，是金华江流域内水资源相对丰富的一个县级市。义乌市多年平均水资源总量 7.19 亿立方米，人均水资源量 1130 立方米，在金华江流域，义乌市水资源相对紧缺。20 世纪 90 年代就出现工业用水和生活用水双双告急的状态，特别是 1994 年、1995 年，义乌生活用水水质差，水量小，一度“水比油贵”成为义乌人的口头禅。水源不足将成为制约义乌市经济发展的最大“瓶颈”，迫切需要从境外开辟新的水源。在义乌各种备选的水源规划方案中，区内挖潜的办法，如新建水库等，大多投资成本高、建设周期长、水质得不到保障。而从毗邻的东阳市横锦水库引水，投资省、周期短、水质好，是满足用水需求的最优方案。经过多轮协商，2000 年 11 月签订了水权交易协议。2005 年 1 月，水资源从东阳市的横锦水库抵达义乌，我国首例水权交易正式完成，标志着这一交易实践获得了实质性的成功。

（二）余姚—慈溪的水权交易①

宁波市所辖的慈溪市和余姚市，都是浙江经济较为发达的县市。余姚水资源总量虽然并不丰富，但优质水库水有优势。余姚市多年平均降水量1547mm，水资源总量为 11.30 亿 m^3，人均水资源占有量 1330m^3。慈溪地处滨海平原，尽管雨量充沛，年径流总量为 5.122 亿 m^3，但是由于人口众多，年人均径流占有量仅为 578m^3。同时，随着经济社会的发展和城市化进程的加快，水环境逐步趋于恶化，更进一步恶化了水资源供给。本着“相互合作、有偿供水、互惠互利、共同发展”的原则，双方协商后决定，余姚市腾出一部分水资源向慈溪供水。这一协议经过两市人大和政府一致通过，1999 年 7 月 28 日，余姚市人民政府和慈溪市人民政府签订了“余姚、慈溪供（引）水协议”。余姚—慈溪的水权交易自 2001 年 7 月正式供水，两市均取得了明显的经济效益和社会效益。余姚市按照优水优用、分别使用的原则调整用水结构，大力发展节水农业，农业用水主要用河网水和径流水，而将水库的水腾出来发展供水，增加经济效益。水权交易使余姚市的水资源优势转化成产业优势和经济优势，实现了水资源商品化、效益最大化、配置合理化。对于慈溪市来说，由于引来的水是商品水，推动了各用水户精打细算，采取先进工艺、设备，提高水的利用

---

① 汪湖江，吴劭辉．水权交易的经济学分析［J］．江苏农村经济，2006（7）：38－39.

效率，最大限度地把用水量降下来。节约了水，实际也就是节约投入，节约了生产成本，减少了排污量。水权交易在一定程度上缓解了慈溪市的水资源紧缺状况，改善了供水水质，提高了居民饮用水质量，优化了投资环境，增强了城市的辐射力和对外开放的吸引力。水权交易推动了两市的经济发展，提高了两市的水资源利用效率，实现了区域合作的“双赢”格局。

四、德清的水生态补偿机制

生态补偿是对发展所造成的生态功能和质量损害的一种补助，这些补助的目的是为了提高受损地区的环境质量，或者用于创建新的具有相似生态功能和环境质量的区域（Cuperus，1996）[①]。浙江“十二五”规划提出：健全生态补偿机制。实行跨界断面河流水量水质目标考核与生态补偿挂钩，健全森林生态效益补偿机制。完善自然保护区、重要湿地、江河源头地区等的财政补助政策，探索市场化生态补偿模式，健全生态环境质量综合考评奖惩机制。加大对生态保护地区的扶持力度，对重大生态环保基础设施实行省市县联合共建。

为此，德清县政府于2005年2月正式实施《关于建立西部乡镇生态补偿机制的实施意见》（以下简称《实施意见》），对生态补偿机制的原则、生态补偿的范围、生态补偿资金的筹措、生态补偿资金的使用等做了明确规定。通过生态补偿机制的建立和运作，极大地推进了环境基础设施建设进程，西部乡镇新建了150余个环保项目，环境基础设施大为改善。2006年、2007年两年中，西部乡镇依法关闭小笋厂85家，对河口水库上游萤石矿3座严禁开采，迁移工业企业40余家，出让20多个招商引资项目进入德清开发区。生态补偿机制的推行，有效地协调了各方利益，激发了西部乡镇和社会主动保护生态环境的积极性。

---

① 张忠宇．我国环境资源可持续利用的机制设计［D］．吉林大学博士论文，2010（6）：63－68.

第五章

政府与环境（Ⅰ）：政府政策目标与环境污染

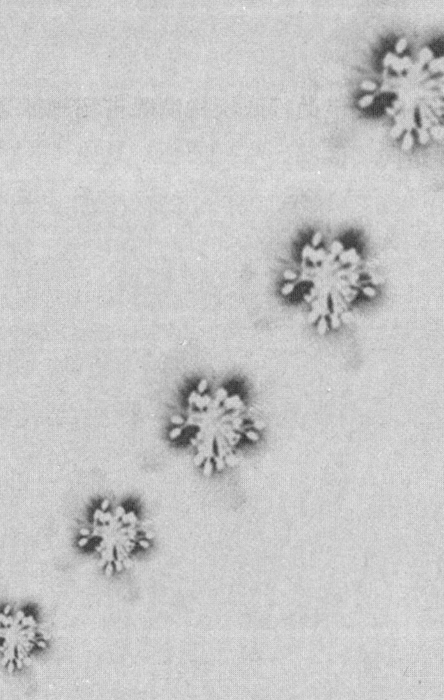

文明如果是自发地发展，而不是自觉地发展，则留给自己的是荒漠。

——卡尔·马克思

一个社会，如果不能借助行政机构消除市场规律之于自然规律的优先权，是注定要走向衰落的。

——赫尔曼·舍尔

前面我们分别从宏观与微观的视角对市场发展带来的严重环境问题进行了分析。同时，还对以科斯为代表的经济学家对市场机制在某种程度能改善环境的观点进行了发掘，并对此结论进行了初步的论证。然而，面对日益严重而且呈现区域化、国际化的环境问题，靠市场机制自身远无法解决。在这种情形下，“为了抑制资本逻辑的横行霸道，有必要对大量生产造成的破坏进行法律制裁，并引入税金、课以罚金等经济手段，以这两手来保全环境”（岩佐茂，1997），政府伸出看得见的手对市场进行“修补”（刘学敏，2009），对环境进行管理就非常必要了。以下我们主要从政府宏观政策与政府微观环境管制这两个层面来研究政府制定的与环境相关的政策及这些政策对环境的影响，这正是本章与下一章研究的主要内容。

第一节　政府“经济—环境权衡”与环境问题

根据亚当·斯密（1776）的分析，政府一方面要保证国家安全、维护社会秩序，提供公共品等基本职能①，这些产品我们统称为经济物品②。现代社会，环境问题由社会边缘问题成为社会中心问题，环境物品的提供③成为政府重要的新职能。一般来讲，社会多生产一种物品就会影响另一种物品的生产能力。由此，政府在经济（物品）与环境（物品）之间存在权衡问题。进一步地，政府经济—环境的权衡选择对环境有着重大的影响。本节将具体研究社会经济—环境物品生产可能性曲线（EEC）以及政府经济—环境权衡等问题。

一、经济物品—环境物品的生产可能性曲线（EEC）

为了说明问题并使分析简化，这里我们构造一个简单的 2×2（两种要素、

---

① 政府只有三项重要而且是人们都能理解的责任：第一，保护社会，使其不受其他独立社会的侵犯；第二，尽可能保护每个社会成员，使其不受其他社会成员的侵害或压迫，即设立完全公正的司法机关；第三，建设并维护某些公共事业或公共设施，因为公共事业、公共设施收益极小，私人机构对建设或维护这些事业、设施不感兴趣，只能由政府建设和维护。亚当·斯密．国民财富的性质和原因的研究［M］．唐日松等译．北京：华夏出版社，2001：949.

② 当然包括有形物品和无形的服务物品（如国防、社会秩序等）。

③ 这里环境物品不仅包括有形的环境基础设施，还包括环境法律法规等无形产品。

两种产品）经济：经济体系初始禀赋劳动 L 和资源 R（包括自然资源、环境容量等广义的资源），社会只有两企业（甲、乙），生产两种物品（环境物品 A，一般经济物品 B）。由于分工能带来生产效率的提高，为了实现社会最优效率，我们进一步假定企业进行分工、实行专业化生产：企业甲专门生产环境物品 A，企业乙专门生产一般经济物品 B。我们把企业社会总禀赋 L、R 中，分别专业化生产产品 A、B 的情形映像到图 5－1 上，就得到了我们熟悉的埃奇沃思盒状图（Edgeworth box）：企业甲等产量曲线 A1，A2，A3，…，分别代表企业甲生产更多产量的环境物品 A 的情形；同样，等产量曲线 B1，B2，B3 分别代表企业乙生产更多一般经济物品 B 的情形。由经济学的基础知识可知，社会资源最优配置应该满足生产的边际技术替代率应相等，即：$MRTS_{LK}^{A}=MRTS_{LK}^{B}$，在盒子里表现为企业甲的等产量线 A1、A2、A3 分别与企业乙的等产量线 B1、B2、B3 相切（相应切点为 E1、E2、E3），这些切点代表社会最优生产点。相应地，这些切点（均衡点）的连线就是社会生产契约线。由图 5－1 可知，社会最优生产均衡点 E1、E2、E3 对应环境物品、一般经济物品产量水平的组合为（A1，B3）、（A2，B2）、（A3，B1），将这些最优产量组合映射到图 5－1 上，我们得到社会资源去生产环境物品，一般经济物品最大产出的数量组合曲线。它刻画了在一定条件下，社会生产环境物品与经济物品的生产能力边界，在这里我们将该曲线命名为环境物品—经济物品的生产可能性曲线（economic enviroment curve，简称为 EEC 曲线），如图 5－2 所示。

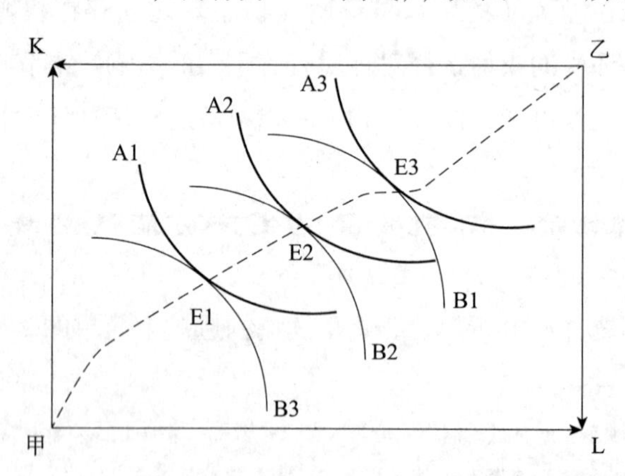

图 5－1　环境物品与经济物品生产的埃奇沃思盒状图

由以上环境物品—经济物品的形成过程的分析我们得到两个结论：第一，社会要能够持续进行物品生产，一个重要的前提就是所投入的资源要素应该是能

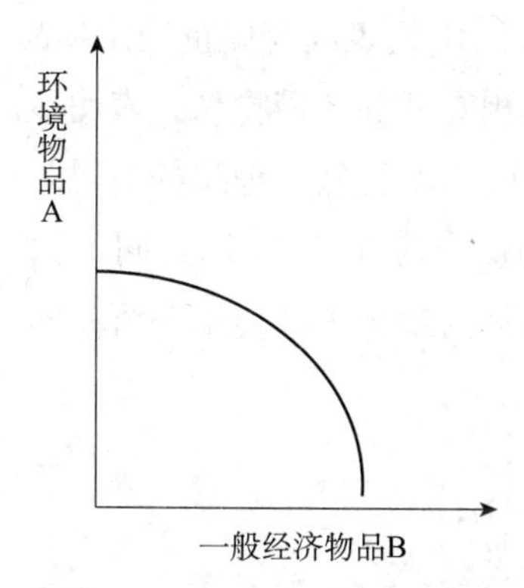

图 5－2　环境—经济物品生产可能性曲线（EEC）

持续供给的。实际上，投入的资源 R（自然资源、环境容量资源等）的量是有上限的，一旦使用速率超过自身更新速率（如自然资源再生速率、环境自净化能力等），社会生产将不能持续。这与戴利“满”的世界思想、世界银行强调自然资本的主张相契合。第二，其他条件一定（如技术水平，社会生产、分配等制度都不变），环境物品的与一般经济物品生产能力是一种替代关系，多生产经济物品必定意味环境物品生产能力的下降，从而环境质量会恶化。它表明，经济发展与环境质量一定程度上是“两难”选择①。何去何从，很大程度上取决于该国政府对经济与环境的权衡选择。从此角度上来说，政府意愿对一国环境水平的影响是决定性的，这也是设置本章“政府政策对环境影响”的重要理由。

二、公众经济—环境偏好以及政府经济—环境路径的选择

（一）社会公众经济—环境偏好及三种类型政府

公众对经济与环境存在权衡，我们不妨用社会经济—环境无差异曲线 U 来表征。如图 5－3 所示，U_1，U_2分别代表两种不同偏好的环境—经济无差异曲线：U_1代表政府偏重环境质量，相应的均衡点（切点）E_1代表了多的环境物品与相对少的一般经济物品，表明政府高度重视环境问题，这里不妨称之为

① 夏光（2001）首先提出了“生存性环境权益”和“生产性环境权益”概念。因为环境的功能可以抽象为“生存性功能”和“生产性功能”，在有限的环境资源供给下，两种竞争性的环境功能必然发生一定程度的“此消彼长”的冲突。这两种环境功能的内在矛盾外在地反映在人类自身两种相互冲突的环境权益上：“生存性环境权益”和“生产性环境权益”。并且，越往具体和现实的层面，其冲突性就越明显，因为这时两种环境权益越来越由不同的主体（利益集团）来代表和表现。

环境优先型政府。社会偏好 U_2代表政府偏重经济物品生产，相应的均衡点 E_2，对应多的一般经济物品和相对低的环境物品，表明政府更重视经济发展，这里我们称之为经济优先型的政府。显然，理想的情况是政府应该在经济与环境之间寻求平衡，对应社会均衡点应在 E_1与 E_2之间，我们将这种在经济物品与环境物品间谋求平衡的政府称为经济—环境平衡型政府。

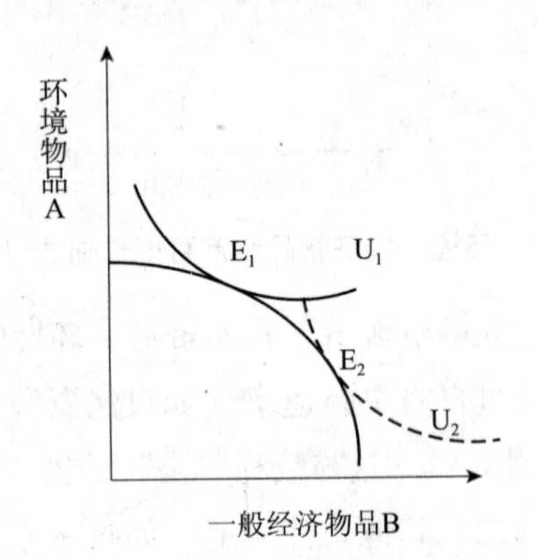

图 5-3　社会偏好与经济—环境的权衡

（二）政府经济—环境权衡的动态分析

我们也可以从动态上来进一步考察政府经济—环境战略抉择问题。

从动态上看，由于技术进步、社会生产的组织、管理制度的创新等因素导致一国生产能力增加，表现为经济—环境可能性曲线（EEC）向外扩展（如图 5-4 所示）。这样，从长期、动态的观点看，政府在环境质量与经济发展的选择上存在三条不同的路径：AC 路径（经济优先路径）：表明随着 EEC 曲线外移，一般经济物品大量生产，而环境物品的生产不仅没有同向增加，反而减少，出现了环境质量恶化的现象。该路径表明政府不管环境质量片面追求经济发展的经济优先路径取向。AD 路径（环境优先路径）：政府在该路径上的取向与 AC 刚好相反，随着 EEC 的外移，政府在大量生产环境物品的同时，对一般经济物品的生产进行压缩，环境质量水平大大提升（但以经济发展退步为代价），实际上政府选择的是环境优先发展路径。现实生活中，由于经济发展牵涉政府财政收入水平，社会就业，公众生活水平提高等方方面面（社会公众不可能饿肚子去追求呼吸新鲜空气），因此这种牺牲发展去追求环境质量的提高是不可接受的。AB 路径（经济—环境双赢路径），它刻画随着 EEC 的外移，社会经济物品以及环境物品的数量都同步增加，实现了经济—环境双赢，是值得追求的理想目标。

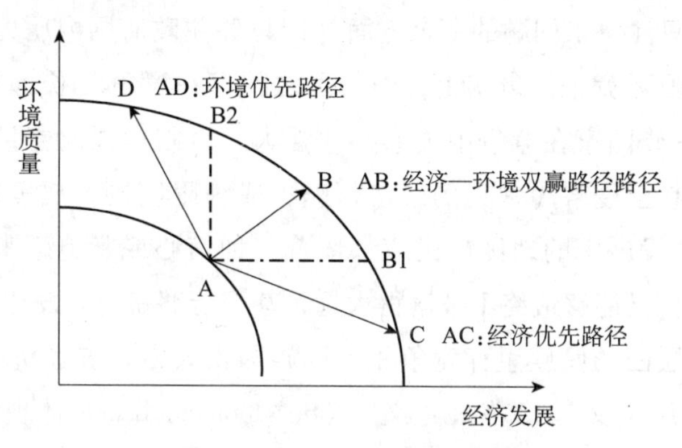

图 5－4　国家经济—环境选择路径

三、国家（民族）发展主义与环境问题

（一）经济优先发展的内部动因：企业、公众、政府的一致追求

现实生活中，各种主体（企业、公众、各级政府）都存在希望扩大生产，刺激经济快速增长的动机。具体来说，企业希望获得最大利润，尽一切可能降低成本，通常的办法是将生产过程产生的污染不予治理而直接排放（将成本转嫁社会）。对社会公众而言，经济增长意味着更多的就业机会及较高的收入，这些都能显著提高公众收入及相应的生活水平，由此公众实际上也是希望优先发展经济的①。对政府而言，经济快速增长意味本地区就业水平的增加、地方较大财政收入等，这些都能显著提高政府官员的效用水平②。这三种要求经济增长的力量汇集，将政府推上经济优先的、环境日益恶化的不可持续路径。

（二）政府片面发展经济的外部动因：民族（国家）竞争与发展主义

关于政府为什么重发展经济而轻环境污染的原因，传统的解释是政府改善

---

① 当然，当公众收入水平很高时，对环境物品的需求开始增加，进而会越来越关注环境问题。显然，我国当前及较长时间内公众还是经济优先的心态。

② 关于我国地方政府选择片面发展经济而不顾环境污染的原因非常多，大体包括我国各级政府官员处于压力型考核的指标体系外在约束以及财政分权下地方政府 GDP 冲动等，具体我们将在第六章进行探讨。

民生消除就业以及各级地方政府锦标赛竞争等驱动（即上述的分析）。我们认为，这些解释只注意了问题的一个方面（即只关注政府国内压力），而没有考虑政府面临的国际竞争。事实上，国与国之间存在竞争（长远看它关乎民族生死存亡），民族国家在竞争中国家必须强大，否则难以屹立世界民族之林，被他国剥削，甚至侵略（常见的经济侵略，成为附庸国，战争侵略，成为殖民地）。每一个发展中的地区或民族都怀着一种信心或紧迫感来超越式发展，它们关注的是自己能够最终不被落得太远，甚至能够跻身于发达国家之列。我们将这种国家层面的民族生存竞争驱动民族国家大力发展经济（提升综合国力）称为“发展主义”。“发展主义”（developmentalism）体现为一种观念样态的“发展至上”的意识形态话语和思维定式，也同时呈现为一种实体化的“发展优先”的政策取向和制度设计偏好。核心是发展意涵的片面化及去边界化，其实质则是狭隘的经济主义/经济维度的至上化和资本主义化。在社会层面上，“发展主义”的意识形态和政策制度偏好体现为对经济“扩张”，尤其对于发展中国家而言，经济的迅速“扩张”在相当程度上就直接等同于一个社会的“进步”；而忽视现实社会中不同阶层、群体和个体的实际生活质量及其差别。在生态层面上，“发展主义”的意识形态和政策制度偏好体现为对自然界的对象化、“人化”与掌控的“合理性欲求”。

稍远点看，二战之后的世界，由于社会主义与资本主义两个阵营的较量，前社会主义各国普遍采用了“超英赶美”战略，片面发展经济。“冷战”结束后，由于国与国之间的对立而导致的威胁减弱，发展主义的根源已由政治方面转向经济方面：消费的欲望与为满足这种欲望而建构的市场制度。在当今社会，物质需求成了人们行为诱因的核心组成部分，提高生活标准的需求几乎是世界性的。在一个渴望消费，提倡消费，而且肯定消费价值并对消费进行奖励的社会系统中，一个提倡适度物质需求的人是很难生活下去（梅多斯，1976），当今社会使“增长已经成为一种生活方式”（托达罗，1973）。这种发展压力蕴含着因追求财富而破坏资源的内在动力。

可见，民族国家为了屹立世界民族之林以及改善公众生活需求而凝聚的力量促使经济增长成为世界性的主题，内在地驱使各国陷入片面经济增长而不顾环境的囚徒困境，使环境问题更加严峻并国际化[①]。

---

① 笔者认为，这种内在机制也是国际气候谈判难以达成协议的重要原因。

第二节　政府宏观经济政策与环境：理论分析

政府一些宏观层面的经济政策对环境质量有着直接或间接地影响。从政府制定政策的初衷来看，宏观经济政策分为两类：一类是专门为解决环境问题而出台的一些经济政策，如政府制定绿色产业政策，出台支持环保产业发展的金融、税收政策，大力发展清洁生产、发展循环经济的等专门性的环境政策。另一类是政府制定的一些经济增长政策，这类政策顺带地对环境也产生影响（一般是不利的影响），如我国先前实施的赶超型发展战略、强调出口政策、城市化、产业化政策等对环境产生重大影响。本节就这两方面来分析政府宏观经济政策对环境的影响。

一、粗放型发展模式对环境的影响

按照经济增长源泉的差异，可将经济增长区分为两类：集约型增长与粗放型增长。如果经济增长主要是靠要素投入的增长推动，则称为粗放型增长，若经济增长主要依靠要素使用效率的推动，则称为集约型增长。

几十年来，经济增长一直呈现出粗放型的增长特征。据统计显示，新中国成立以来的 50 多年，中国的 GDP 增长了 10 多倍，而矿产资源的消耗增长了 40 多倍[①]。计划经济时期，中国 GDP 的年增长率接近 6%，而主要投入包括能源、原材料等平均年增长率比 GDP 增长率高 1 倍左右。中国现代化战略研究课题组在 2007 发布的《中国现代化报告 2007》指出，中国自然资源消耗比例大约是日本、法国和韩国的 100 多倍；按 2001 年世界上 109 个国家或地区的污染排放强度，中国单位 GDP（按汇率计算）有机水污染排放量为 18.9 千克/万美元，是美国的 26 倍，法国的 24 倍，澳大利亚、挪威和日本的 17 倍[②]。2015 年《中国的能源消耗白皮书》也指出，尽管我国能耗水平强度有所下降，但仍然是世界平均水平的 1.6 倍，是发达国家消耗强度的 3.1 倍。可见，着力

---

① 中国社会科学院环境与发展研究中心．中国环境与发展评论（第三卷）［M］．北京：社会科学出版社，2007.

② 中国现代化战略课题组．中国现代化报告 2007［M］．北京：社会科学文献出版社，2008.

构建资源节约型的增长方式，实现由“三高一低”即高投入、高消耗、高污染、低效率向“三低一高”（低投入、低消耗、低污染、高效率）的生产方式转变，对缓解我国资源环境压力具有重大意义。

二、产业结构对环境质量的影响

不同的产业结构对环境质量影响有显著的差异：农业生产过程中对环境依赖较小，对能源和资源需求相对较低，因而环境污染较低。服务业如教育、金融、咨询等产品较多的是非实物形态的无形产品，对能源、资源需求也较低，因而环境压力也较低。第二产业则不同，第二产业中的工业生产需要消耗大量的各类能源和资源，消耗强度要远高于农业和服务业，高消耗强度和高消耗量必然导致大的环境压力。因此，一个国家或地区的经济结构中，第二产业在三次产业结构中所占比重越高，环境压力越大。

具体从我国三次产业结构来看，1988～2007 年，中国的第一产业增加值由 25.7% 下降到 11.2%，第二产业由 43.7% 上升到 48.6%，第三产业由 30.5% 上升到 40.0%（图 5－5）。自 1991 年以来，第二产业对 GDP 的贡献率基本上在 60% 以上。可见，第二产业比重是偏高的，对环境将构成较大压力。

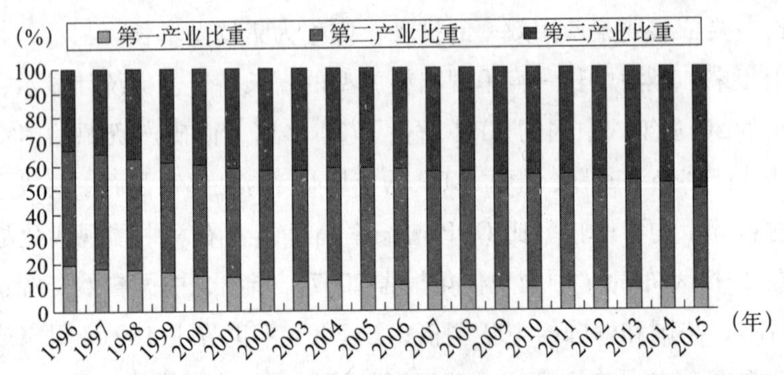

图 5－5　1996～2015 年中国三次产业构成

再来看工业内部轻重工业结构。由于能源、资源密集型的特点，总体上，重工业的污染强度明显高于以劳动密集型为特点的轻工业。一个地区重工业比重持续上升或该地区工业化进程进入以重化工业为中心的资本密集型阶段，环境压力显著大于其他阶段。我国近年来轻重工业产值比重见图 5－6，我们明显看到工业结构呈现“重化”趋势，这无疑会进一步加剧环境压力（由于国家统计局 2013 年度开始，不再进行轻重工业产业分类，故截止到 2012 年度）。

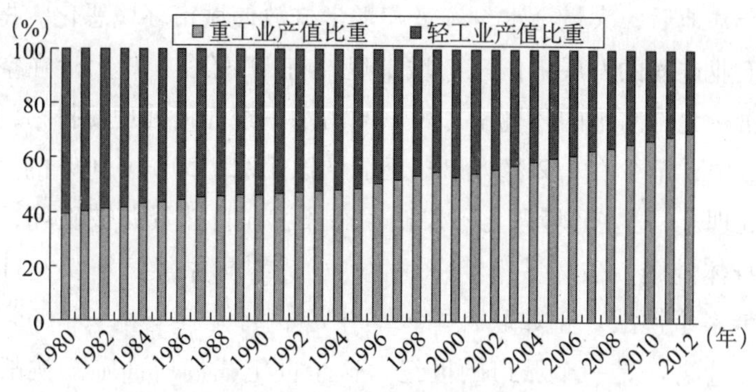

图 5－6　1980～2012 年轻重工业产值比重变化

三、城市化与环境

城市化是人类生产与生活方式由农村型向城市型转化的历史过程，主要表现为农村人口转化为城市人口以及城市不断发展完善的过程。改革开放以来，中国城镇化率如图 5－7 所示城市化带来经济繁荣的同时也会带来环境的污染。马克思在《资本论》中一针见血地指出资本主义生产使它汇集在各大中心的城市人口越来越占优势，这样一来，它一方面聚集着社会的历史动力，另一方面又破坏着人和土地之间的物质变换①。

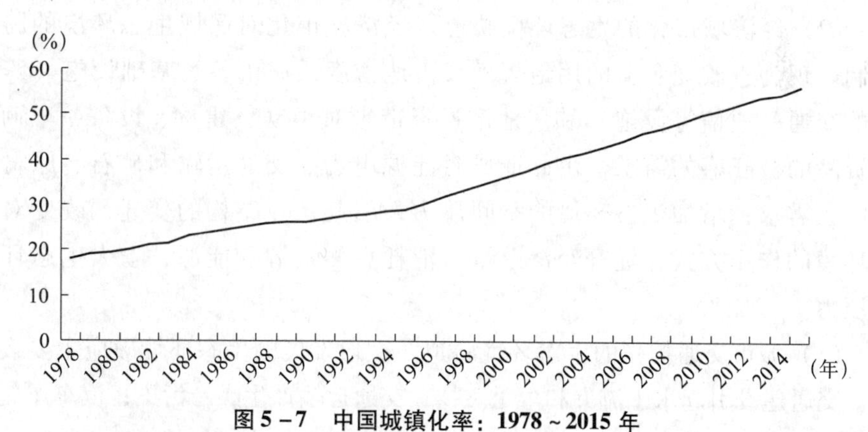

图 5－7　中国城镇化率：1978～2015 年

城市是经济活动高度集聚的地方，在许多国家，城市消耗了绝大部分的自然资源，也产生了绝大部分的污染和废物。尤其是在工业化过程中，城市转变

① 马克思恩格斯全集（第 21 卷）［M］．北京：人民出版社，1972.

为工业生产基地后，大量污水、垃圾和烟尘排放使城市环境恶化。据统计，目前正处于工业进程的发展中国家的城市里，有11亿多人口生活在空气污染指标超过健康所允许水平的环境中，90%的污水不经任何处理便排入河流、湖泊或沿海水域中，至少有2.2亿人口缺乏清洁饮用水，20%～50%的固体废物没有收集和处理①。这些环境恶化不仅使生态环境和自然资源被破坏，还直接破坏人们的身体健康，破坏城市经济的生产力，对国家经济增长、社会进步和环境保护带来了挑战。正如联合国人居中心执行主任安纳（Anna Tibaijuka）所言：（21世纪）是一个城市的世纪，这个世纪我们所面临的挑战是如何使城市成为大多数人更好的住所，可持续发展战斗是胜利还是失败，关键在城市里。

具体来讲，城市化主要从以下几方面影响环境：

（1）人口城市化的生态环境胁迫。人口城市化对生态环境的胁迫主要通过两方面进行：一是人口城市化通过提高人口密度，增大区域生态环境压力；二是人口城市化通过提高人们消费水平和促使消费结构变化，使人们向环境索取的力度加大、速度加快。同时城市化伴随人口结构发生变化。当居民由农民转变为市民时，收入水平上升，其消费水平也发生了变化，消费结构升级，对能源和资源的消耗量迅速上升。能源和资源消耗越多，污染物的排放就越多。因此，城市化使人口结构发生变化，导致更多污染物的排放。

（2）经济城市化的生态环境胁迫。经济城市化对区域生态环境的胁迫机制表现为：改变企业的用地规模或占地密度，城市各类基础设施（跨区域的交通＼通信等设施）和房地产投资带来对钢铁、建材、设备、车辆等投资品的极旺盛的需求，由此造成对能源电力、交通运输和矿石、原材料的巨大需求；增加生态环境的空间压力；引起产业结构的变迁，改变对生态环境的作用方式；提升经济总量，消耗更多资源和能源，增大生态环境的压力。

（3）城市交通扩张的生态环境胁迫。交通发展的生态环境效应主要表现在：交通建设引起水土流失和尘土飞扬；交通运输产生噪音污染；汽车尾气带来大气及土壤污染；高架桥对景观破坏，产生视觉污染；等等。

当然，城市化过程中也对环境资源压力具有缓解作用。比如，经济城市化能带来更多的环保投资，提高人为净化的能力；另外，通过政策干预和清洁生

---

① 世界银行．碧水蓝天：展望21世纪的中国环境［M］．北京：中国财经出版社，1997.

产技术的推广使用，也可减轻经济城市化对生态环境的压力。城市化对生态环境的胁迫机制正是在这样两种相反力量的交互作用下进行的。

四、环保投资与环境

环保投资是用于环境资源的恢复和增值、保护和治理的费用，其目的是为了保证环境资源的再生产和永续供给。环保投资的范围很广，概括起来有三个方面：一是用于环境保护建设方面的投资，如发展环境监测、建设自然保护区、城市污水处理等；二是专门用于治理污染的技术改造投资；三是用于环境保护科研方面的投资。

约翰（John）和波切尼（Pecchenino）将环境质量作为一个存量资源纳入计量模型，研究得出：只有当需要用于环境改善的投资充足时，环境质量恶化才会停止。从我国情况来看，20 世纪 90 年代以来，随着我国对环境保护的日益重视，我国的环境污染治理投资总量逐年增加。1991 年全国环境污染治理投资总量仅为 170. 12 亿元，占同期 GDP 的 0. 84%。到 2005 年增加到 2388 亿元，占同期 GDP 的 1. 31%，增长了 14 倍多（见表 5 - 1）。

表 5 - 1　　1991 ~ 2009 年我国环境治理投资总量

年份		环境污染治理投资总量（亿元）	占同期 GDP 比例（%）
“八五”期间	1991	170. 12	0. 84
	1992	205. 56	0. 86
	1993	268. 83	0. 86
	1994	307. 20	0. 68
	1995	354. 86	0. 62
“九五”期间	1996	428. 21	0. 64
	1997	527. 49	0. 72
	1998	682. 92	0. 89
	1999	858. 20	1. 06
	2000	1014. 90	1. 13
“十五”期间	2001	1106. 60	1. 15
	2002	1367. 20	1. 33
	2003	1627. 30	1. 39
	2004	1909. 80	1. 40
	2005	2388. 00	1. 31
“十一五”期间	2006	2779. 50	1. 15
	2007	3668. 80	1. 33
	2008	4937. 00	1. 39
	2009	5258. 40	1. 40
	2010	7612. 20	1. 52

续表

年份		环境污染治理投资总量（亿元）	占同期 GDP 比例（%）
“十二五”期间	2011	7114.00	1.54
	2012	8253.50	1.45
	2013	9037.20	1.59
	2014	9575.50	1.51
	2015	10852.40	1.60

资料来源：《中国环境年鉴》《中国统计年鉴》相关年份数据整理计算。

尽管我国环境投资绝对数量有大的增加，但环境投资占当年 GDP 比重还是偏低（最高年份也就是近年来的 1.60%）。根据国际经验（世界银行，1997），当环境污染治理占 GDP 的 1% ~1.5% 时，可以控制污染恶化的趋势；当该比例达到 2% ~3% 时，环境质量可以有所改善。因此，要使环境质量得到改善，政府应该加大环境方面的投入。

第三节　政府宏观政策对环境的影响：环境库兹涅茨曲线再研究

20 世纪 90 年代初，格罗斯曼和克鲁格（1991）等经济学家在经验研究中发现经济增长和环境污染之间存在倒 U 型关系：随着经济增长和收入水平的提高，环境先趋于恶化，当经济发展到一定水平，环境恶化的态势达到顶点，之后环境质量趋于改善，这种关系与库兹涅茨 1955 年提出的收入分配不均与经济增长的关系类似，因而被称之为“环境库兹涅茨曲线”（environmental kuznets curve，EKC）。国内外关于 EKC 的研究主要集中于以下两个方面：其一是检验 EKC 倒 U 型关系是否存在。如帕纳约托（1993）、沙菲克（1992）、张晓（1999）、彭水军（2006）、吴玉鸣（2014）等发现就其所考察的污染与收入之间存在倒 U 型关系。而另一些学者如埃金（Eakin，1998）、沈满洪等（2001）、孙晓雷和何溪（2015）等则发现倒 U 型关系并不存在。普遍接受的结论是丁道（2004）的总结：不存在适合所有地区、所有污染物的单一模式（one-form-fit-all）。其二是对有关 EKC 形成机理的研究。如格罗斯曼和克鲁格（1995）从规模效应、结构效应、技术效应三方面来解释 EKC 的形成，洛佩斯（Lopez，1994）从需求方面进行了论证，查普曼（Chapman，1998）则从贸易角度进行探讨，张成、朱乾龙（2013）从人力资本需求等方面进行解释，等等。有关这方面研究的文献综述见斯特恩（Stern，1998）、丁道（2004）、张学刚（2011）、陈向阳（2015）等。

这些研究有助于我们理解经济发展与环境质量之间的关系。但这些研究也存在一些不足：其一，大多数研究只考虑收入（忽略了隐藏在曲线背后的其他重要的因素）对环境质量的影响，建立的是基于收入—环境简化模型，该模型实际上只是对环境质量随经济发展变化过程的一种现象描述，经济—环境关系事实上还是处于“黑箱”状态。显然，剖开“黑箱”，弄清曲线背后作用机制才是更有意义的工作（Ezzati，2001）。其二，尽管也有学者从生产规模、产业结构（Grossman，1995；涂正革，2014）、贸易（Suri，1998；陆旸2011）、技术（Selden，1995；蒋殿春，2013）、公众参与（Magnani，2000；郑思奇，2013）、收入分配（Torras，1998）等方面探讨了其对环境的影响。但这些研究大多以发达国家为背景，这些国家政府对经济的干预有限，相应地有关政府经济政策对环境的影响的研究几乎没有。相形之下，我国经济具有强的政府主导特征，政府对经济控制力很大，政府产业、区域、技术、管制等政策对环境有至关重要的影响，因此在研究环境问题时必须将政府政策因素予以考虑。鉴于此，本节以我国大气污染物排放量为研究对象，利用2000～2014全国30省区市的面板数据探讨倒U型关系是否存在，并在此基础上进一步研究包括政府环境管制等在内的一些政府控制变量对污染物排放的影响，以期探明经济--环境“黑箱”背后的作用机制，为政府制定环境政策提供一些可操作的建议。

一、模型、分析方法及数据

（一）模型与方法

研究环境污染和经济增长的关系，大多采用以环境质量数据为因变量，人均收入为自变量来拟合方程。类似已有文献格罗斯曼（1995）、塞尔登（Selden，1994）等，本文采用如下环境质量和经济发展水平的简约方程进行分析：

$$\ln(E_{it}) = \alpha_i + \beta_1 \ln(y_{it}) + \beta_2 \ln^2(y_{it}) + \varepsilon_{it}$$

其中，E_{it} 代表第i个省在第t年的人均污染物排放量，y_{it} 代表第i个省在第t年的人均GDP。α_i 为特定的截面效应，ε_{it} 是随机误差项。

这里，我们采用省级面板数据（provincial panel data）模型。我们之所以采用面板模型，除了面板模型不仅具有如前所述的综合了时间维度与截面维度特征，包含较多的样本点可带来较大的自由度等优点外，还有一个重要因素，就是已有的研究中多采用跨国数据，它们含蓄地假定各国都遵循相同的模式（isomorphic EKC），所得结论事实上就是简单地将发展中国家环境退化趋势与发达国家环境改善趋势进行拼接。这里我们的研究以浙江省为研究对象，我国各省具有相同的经济社会制度、法律环境、环境意识等，这种基于省际样本的研究基本保证个体“同质性”前提假设，从而有效地克服以往跨国研究中各国样本异质性的问题。

有关 EKC 面板数据估计一般采用混合模型（PCS）或变截距模型（Stern，2004）。而变截距模型估计又可分为固定效应模型（fixed effect model，FE）和随机效应模型（random effect model，RE）。具体选用哪种模型，要进行参数检验。具体来讲，我们先根据 F-test 来判断究竟选用混合模型还是变截距模型。如果选用变截距模型，我们则用 Hausman 检验来进一步判断是选用固定效应模型（FE）还是随机效应模型（RE）。

F-test 统计量构造如下：

$$F = \frac{(S_2 - S_1)/(n-1)}{S_1/(nT-n-k)} \longrightarrow F(n-1, nT-n-k)$$

其中 S_1、S_2分别表示变截距模型、混合模型的回归残差平方和。

在面板数据模型中，选择固定效应模型还是随即效应模型，可用 Hausman 检验来识别。豪斯曼（Hausman，1978）提出了一个检验：

$$H = (\beta_{FE} - \beta_{RE})' [VAR(\beta_{FE}) - VAR(\beta_{RE})]^{-1}(\beta_{FE} - \beta_{RE})$$

检验统计量 H 在零假设下服从χ^2 分布。如果 Hausman 检验拒绝 H0，表示固定效应模型是一个较好的模型，否则表示随即效应模型更好。

（二）变量选取及数据来源

考虑到研究问题的专注性及数据的可获得性，本书只考察我国大气污染状况与收入变动的关系，具体包括工业 SO_2、工业烟尘（smoke）、工业粉尘（dust）。数据来自《中国统计年鉴》（2000～2014）和 30 个省、区、市相应的统计年鉴，西藏自治区由于数据不全，未包括。经验研究中，污染指标度量通常用总量指标、浓度指标或人均排放量指标。本书选用大气污染人均排放量指标，单位均为千克/人。收入变化用人均收入指标来度量，具体数据由历年《中国统计年鉴》整理、计算而得，单位为万元/人。考虑到对时间序列数据进行对数化后容易得到平稳序列，而且并不改变时序数据的特征，本书分析中均采用各变量的对数值。

二、环境库兹涅茨曲线的初步研究

研究经济增长与环境污染的关系，首先应区分污染物实际排放量与公布排放量之间的差别（Baldwin，1995）。污染物实际排放量 I（incipient emission）指伴随经济活动过程而产生的污染物数量，这些污染物一般会在政府环境管制或公众压力下由企业等相关主体进行一定处理（abatement），然后再排放进入环境系统，这种经过不同程度处理后排放的废物量就是公布排放量（claimed emission）。这样，环境公报中公布排放量应该是实际排放量减去处理量，即 C = I – A。在环境 EKC 的实证研究中，研究者一般都忽视了污染物公布排放量与实际排放量的差别，往往直接使用考虑了政府环境管制因素后的公布排放量数据进行计量分析，这样他们实际所研究的是考虑了政府政策作用后的污染公布排放量与收入的关系，而没有刻画伴随经济增长过程中污染实际排放与收入的关系。当然，现实中污染实际排放量数据难以得到，因此一般使用公布排量这一环境指标。

我们注意到，在我国的环境年鉴中，除了公布各省三种大气污染物的排放量外，还公布了这三种大气污染物的去除量，二者之和就是我们所需要的大气污染实际排放量（总排放量）。显然，正是由于政府实施环境管制政策，如政府制定“三同时”政策、强制企业安装污染处理设施、推行污染物集中处理等环境政策，使得污染物实际排放量小于公布排放量。污染物的除去量一定程度上是政府环境管制的结果，这无疑为我们探究政府环境管制对 EKC 的影响提供了机会。我们的研究将按以下思路进行：首先分别利用实际排放量和公布排放量的数据进行计量分析，探讨在这两种情形下收入与环境是否呈某种稳定（如倒 U 型）的关系；然后将这两组结果进行对比，以探求政府环境管制对 EKC 的影响。

利用 2000 ~ 2014 年间我国 30 个省、区、市的面板数据，运用 Eviews 分析工具分别对工业二氧化硫、工业烟尘、工业粉尘三种大气污染物公布排放量与实际排放量进行回归，得到两组计量结果，见表 5 – 2。表中给所给的模型是根据前面介绍的 F-test 和 Hausman 检验所确定的最终结果。

表 5－2　　　　分别使用两组排放量数据进行计量的结果

污染指标	情形Ⅰ：使用实际排放量数据			情形Ⅱ：使用公布排放量数据		
	Ln（Smoke）	Ln（Dust）	Ln（SO_2）	Ln（Smoke）	Ln（Dust）	Ln（SO_2）
C	-44.29 （-1.14）	-0.49 （-3.56）*	-5.89 （-10.23）*	-12.41 （-2.27）**	-24.56 （-4.69）*	-28.39 （-8.16）*
Ln（y）	3.42 （3.19）*	0.39 （3.38）*	0.94 （13.95）*	2.81 （2.42）**	7.37 （4.73）*	4.29 （3.08）*
Ln^2（y）	-0.1 （-2.58）*	－	－	-0.23 （-2.23）**	-0.72 （-4.68*）	-0.39 （-2.60）**
AR（1）	0.45 （2.23）**	0.11 （2.92）**	0.59 （4.29）*	0.23 （5.772）*	0.44 （4.21）*	0.75 （6.283）*
D. W	1.92	1.78	1.90	1.84	1.71	2.22
Adj-R^2	0.94	0.88	0.93	0.95	0.92	0.93
H-test	3.49 [0.00]	0.42 [0.01]	3.36 [0.00]	4.05 [0.00]	7.28 [0.00]	9.62 [0.00]
F-test	9.46 [0.00]	5.53 [0.00]	14.87 [0.01]	5.36 [0.00]	6.08 [0.00]	4.25 [0.03]
选用模型	FE	FE	FE	FE	FE	FE
EKC 曲线	倒 U 型	线性递增	线性递增	倒 U 型	倒 U 型	倒 U 型

注：1. 小括号内为 t 值，***、**、* 分别表示 10%、5%、1% 显著水平；

2. F 检验原假设为混合模型，Hausman 检验原假设为随机效应模型。

情形（Ⅰ）是在不考虑政府环境政策因素时直接使用实际排放量与人均收入进行计量结果。我们发现，在考察的三组大气污染物中，只有工业烟尘与收入之间关系是倒 U 型，符合标准的 EKC 假说。另外两种废气排放（工业粉尘、工业 SO_2）与收入之间不满足倒 U 型关系而呈线性（递增）关系。具体表现为收入每增加 1%，导致工业粉尘、工业 SO_2 分别增加 0.39、0.94 个百分点。显然，这种同步恶化的关系与近年来我国片面追求总量、追求速度、不管消耗的粗放式直接相关。有关数据表明，我国单位 GDP 污染排量是美国的 9 倍、世界平均水平的 3 倍。因此，为了控制环境质量将进一步恶化，建立低投入、高产出，低消耗、少排放为特征的集约型的发展方式势在必行①。

情形（Ⅱ）是使用包含政府环境政策作用后的公布排放量数据与人均收入进行计量的结果。我们发现，考虑了政府管制因素以后，工业粉尘与工业 SO_2 与人均收入的关系由先前的线性递增转变为倒 U 型关系，符合环境 EKC 倒 U 型假说。可见，环境库兹涅茨曲线的存在相当程度上是政府环境政策的结果。事实上，帕纳约托（1993）研究表明，安全的财产权、契约有效实施的制度能够熨平环境库兹涅茨曲线，托拉斯（1998）、马尼亚尼（2000）等的研

① 李国柱．经济增长与环境协调发展的计量分析［M］．北京：中国经济出版社，2007.

究也揭示政策因素对 EKC 的形状有决定性影响。这里需要指出的是，国内已有大量 EKC 实证研究如范金（1998）、彭水军（2006）指出，有关 SO_2 符合标准倒 U 型假说，而不是如我们在情形（I）所揭示的同步递增的关系。我们认为结论不一致的原因可能在于这些研究者选用的是考虑了政府环境管制因素后的公布排放量数据。这些研究结论实际上也间接支持了我们有关 EKC 倒 U 型关系在相当程度上是政府政策作用结果的论断。这也表明，EKC 倒 U 型关系是否存在，一定程度上取决于相应指标的选取。

三、加入控制变量后的进一步研究

前面考察了经济增长（用收入变化来代表）与环境质量（大气污染物排放量）之间的关系。事实上，经济增长与环境之间的关系是非常复杂的，除了收入外，还涉及人口、经济规模、经济结构、技术水平、贸易、政治体制、环境意识等众多因素（Dinda，2004）。显然，探讨这些因素如何影响环境质量，进而揭示 EKC 背后的生成机理对制定政策更为重要。为此，本部分将在前面简约模型基础上加入一些其他影响污染排放的政府控制变量，探讨这些控制变量对污染排放的影响，以揭示经济—环境“黑箱”背后的作用机制。结合已有相关研究文献和我国政府政策的实际情况，这里我们主要考虑了产业结构、技术进步、政府政策等在内的控制变量。

（1）产业结构。格罗斯曼、帕纳约托等认为，在经济起飞和加速阶段，第二产业比重增加，工业化带来严重的环境问题。当经济从高耗能高污染的工业转向低污染高产出的服务业、信息业时，经济活动对环境的压力降低，污染排放下降，环境质量将出现改善。这里我们引入产业结构变量 S_{it}（用第二产业产量占 GDP 比重来表示）来分析结构变化对大气污染物排放的影响。从符号上二者应该是正相关，即第二产业比重越高，大气污染物人均排放量越大。

（2）技术进步。技术进步对环境的影响主要体现在两方面：一是直接效应，即随着经济的发展，人们有可能增加对环保技术的研发投入，环境技术的进步使得污染更容易得到治理。二是间接效应，体现在技术进步能促进经济增长方式的转变、促进产业结构的调整与优化。现有研究中（如彭水军，2006）一般使用与环保相关的科研经费来表征技术进步，该指标只刻画了环境技术进步对污染减少的直接效应，而无法表征技术进步对生产效率的提高、对产业结构转化等带来环境改善的间接效应。这里我们引入万元 GDP 能耗指标 e_{it} 来分析技术进步状况对环境的影响。因为一般而言，污染物是各类能源和资源利用过程中产生的废弃物。其他条件一定，技术水平提高，表明经济活动消耗的能源、资源减少，相应地污染物排放量会下降。因此 e_{it} 指标能大体上代表技术水平对环境排放的影响。

（3）政府管制。我国政府对环境的管制包括两个方面，一是对污染企业进行处罚，即“谁污染谁治理”。二是对污染企业采取一些强制措施进行管制，如实施“三同时”，强制企业“达标排放”，甚至对一些企业实施“关停并转”等措施。关于政府环境管制指标的选取，一直找不到合适的表征变量。在跨国研究中，克纳克和基弗（Knack & Keefer，1995）用合同实施保障、政府效率、法律实施效率、政府腐败程度、没收风险 5 种方式间接衡量不同国家的环境政策质量。帕纳约托（1997）用合同实施保障间接代表不同国家环境政策的质量和力度。由于数据限制及国情因素，这些指标对不是理想的代理变量。国内研究中大多采用工业污染治理项目完成投资额来反映环境管制程度（应瑞瑶，2006）。我们认为该指标反映的是政府对环境的治理力度，而政府对污染企业的处罚、实施强制性管制措施等没有表征，因而具有较大的片面性。鉴于环境公报中公布了大气污染物排放量和除去量数据。其他条件一定，污染物除去量越大，表明企业治污力度越大。而一般而言，企业不会主动花钱进行污染治理，污染物除去量的增加相当程度上是政府环境管制政策的结果。因此，我们可以用一个新的变量，污染物去除比 R_{it}——大气污染物去除量和实际排放量的比值，作为地方政府环境政策强度的代理变量。R_{it} 预期为负，表明政策强度越大，污染物排放越少。

（4）城市化水平。由于城市化的某些内容，如生活方式的城市化等，不可能进行直接的定量分析，而且统计上有困难，目前国际上通常采取人口指标进行城市化水平的测度。这里选取非农业人口占总人口的比例代表城市化水平。

这样，在考虑其他控制变量后我们的模型设定如下：

$$\ln(E_{it}) = \alpha_i + \beta_1\ln(y_{it}) + \beta_2\ln^2(y_{it}) + \phi_1\ln(S_{it}) + \varphi_2\ln(e_{it}) + \phi_3\ln(R_{it}) + \phi_4\ln(URB_{it}) + \varepsilon_{it}$$

这里 E_{it} 、y_{it} 与前面相同，分别代表人均排放量和人均收入。S_{it} 、e_{it} 、R_{it} 、URB_{it} 分别代表产业结构、技术水平、政府管制、城市化水平等影响环境质量的控制变量。

表5-3是利用Eviews软件计量的结果，以下是对这些结果的分析。

表5-3　　加入政府管制等控制变量后的计量结果

污染指标	Ln（SMOKE）		Ln（DUST）		Ln（SO_2）	
	RE	FE	RE	FE	RE	FE
C	-12.54 (-5.14)*	-3.42 (-0.81)	-44.29 (-6.05)*	-13.95 (-4.97)**	-1.65 (-0.88)	-1.76 (-0.48)
Ln（y）	5.27 (6.71)*	2.25 (2.83)***	6.51 (5.29)*	8.05 (3.84)*	0.54 (1.95)***	0.93 (1.89)***
Ln^2（y）	-0.32 (-5.46)*	-0.09 (-1.22)	-0.65 (-5.31)*	-0.48 (-5.21)*	-0.03 (-4.30)**	-0.22 (-2.82)**
Ln（能源消耗）	-0.65 (4.32)*	0.12 (4.35)**	-0.69 (-3.72)**	-0.45 (-1.38)	-0.52 (4.23)*	0.04 (0.79)
Ln（产业结构）	1.68 (4.23)*	1.53 (2.56)**	0.28 (-0.74)	0.76 (-0.42)	2.13 (4.45)*	1.72 (3.87)*
Ln（政府规制）	-4.46 (-7.10)*	-3.77 (-4.92)*	-2.56 (-5.63)*	-2.24 (-4.22)*	-0.23 (-5.45)*	-0.34 (-4.69)*
AR（1）		0.55 (6.31)*		0.64 (5.82)*		
D.W	1.28	2.29	0.92	1.75	1.32	1.88
Adj-R^2	0.64	0.94	0.41	0.93	0.49	0.96
F-statistic	3.82 [0.00]		4.35 [0.01]		23.33 [0.00]	
Hausman-test	4.13 [0.23]		18.56 [0.00]		19.83 [0.02]	
选用模型	RE		FE		FE	
EKC曲线	倒U型		倒U型		倒U型	

注：1. 小括号内为t值，***、**、*分别表示10%、5%、1%显著水平；
2. F检验原假设为混合模型，Hausman检验原假设为随机效应模型。对应括号内为接受原假设的概率值。

（1）政府管制对环境质量的影响。在1%的显著性水平下，政府环境管制与污染排放之间存在高度负相关关系，符合理论预期。总的来看，三个模型的弹性系数较大，说明政府环境管制对污染的控制发挥了重要作用。其中，政府管制对工业烟尘排放作用显著，环境管制强度每提高1%，导致工业烟尘下降2.56个百分点。

（2）技术水平对环境质量的影响。总的看来，以万元GDP能源消费量为代表的技术进步对污染物排放有显著的控制作用，符合我们的理论预期，也与格罗斯曼和克鲁格（1995）强调的技术进步效应对环境质量的正面影响的结论一致。从模拟结果看，技术进步对工业烟尘、工业粉尘的控制作用相对较大，技术进步每提高1%，带来二者约0.7个百分点的下降。而技术进步对SO_2排放量的影响则较小，只带来0.04个百分点的下降，这暗示技术进步对促

进 SO_2 排放下降方面存在较大的改进空间。

(3) 产业结构对环境质量的影响。我们发现，以第二产业比重为变量的产业结构与环境污染排放之间存在正相关关系，符合我们的理论预期。从模拟结果知，第二产业结构提高 1%，带来了工业烟尘和工业 SO_2 分别增加 0.76 和 1.74 个百分点。因此，要提高环境质量，降低第二产业比重并相应提高信息服务业为代表的第三产业的结构调整非常必要。

四、基于分位数的进一步研究

越来越多的研究表明，现实中各地区初始资源禀赋、经济发展、产业结构、技术水平等存在显著差异，各地区污染排放难以呈现全局稳定的特点。上述面板回归的实质是传统 OLS 回归方法，该方法只能近似地估计出被解释变量的条件分布均值函数平均结果，而无法刻画不同区段特定边际效果。基于此，凯恩克和巴塞托（Koenker & Bassett，1978）提出了一种用来对条件分位数函数（conditional quantile function）进行参数估计和统计推断的分位数回归方法（quantile regression），能有效细致地解决这一问题。与 OLS 相比，分位数回归的优势体现了以下特点：一是可以很好地克服最小平方法和最小二乘法容易受到极端数据干扰的弊端，更好地处理那些极端值；二是分位数回归可以对一个数据集合中分布在不同位置的数据点进行研究，并且估计结果是自变量对因变量的某个特定分位数的边际效果。以下我们运用分位数回归方法对长三角废水排放与经济增长关系进行更细致分析。

凯恩克和巴塞托（1978）理论上给出了分位数回归求解思路。其核心在于求取下述目标函数最小化：$\underset{\beta}{Min} \sum_{i \mid y_i \geq x_i\beta} \rho(\tau) \mid y_i - x_i\beta \mid + \sum_{i \mid y_i \geq x_i\beta} [1 - \rho(\tau)] \mid y_i - x_i\beta \mid$，其中 y_i 代表因变量的向量，x_{it} 代表自变量的向量，τ 是要估计的分位数值，它代表在回归线或回归平面表面或以下的数据占全体数据的百分比。β 是一个系数向量，其随着 τ 的变化而有所不同，通过线性规划估算出 y 的相应分位数的回归系数。可见，分位数回归就是一种在因变量的条件分布的不同点上量化自变量的技术。

对于面板数据而言，要想使用分位数回归的方法，关键问题是要消除个体间的差异（Koenker，2004）。而如何消除面板数据模型个体固定效应，目前尚没有成熟方法。其中朱建平和朱万闯提出的两阶段面板分位数回归方法较为简洁，得到了较为广泛的应用，这里我们也使用该回归方法。其思路及过程如下：先设定固定效应的面板数据模型：$y_{it} = \alpha_i + \beta x_{it} + u_{it}$，随后分两个步骤进行面板数据分位数回归。第一步消除因变量中的个体差异影响。具体通过事先估计出个体的固定效应 α_{it}，随后通过公式 $y_{it}{}^{*} = y_{it} - \alpha_{it}$ 将其从因变量中剔除，得到修正变量 $y_{it}{}^{*}$。第二步则运用上述修正变量 $y_{it}{}^{*}$ 对 x_{it} 进行分位数回归：$y_{it}{}^{*} = \beta(\tau) x_{it} - \xi_{it}$，利用 Eviews 或相应软件包均可得到不同分位点下的系数 $\beta(\tau)$。

根据上面两阶段面板分位数回归方法，我们使用 Eviews6.0 对前述废水排放方程进行基于分位数回归方法的重新估计。为更好地观察以上各变量分位数回归系数所呈现的差异信息和变化规律，我们依次在 $\tau = 0.1$、0.3、0.5、0.7、0.9 等分位点进行估计，具体估计结果见表 5-4。

表 5-4　废水排放的分位数回归结果

Ln（water2）	分位数				
	10%	30%	50%	70%	90%
Ln（y）	4.92 （15.22）*	4.61 （10.21）*	4.52 （13.42）*	4.22 （24.47）*	4.19 （18.35）*
Ln²（y）	-0.77 （-10.23）*	-0.71 （-8.58）*	-0.69 （-11.45）*	-0.67 （-12.36）*	-0.65 （-22.28）*
Ln（E）	-0.52 （-2.62）*	-0.36 （-4.19）*	-0.17 （-2.81）**	-0.06 （-9.67）*	-0.03 （-12.12）*
Ln（S）	-5.23 （-5.657）*	-0.89 （-2.82）**	0.69 （7.78）*	0.76 （10.24）*	0.93 （14.55）*
Ln（urban）	-0.94 （4.62）*	-0.41 （-1.33）	-0.03 （-1.81）**	0.12 （1.07）	0.17 （5.07）*
Ln（R）	0.38 （-0.69）	-0.12 （-1.98）**	2.46 （1.01）	0.21 （1.36）	0.26 （2.36）**
常数项	-11.47 （-7.19）*	-8.54 （-1.87）***	-3.97 （-0.61）	-4.36 （-2.36）**	-5.28 （-4.36）*

注：括号内为 t 值，***、**、* 分别表示 10%、5%、1% 显著水平。

从报告的结果来看，人均收入每增加 1%，将导致废水排放增加 4.19% ~ 4.92%。表明与其他驱动因素带来排放系数相比，经济规模扩张仍是我国废水排放的主要驱动因素。这提示我们在经济增长的背景下，我国环境治理将是一场持久战。进一步的分位数回归结果表明，随着人均收入分位点的增加，废水排放增量从分位点 0.1 处的 4.92 下降到分位点 0.9 处的 4.19，下降趋势明显。Ln^2（y）的系数亦为负，与规模扩张带来排放增加相比较，这种减小效应程度较弱，为 -1% 左右。因此，从总体来看，随着经济发展规模扩大，我国污水排放总量增加，但增速有所放缓。

再来看其他重要控制变量对废水排放的影响。先看产业结构。以第二产业比重为表征的产业结构提高总体上是我国废水的排放增加，表明当前我国处于工业化时期，客观上存在污染排放增加的压力，与胡鞍钢（2006）、周宏春（2008）等学者研究结论相同。再看城市化水平对废水排放的影响。分位数回归结果表明，随着城市化水平分位点由低到高，废水排放表现出“由负变正、由强向弱”的特征。根据城市化影响环境的一般规律，城市化水平提升会通过工业化进程加快由此引致的社会消费、投资需求急剧增加两渠道带来污染排放的增加，且这种影响随着城市化质量的提升而趋于减少，表现为在各分位点上“由强向弱”的特征。最后看技术进步对废水排放的影响。总体来看，技术进步减少了废水的排放。但这种减排效应日益减少，表现为由分位点 0.1 处的 -0.52 降到 0.5 处的 -0.17 再到 0.9 分为处的 -0.03，这一方面符合技术边际生产力递减规律，同时也暗示技术减排并非在任何时候都是灵丹妙药，当技术减排潜力充分发挥之后，将重点转向产业结构调整、加强环境规制等方面，可能会取得更大成效。

五、小结

本节基于 2000 ~ 2014 年期间我国 30 个省、区、市的面板数据，以大气污染物排放为研究对象，对是否存在 EKC 进行了探讨并对包括政府控制在内的一些影响环境质量的政府政策因素进行了进一步的研究。结果表明：

（1）当前我国环境污染与收入增长实际上是同步增加的正相关关系，它与片面追求速度、不顾环境破坏的粗放生产方式相关联。为了降低污染物的排放，建立低投入、高产出，低消耗、少排放为特征的集约型的发展方式势在必行。同时，该结论与国内已有 EKC 实证研究中大气污染物符合标准倒 U 型假说的结论相矛盾。我们认为造成这种差异的原因在于污染指标选取的不同：我们选取的是污染物的实际排放量数据，后者选用的则是考虑了政府环境管制因素后的公布排放量数据。

（2）使用包含政府环境管制后的公布排放量数据与人均收入进行计量的结果发现，工业粉尘、工业 SO_2 与人均收入之间关系由先前的线性递增转变为倒 U 型关系，表明环境库兹涅茨曲线关系在相当程度上是政府环境政策的结果。可见，简单迷信环境质量的改善是经济增长所内生的结果，在实践中依靠粗放式生产方式去追逐更快的经济增长而不进行生产结构调整、生产方式的转换和加强政府环境管制等措施，将会带来环境质量进一步恶化。

（3）进一步的研究表明，产业结构的升级、技术的进步、政府对环境管制等对环境质量有重要的影响。该结论具有非常重要的政策含义。它提醒我们，为了提高环境质量，要进行以降低第二产业相应提升第三产业的产业结构调整，技术进步将明显有助于环境质量的改善；严格的环境政策对于环境质量的改善具有关键作用。

（4）该实证结果实际上也印证了我们的观点：政府的产业政策、城市化政策、环境投资、环境管制等政策对环境质量有重要影响。要改善环境质量，必须运用“看得见的手”进行灵活调整。

第四节　开放条件下政府行为与环境污染：FDI 影响环境机理及效应分析①

改革开放以来，中国引进的外资数量一直高居发展中国家之首，外资（FDI）也被认为是中国经济增长背后的基础性驱动因素（Berthélemy & Démurger，2000）。然而，FDI 带来经济增长的同时也带来了巨大环境压力。作为强大经济引擎的 FDI，其是否对中国的环境污染起到了推波助澜的作用？FDI 影响环境的机理是什么？这些问题的回答和解决，无疑具有较大的理论价值和较强的现实意义。

国内外已有大量关于 FDI 与环境污染关系的研究，研究结果也众说纷纭，相关结论归纳起来主要有三种：一是有益论。伯索尔（Birdsall，1993）、洛佩斯（1999）等认为进行投资的跨国公司通过向东道国传播绿色技术，从而有利于东道国的环境污染减少。彼特（Porter，1995）、凯文·格雷（Kevin Grey，2002）、柳芭（Lyuba，1999）、戴维（David，2001）、杰弗里（Jeffery，2002）认为跨国公司建立和推广 TNCs（全球控制），示范带动东道国企业实行 ISO14001 环境管理体系，使东道国环境得到改观。国内邓柏盛（2008）、刘燕

---

① 张学刚．FDI 影响环境的机理与效应：基于中国制造行业的数据研究［J］．国际贸易问题，2011（6）．

(2006)、许士春（2007）的研究也表明 FDI 对环境有改善作用。二是损害论。较普遍的看法是东道国较弱的环境规制会吸引环境规制较高国家的投资，从而使东道国成为污染避难所。斯马尔率斯卡（Smarzynska，2001）、科尔斯塔（Kolstad，2002）、王华（Hua Wang，2005）等人的研究证实了“污染避难所”假说。国内应瑞瑶和周立（2006）、吴玉鸣（2007）、温怀德等（2007）利用计量模型实证结果表明，FDI 对中国生态环境具有明显的负面效应。三是折中论。该观点认为 FDI 的环境效应是复杂多维的，不能一概而论是利或弊。如格罗斯曼和克鲁格（1991，1995）、凯迪齐（Keydiche，1993）、朗格（Runge，1994）以及迪安（Dean，1992）等认为，应根据一国经济发展阶段、居民收入水平、环境政策等情况，从辩证、动态的角度综合考察 FDI 对环境的影响。

综合上述研究文献，我们发现这些研究存在一些不足：

（1）研究结论不一致甚至相互冲突，这不仅降低结论的科学性，同时也使决策者无所适从。因此，非常有必要探讨这些结论不一致的原因。遗憾的是，有关这方面的研究并不多。

（2）众所周知，经济—环境构成相互作用的大系统：一方面，经济增长影响环境；另一方面，环境也制约经济发展。现有研究中一般只考虑经济对环境的影响，而对环境反作用经济方面则较少考虑，建立的模型大多是基于经济影响环境的单向模型。这种忽视环境对经济反作用的研究将不可避免地导致所得出的结论出现偏误（Dinda，2004）。

（3）FDI 与环境污染之间绝不仅仅是简单的“规模扩大导致污染增加”的单一逻辑关系，还应该存在一个复杂的传导机制，比如，结构效应和技术效应（Verbeke，2002）、收入效应（Panayotou，2000）和政策效应（Runge，1993）等。然而，现有研究对 FDI 具体通过怎样机制对环境产生影响并未做深入探讨，FDI—环境之间的关系事实上处于“黑箱”状态（马丽，2008）。显然，剖开“黑箱”，弄清 FDI 作用环境的内在机理才是更有意义的工作（Ezzati，2001）。

（4）既有研究大都侧重于从宏观层面整体上考察 FDI 对环境的影响，很少从行业层面来具体研究 FDI 对环境的影响（郭红燕，2007）。

鉴于既有研究存在的不足，笔者在借鉴何（JIE-HE，2005）研究思路的基础上，建立了一个基于 FDI—经济（产出、结构、技术）—环境相互作用的分析框架，试图在以下方面进行新的研究探索：

（1）采用联立方程模型，系统刻画各变量之间“双向”乃至“多向”的相互作用关系。

（2）力图从规模、结构、技术和环境规制等方面探究 FDI 影响环境的内在机理。

（3）试图从产业层面来考察规模、技术、结构效应以进一步印证分析结论。

二、理论分析、实证模型及数据

（一）理论分析

（1）环境对经济增长的影响。传统理论中生产要素主要包括物质资本（K）、人力资本（H）、劳动力（L），环境资源等被认为是取之不竭的而未予考虑[①]。事实上，经济与环境构成相互影响的大系统：经济增长会影响环境质量，而环境（恶化）反过来也会制约甚至阻碍经济增长。因此在本文中，环境（E）作为一种要素纳入经济产出模型[②]。

$$Y = f(K, FDI, L, H, E) \tag{5-1}$$

（2）经济（产出、结构、技术）对环境（规制、污染）的影响。在众多分析经济增长与环境污染之间关系的模型中，我们认为格罗斯曼和克鲁格的分析框架最为简洁、最具解释力。格罗斯曼和克鲁格（1991）创造性地将经济对环境的影响分解为三种效应——规模效应、结构效应和（环境）技术效应。据此，并考虑现实中日益突出的政府环境规制因素，可将经济增长对环境的影响表达为：

$$E = e(Y, S, T, R) \tag{5-2}$$

其中，Y 代表经济规模。通常认为，经济增长往往伴随导致经济活动副产品——污染排放的增加。S 代表经济结构。经济增长会带来产业结构的变化，产业结构变动对环境产生影响：当一国经济处于工业化阶段时，第二产业比重

① Daly（1996）将这种传统经济学中这种不考虑环境资源限制的世界称为空的世界，中国学者孙剑平（2004）把这种经济学批判为浪漫经济学。

② 例如，Meadows（1972）认为经济增长受可利用自然资源的制约而不可长期持续而提出“增长的极限”问题；Lopez（1994）、Bovenberg 和 Smulders（1996）、彭水军（2005）等将自然资源、环境质量等要素纳入生产过程。刘思华（1994）甚至将环境视为第四种生产要素。

的上升将带来环境污染的加重；而当一国经济结构处于后工业化阶段时，产业结构由制造业向服务业的转移将带来更小的环境压力。安特魏勒等（Antweiler et al.，2001）利用格兰杰检验证明 FDI 是产业结构变动的重要原因。这样，FDI 对产业结构的影响可表达为：

$$S = W(FDI) \tag{5-3}$$

式（5－2）中 T 代表技术。FDI 对环境技术效应主要体现在三个方面：一是投入—产出效率的提高，二是清洁技术的采用，三是技术的溢出作用。莱丘曼南等（Lecchumanan et al.，2000）研究发现，FDI 有益于一国的技术进步从而提高一国的环境水平。韦贝克（Verbeke，2002）认为，技术进步会提高自然资源利用率，使资源得以大量节约进而减少污染排放和生态破坏。FDI 对环境技术水平的影响可表达为：

$$T = \kappa(FDI) \tag{5-4}$$

式（5－2）R 代表环境规制。环境规制是指一个国家和地区以环境保护为目的而制定并实施的环境标准、排污规定、治理费用投入等各种保护环境的政策、措施的总和。当一国采取严厉的环境规制时，污染产业的比重降低，规制对环境产生正面的影响；反之，宽松的环境规制导致国内企业大量排污的同时，也会诱使国外污染产业转移国内从而恶化本国环境。一般来讲，伴随收入水平（Y）的提高公众环境需求将增加，进而要求政府实施更严厉的环境规制（Daspupta，2001）。同时，严重的环境污染也会促使政府实施更严格的环境管理（Wheeler，1996）。这样，环境规制的影响因素可表达为：

$$R = \gamma(Y,E) \tag{5-5}$$

（3）产出对 FDI 的影响。根据投资意图，FDI 有垂直型（vertical）和水平型（horizontal）之分（Copeland，2001），水平型 FDI 偏重东道国的市场潜力（我们用收入 Y 来表征），垂直型 FDI 则青睐东道国的劳动力等低成本（用工资 W 来表征）资源。这样，FDI 的规模可表达为：

$$FDI = \gamma(Y,W,R) \tag{5-6}$$

可见，FDI 与经济、环境之间不是单向影响而是交互影响的复杂关系。一方面，FDI 与产出之间、产出与环境之间、环境污染（E）与环境规制（R）之间存在相互作用的双向反馈机制；另一方面，FDI 通过规模效应、结构效应、技术效应和规制效应等途径影响环境。FDI—经济（产出、结构、技术）—环境之间相互作用机理如图 5－8 所示：

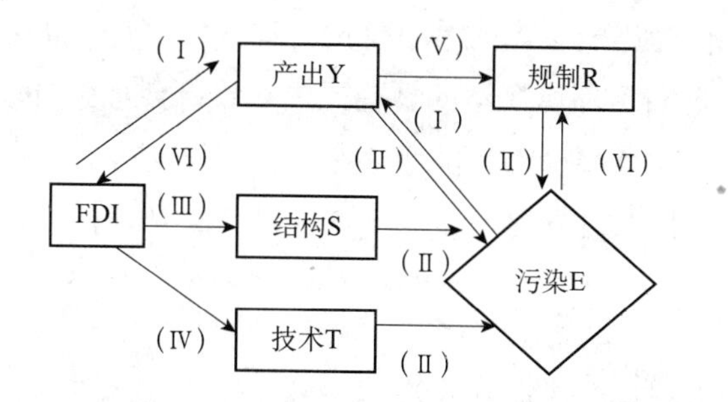

图5-8　FDI—经济（产出、结构、技术）—环境（规制、污染）系统及相互作用机理

注：（Ⅰ）~（Ⅵ）分别代表前面分析的**6**种作用渠道，即：规模、结构、技术、规制效应以及环境污染对经济系统、环境管制的反作用。

（二）模型设定及变量说明

由上述分析我们知道，FDI、经济、环境构成互为反馈的大系统，使用单一方程无法刻画变量之间交错影响的复杂关系。受何（2006）模型的启发，我们尝试将这些变量相互作用的关系组建联立方程系统。联立方程组具体构建如下：

$$\ln E_t = p_{10} + p_{11}\ln Y_t + p_{12}\ln S_t + p_{13}\ln T_t + p_{14}\ln R_t + \varepsilon_{1t} \quad (5-7)$$

$$\ln Y_t = p_{20} + p_{21}\ln K_t + p_{22}\ln L_t + p_{23}\ln H_t + p_{24}\ln F_t + p_{25}\ln E_t + \varepsilon_{2t} \quad (5-8)$$

$$\ln S_t = p_{30} + p_{31}\ln KL_t + p_{32}\ln FDI_t + \varepsilon_{3t} \quad (5-9)$$

$$\ln T_t = p_{40} + p_{41}\ln T_{t-1} + p_{42}\ln FDI_t + \varepsilon_{4t} \quad (5-10)$$

$$\ln R_t = p_{50} + p_{51}\ln E_{t-1} + p_{52}\ln Y_{t-1} + \varepsilon_{5t} \quad (5-11)$$

$$\ln FDI_t = p_{60} + p_{61}\ln Y_{t-1} + p_{62}\ln W_t + p_{63}\ln R_t + \varepsilon_{6t} \quad (5-12)$$

式（5-7）~式（5-12）中，下标 t 表示年份，ε_{it} 表示随机误差项，p_{ij} 为相应系数；E 为环境污染水平；Y 为经济规模；S 为经济结构；T 为技术；K 为国内资本存量；L 为劳动；H 为人力资本；FDI、F 分别为外商直接投资流量与存量；R 为政府环境规制；W 为职工平均工资。

式（5-7）为污染方程。在格罗斯曼和克鲁格（1991）将影响环境污染的因素分解为经济规模、经济结构和技术效应的基础上，我们加入了政府环境规制因素。式（5-8）为产出方程。除了传统影响产出的生产要素外，环境污染变量 E 也作为一个要素被加入方程。式（5-9）为结构方程。我们选取外商直接投资 FDI 和资本劳动比率 K/L 作为解释变量，用来考察外商直接投资对经济结构的影响。式（5-10）为技术方程。基于安特魏勒（2001）的研究，我们将 FDI 作为影响技术的重要变量。式（5－11）为规制方程。它表明公众收入（Y）提高、环境污染的日趋严重，政府会加强环境规制。式（5－12）是根据传统外商直接投资区位理论建立的方程。为了考察环境规制对外商直接投资的影响，我们在方程中加入环境规制变量 R 。

（三）变量选取以及数据来源

考虑到研究问题的专注性及数据的可获得性，本书以中国 1988～2007 年的数据来考察 FDI 与环境污染之间关系。我们以中国工业 SO_2 排放量来代表环境污染指标①，数据来源于《中国环境统计年鉴》相应各期，单位为万吨。参考何（2006）的研究，中国用当年工业产业增加值占国内生产总值的比重与其初年（1988）排污强度乘积表征结构效应（S）。“排污强度始终为初年数值”的做法剔除了技术对经济结构的影响，这符合环境污染的结构效应定义。同时，考虑到污染重的企业一般属于资本密集型产业，我们选用劳动资本比率（K/L）的变动来反映产业结构的变动。

影响产出的投入要素包括：

（1）国内资本存量（K）。数值设定为全国资本存量减去外商直接投资存量的差额。全国资本存量 2000 年的数据直接引用了张军（2004）的估计，2000 年之后的数据按照张军的方法计算后予以补齐。

（2）外资存量及流量（FDI）。具有溢出效应和参与生产的 FDI 应是存量 FDI。鉴于统计年鉴中所列 FDI 数据实际上是增量 FDI，并非存量 FDI，为此我们利用公式：$F_{t+1} = (1-\delta)F_t + FDI_t$ ，将流量 FDI 换算为存量 FDI，折旧率仍参照张军的 9.6%，计算结果略。

（3）人力资本（H）。陈钊等（2004）估算了中国各个省市人口的平均受教育年限。2001 年及以前的人力资本直接取自陈钊等（2004），此后六年我们按照陈钊等的估算方法将其补足。

（4）劳动力投入（L）用各地区年末就业人员数来度量，单位为万人，数据来源于《中国统计年鉴》相应各期。

---

① 由于 SO_2 作为一种主要环境污染物，绝大部分是在物质生产过程中排放，生活排放量相对较小，并且自 20 世纪 70 年代以来就受到各国的严密监测，具有统计连续性，所以我们用工业 SO_2 排放量来表示环境污染水平。国内外众多学者（如 List，1999；Antweiler，2001；Stern，2002；张连众，2003；蔡昉，2008）选此为研究对象。

对于其他指标，我们用历年工业总值代表产量水平（Y），采用职工年平均收入代表工资水平（W）。鉴于完成投资额可真正反映政府在当地环境管理上付出的努力和决心，我们选取中国历年工业污染治理项目完成投资来代表该地区实际环境规制的宽严程度（R），数据同样来自《中国环境年鉴》。工资、产量、环境治理投资额等数据都统一按 1990 年价格进行折算。

三、计量分析结果及其经济含义

广义矩估计方法（generalized method of moment，GMM）是将准则函数定义为工具变量与扰动项的相关函数，使其最小化得到参数的估计值。GMM 方法允许随机扰动项存在异方差和自相关，而且不需要知道随机扰动项的确切分布，所得到的参数估计量比其他参数估计方法更合乎实际、更稳健（李子奈，2000）。因此我们采用 GMM 方法对联立方程进行估计，表 5－5 是利用 Eviews 软件计量的结果。

表 5－5　　联立方程估计结果

参数	LN（E）	LN（Y）	LN（S）	LN（T）	LN（R）	LN（F）
常数	−9.41 (−0.51)	−4.73 (−0.18)	−2.29 (−42.56)*	0.38 (2.15)**	15.94 (7.14)*	−21.43 (−7.17)*
lnY	0.84 (6.41)*					
lnS	−3.39 (−6.17)*					
lnT	0.72 (4.22)*					
lnR	0.05 (0.93)					0.57
lnK		0.05 (4.32)*				(4.67)*
lnL		0.48 (0.19)				
lnH		2.29 (2.08)**				
lnF		0.22 (8.36)*				
lnE		0.22 (3.22)**				
lnKL			0.026			
lnT_{t-1}			(3.01)*	0.85		

续表

参数	LN (E)	LN (Y)	LN (S)	LN (T)	LN (R)	LN (F)
lnE_{t-1}				(14.15)*	-1.88	
lnFDI			-0.022 (-2.14)**	-0.04 (-2.17)**	(-6.65)*	
lnY_{t-1}					-0. 24 (-2.08)**	5.12 (12.85)*
lnW						-3.09 (-7.17)
Adj-R^2	0.733	0.99	0.63	0.96	0.46	0.88
D.W	1.61	1.68	0.97	1.02	1.79	1.07

注：括号内为估计系数的t值，*、**、*** 分别代表1%、5%和10%水平下显著。

以下是对各种效应的具体分析：

（1）规模效应。规模效应表现为外商直接投资存量的增加将引起工业总产出的增加，工业产出规模的扩大将使污染排放增加。根据估计结果，FDI存量增加1%，工业总产出Y将增加0.22个百分点。而产出增加1%，会带来污染增加0.84个百分点。这样，FDI存量增加1%，最终导致污染排放增加0.185个百分点。

（2）结构效应。FDI的进入影响中国产业结构进而影响污染排放。由式（5-10），结构变量S对FDI的弹性为负，说明外资流入导致中国经济结构朝清洁型结构转变，进而减轻了污染水平。具体地，FDI增加1%，将导致结构“清洁化”0.026个百分点。而产业结构每变动1%，污染排放将变动3.4个百分点。这样，FDI带来的结构效应为-0.084个百分点，即对环境产生了积极影响。

（3）环境技术效应。FDI的进入带来技术水平的提高以及诱致技术扩散会降低污染排放。具体地，FDI增加1%，将导致技术水平提高0.04个百分点。而伴随技术进步1%，污染排放将减少0.72个百分点。这样，技术进步引起的污染排放减少0.029个百分点。

（4）环境规制效应。式（5-1）中政府环境规制没通过检验，说明了政府环境规制不力。造成环境规制效力不显的重要原因在于政府官员处在“晋升锦标赛”体制之中，为了保持或提高自己的显性业绩——GDP增长率，往往会放松环境污染以增强竞争优势。式（5-12）显示FDI的流入与规制强度正向关系，表明“污染避难所假设”一定程度上在中国存在。对此，世界银行（1997）指出，中国地方政府面临环境质量目标和经济发展目标的冲突，这一问题同样反映在FDI领域，表现为各级政府为了发展本地方经济，不断降低环境标准以吸引外资进而带来环境质量的恶化。

我们将FDI通过经济规模、经济结构和技术和环境规制等渠道影响环境的机理进行梳理，并汇总整理为图5－9。从图可以看出，FDI对环境污染影响途径中，规模效应最大（0.185%），后面依次是结构效应（－0.084%）和技术效应（－0.029%）。总的来讲，FDI每增加1%，导致中国环境在原有水平上恶化0.072%。

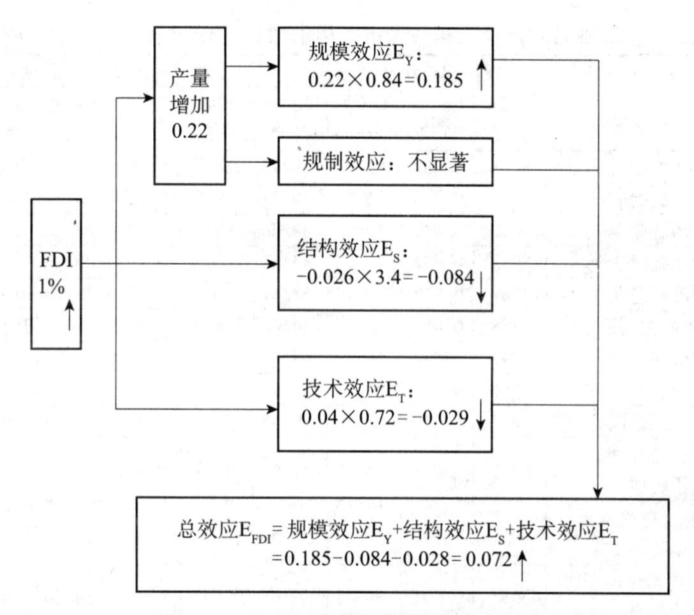

图5－9　FDI对环境污染的影响机制

四、基于行业层面的进一步研究

以上我们从宏观层面探究了FDI影响环境的机理及各种效应的效果。从产业层面来看，是否也能够印证上述机理和效应呢？其效应大小和方向如何？下面我们将从产业层面（以中国制造业为例）来研究FDI所引致的各种环境效应。

要实证考察FDI对工业行业的环境效应，首先应确定所要考察的具体行业。我们基于以下两方面来确定我们要考察对象：其一，这些行业FDI投资比重相对较高；其二，这些行业污染排放数据可得。根据陈凌佳（2008）的测算，外商投资中国工业比重相对较大的行业有14个，1998年国家环保总局公布污染物排放的数据共涉及18个行业，将两组行业进行匹配，得到12个行业，即：食品、饮料和烟草制造业，纺织业，皮革毛皮羽绒及其制品业，造纸及纸制品业，医药制造业，化学纤维制造业，橡胶制品业，非金属矿物制品业，黑色金属冶炼及压延加工业，有色金属冶炼及压延加工业，金属制品业，机械、电气、电子设备及交通运输设备制造业。以下我们具体以这12个行业进行实证研究，相关指标计算结果见表5－6：

表5－6　工业行业产值、排放量等指标的核算（1999年价格）

序号	行业	1999～2001年（总量）				2003～2005年（总量）				结构变化（%）
		产值（亿元）	结构	排放量（万吨）	污染密度	产值（亿元）	结构	排放量（万吨）	污染密度	
1	纺织业	8771	0.081	51.97	59.25	22435	0.09	83.63	37.28	12
2	造纸及纸制造业	3394	0.025	76.41	216.3	6358	0.02	118.5	186.4	－20.4
3	医药制造业	3822	0.028	12.94	33.86	9024	0.03	22.25	24.76	－0.31
4	化学纤维制造业	8053	0.092	27.78	33.62	23642	0.09	35.89	15.18	－2
5	橡胶制造业	1707	0.013	9.15	53.61	9657	0.02	12.38	12.84	54
6	非金属矿物制造业	7708	0.058	180.76	234.6	14439	0.05	508.6	352.2	－9
7	金属制品业	5392	0.042	10.17	18.86	9845	0.03	8.05	8.18	22.4
8	食品、饮料烟草制造业	13666	0.134	80.23	58.71	21837	0.07	82.77	32.9	－47
9	皮革、皮毛羽绒制造业	2897	0.022	2.71	9.43	5673	0.18	5.24	9.24	－16.8
10	黑色金属冶炼及压延加工	9440	0.078	148.78	156.6	21462	0.075	338.9	147.8	－3.7
11	有色金属冶炼及压延加工	4549	0.039	132.74	291.8	12464	0.038	199.2	159.9	－16.4
12	机械、电器、电子、交通设备制造业	43595	0.401	39.41	9.04	102544	0.45	54.80	4.95	12.9
总计		11627		773.12		252177		1470.20		
加权污染密度		67.49（吨/亿元）				58.3（吨/亿元）				

注：①污染密度为各行业排放量与相应产量的比值，单位为吨/亿元；结构变化为各行业在两个考察期间产值比重变动的百分数。②加权污染密集度为各行业产值比重与相应污染密集度加权求和。

资料来源：《中国环境年鉴》《中国工业经济统计年鉴》相应各期整理、计算。所有涉及价格的数值均以1999年为基期进行折算。

以下是根据表5－6中的数据计算得到的FDI对于环境影响的各种效应。

（1）结构效应。结构效应表现在FDI引起产业结构的变化进而带来污染排放的改变。由表5－6，1999～2001年和2003～2005年两个时期，我们所考察的FDI较集中行业中大多数行业的产值比重出现不同程度的下降，尤其是产值和污染排放强度大的行业（造纸业、有色金属、非金属）所占比重下降，这大大减少了污染排放。与此同时，尽管一些行业（纺织、橡胶、金属制品、机械）比重有所上升，但由于这些行业污染密集度相对较小，产值也不大，因而增加的污染排放量也相对较少。因此，总体上表现为产业结构趋于“清洁化”的趋势。

我们假定产业结构不变（为1999～2001年的结构），2003～2005年的产值所对应的污染排放量 $E^1_{03-05} = \sum Y_{03-05} \times S_{99-01} \times e_{03-05} = 1569.84$ 吨。这样，由于行业结构变化而带来污染减少的百分比（即结构效应）为：（1470.2－1569.84）/1470.2＝－0.07

（2）环境技术效应。表征技术进步的一个重要指标就是污染排放密度的下降水平。根据表5－6的计算结果，我们发现1999～2001年和2003～2005年这两个时间段里各行业的污染密集度都呈现大幅度下降，说明技术进步带来污染排放的大量减少。

我们假定技术水平不变（维持1999～2001年污染排放强度），那么2003～2005年产值所对应的污染排放量 $E^2_{03-05} = \sum Y_{03-05} \times S_{03-05} \times e_{99-01} = 1766.35$ 吨。这样，由于技术进步带来污染减少的百分比（即技术效应）为：（1470.2－1766.35）/1470.2＝－0.20。

（3）规模效应。规模效应表现为产出增加带来污染排放的增加。由表5－6数据我们发现，2003～2005年所考察行业产出为252177亿元，比1999～2001年期间的产出增长117%。

假定技术及产业结构保持1999～2001年间的状况不变，那么2003～2005年间产出所折算的污染排放 $E^3_{03-05} = \sum Y_{03-05} \times S_{99-01} \times e_{99-01} = 1819.64$。因此，由于产出增加而带来污染排放增加的百分比（即规模效应）为：（1819.64－773.12）/773.12＝1.35。

可见，从行业层面角度来分析，FDI对环境的结构效应（－0.07）和技术效应（－0.20）为负，即FDI带来产业结构清洁化以及技术进步，这些促使环境质量趋于改善。但是由于FDI带来产出的增加带来更多的污染排放（规模效应1.35）。总效应为1.07，即FDI总体上恶化了中国的环境水平。

五、结论及政策含义

本书在FDI—经济（产出、结构、技术）—环境（规制、污染）交互作用框架下建立联立方程系统，利用中国1988～2007年的数据对FDI影响环境的机理进行了实证研究，并利用产业层面的数据对各种效应进行了进一步的印证，得到以下结论：

（1）经济规模、经济结构和技术水平是影响中国环境污染的三个决定因素，环境规制对环境作用效果尚不明显。

（2）FDI 带来的经济规模的扩大增加了污染排放，引致的经济结构优化和技术水平提高减少了污染排放。具体表现为：FDI 每增加 1%，通过经济规模的扩大导致环境污染增加 0. 185%；FDI 通过改善经济结构和提高技术水平从而对环境产生积极的影响，使污染排放分别减少 0. 084% 和 0. 028%。总体效应是，FDI 每增加 1%，将使污染排放增加 0. 073%。

（3）较为宽松的环境规制是吸引外商直接投资进入的一个重要因素，“污染避难所”现象在中国高速发展过程中一定程度上存在。

（4）基于中国制造行业的研究结果表明：FDI 对环境消极的规模效应（135%），远远超过了正面的结构效应（7. 0%）和技术效应（20%），总体效应体现为 FDI 带来了环境的进一步恶化。

根据上述研究结论，可以得出，未来发展阶段，要想改善 FDI 对中国环境的不利影响，需要做好以下几点：一要着力调整 FDI 投资的产业导向，充分实现其正的结构效应；二要努力提升 FDI 质量，提高环境技术溢出的正效应；三要改进环境规制，避免“污染避难所”现象。

第六章

政府与环境（Ⅱ）：政府环境管理失灵与环境污染

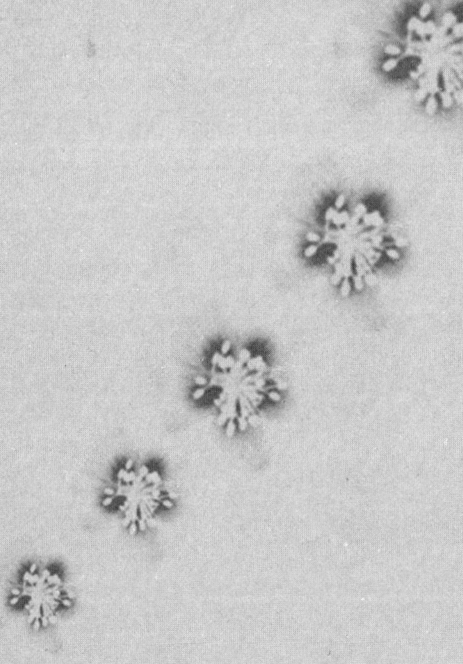

推动摇篮的手，也主宰了这个地球。

——Ted　Harris

在第五章，我们主要从政府宏观政策层面（政府产业政策、区域、技术、城市化、贸易、环境投资等）分析了政府政策对环境的影响。本章将主要从相对微观的层面（政府对企业的环境管制、地方政府追求 GDP 冲动及环境软约束等方面）来研究政府对环境的影响。主要包括以下内容：政府环境管制工具分类、演变以及我国的环境管理制度特点；政府环境管理中的管制失灵问题；我国财政分权背景下各级政府片面追求经济增长而放任环境污染。

第一节　政府环境管理职能及管理手段分类

当今社会，政府在经济、社会生活中扮演越来越重要的作用。在现实中政府具有哪些基本职能？政府环境职能（环境整治、环境管制等职能）存在的理论基础又是什么呢？政府环境管理手段有哪些呢？本节将对此问题展开探讨。

一、政府职能及政府环境职能

政府究竟在社会生活和经济发展中扮演什么角色，一直是学者们关注的话题。亚当·斯密（1776）顺应当时资本主义发展的需要，认为政府只要充当“守夜人”的角色，不要过分干涉社会和经济的正常运转。二战后凯恩斯提出有效需求不足理论，主张政府应以积极的态度参与社会和经济生活，由此带来了一场经济理论的革命。但随着推行凯恩斯理论导致经济“滞涨”的出现，以弗里德曼、卢卡斯等反对政府干预而强调自由市场作用的新古典学派再次兴起。随后，新凯恩斯主义者再登前台，强调现实经济中仅仅靠市场是不行的，政府干预不可少。可见，人们对于政府职能是否该干预经济以及何等程度上干预经济问题上，往往因信念差异以及所处时代背景不同而看法不一。但各学派对政府职能达成基本共识：没有一个有效的政府，经济和社会的可持续增长都是不可能的（世界银行，1997）。一般认为政府承担以下职能：

（1）提供国防、法律秩序等社会公共品。

（2）克服外部性。

（3）克服市场不完全性，包括纠正价格机制不灵敏、企业信息不充分、市场垄断等。

（4）解决分配上的不平等问题[①]。

1997 年世界银行将政府这些干预经济的职能分为三个层次：最低职能、中间职能与积极职能。最低职能，是任何一个国家都必须具备的最起码的、最基本的职能，如保证国家安全、制定法律、维持社会秩序（相当于亚当·斯密所界定的“守夜”职能）。“中间职能”是政府在行使基本职能的基础上为谋求经济发展、社会公平、社会福利增加而采取的一些政策，如提供公共教育、社会医疗、规制垄断、环境保护等。“积极职能”指政府在协调市场或再分配中发挥积极作用，通常只有那些具有高度灵活和调控能力的国家才能实现。政府职能见表 6－1。

表 6－1　　政府职能的层次划分

职能分类	应对市场失灵			提高公平
最低职能	提供纯粹公共品、国防、法律和秩序 产权、宏观经济管理、公共医疗			保护贫困人群 反贫困计划 灾难救助
中间职能	应对外部性 基础教育 环境保护	规制垄断 效用规制 反托拉斯 政策	克服不充分信息 保险（健康、养老金） 金融规制、消费者保护	提供社会保险 再分配养老金 家庭津贴 事业保险
积极职能	协调私人或培育市场 鼓励创新			再分配 资产再分配

二、政府环境职能形成的原因

基于前面的分析，政府干预经济的重要理论基础是纠正市场失灵。在环境领域，政府进行环境管理的原因具体在于：

（1）污染的负外部性。企业追逐经济利益最大化，往往不考虑自身行为的“外部不经济性”。如果没有政府的强制性作用，制造企业将未经处理的废弃物排入环境中就会被认为是理所当然的事。为此，人们不得不期待国家权力的介入。

（2）环境公共品的提供。生态环境属于公共品，具有消费上非竞争性与非排他特征，由于公众隐藏需求偏好、争相“搭便车”等内在问题，市场一

① 斯蒂格利茨指出政府经济职能主要体现在三个方面：（i）为私人部门的运行提供法律构架；（ii）负责保持宏观经济稳定；（iii）颁布实施旨在促进竞争、保护环境以及保护消费者和工人权益的法规。斯蒂格利茨．政府为什么干预经济［M］．郑秉文译．北京：中国物资出版社，1998：64.

般无法提供[①]。因此，这类广泛使用性、不可分割性和非排他性的公共品应该主要由政府来承担。在环境保护领域的污水处理、垃圾处理、城市美化和绿化等一般由政府具体组织提供。

（3）环境问题的跨域性、滞后性、不可逆性与代际性。环境问题除了上述负外部性以及环境基础设施具有较强的公共品等特性需要政府进行管理外，还具有一些独特性质。其一，一些环境问题具有跨区域性甚至跨国界的特性，往往需要政府很强的管制乃至国家间的国际协调。其二，环境问题对人类造成的危害具有潜伏性、滞后性，公众通常在受到环境污染侵害后才会做出反应，因此必须由政府予以强制管理。其三，环境污染超过阈值后对环境生态的影响将不可恢复，即环境污染具有不可逆性，同样需要政府强制事前管理。其四，环境污染或生态破坏往往具有代际影响，国家对环境问题的干预以保证后代人利益。显然，环境问题的特殊性要求政府进行管理和协调。

三、政府环境管理手段的分类

面对严重的环境污染问题，政府本能的反应就是对污染企业进行强制管理，包括污染达标排放、技术改造、处以罚款，甚至强行关闭。由于这些手段具有随意性大、管理成本较高等不足，因此政府将这些管制措施法律化，如规定污染排放标准、征收污染税、实施“三同时”等。与此同时，政府也直接对环境基础设施投资，积极主动进行产业结构调整、大力发展清洁生产等举措，以有利于环境的改善。当然，政府还可以通过环境宣传、教育等手段提高公众的环境意识以及制定加强公众参与的政策措施来促进环境质量提高。

可见，政府环境管理手段众多，有必要将这些手段进行梳理并按一定规律进行分类。而且，从分类学上看，对复杂而多样化的事物及其组成进行分类，以便从复杂而多样化的事物整体之中分离出相互联系、彼此作用的各个部分，从而加深对整体及其相关部分的认识。当前学界一般将政府环境管理手段大致

---

① 最早提出公共品理论的是大卫·休谟。其在《人性论》一书中指出：某些对每个人都有益的事情，却不能由个人来完成，只能通过集体行动来完成。穆勒则明确提出地球上的森林、河流以及其他自然资源必须制定法规来规定人类如何享用它们，对这些事情做出规定，是必要的政府职能。亚当·斯密在其《国富论》中也考察了为什么有些服务必须由君主提供，他认为诸如法庭、国防、警察等制度和一些公共工程应该由君主提供，这些制度和工程“对于广大社会当然是有很大利益的，但就其性质来说，如果由个人或少数人办理，那所得决不能偿其所费”。

归类为行政管制、法律手段、经济手段、环境宣传教育手段等四个方面，现简要介绍如下：

第一，行政干预。在环境政策的执行过程中，政府往往采取直接禁止、制定环境标准、限期改进、处以罚款、勒令停工、甚至制裁等行政管制措施。我国的八项制度如环境标准、污染总量控制、排污许可证、排污收费、限期治理大多属于此类。

第二，法律手段的干预。法律手段是将上述各种行政措施和经济措施上升为环境保护的法律规范，从而实现国家对环境的干预和管理。我国初步建立了比较完备的环境法体系，主要包括：国家宪法中关于环境保护以及一些法律间接地涉及到对环境社会关系的调整，如《中华人民共和国民法通则》；专门的环保立法，如《中华人民共和国环境保护法》《环境评价法》等；行政法规和部门规章。如国家环境标准，包括环境质量标准、污染物排放标准和环保基础与方法标准等。地方性法规、规章、和单行条例，它们是表现一般国家意志的地方性行为准则。有关生态环境的国际条约，如《保护臭氧层维也纳公约》《气候变化框架公约》《生物多样性公约》等。

第三，经济手段。环境经济政策体系是根据价值规律的要求，运用价格、税收、信贷、收费、保险等经济手段来调节或影响经济主体的市场行为，从而实现经济社会发展与自然、生态环境的协调发展。具体包括：运用财政资金直接投资于公益性的生态环境治理项目，如建设污水处理设施等；税收手段，如征收资源税（资源费），环境服务税、排污税（排污费）污染产品税、生态环境补偿税等；实施排污权交易等市场手段。

值得一提的是，我国学者沈满洪在前人研究成果的基础上，创造性地将环境经济手段划分为庇古手段和科斯手段两大类。前者强调通过政府干预手段使得外部成本内部化（庇古最早提出该思想），主要包括排污收费、污染税等侧重政府干预的手段；后者指强调由市场机制本身来解决环境问题（以科斯为代表一些经济学家的思想）。该划分不仅加深了我们对环境经济政策手段特点的理解，而且也是对近百年来经济学中关于市场与政府的纷争在环境领域延续发展的精炼概括。无疑，该划分是环境经济政策领域的重要贡献。

第四，环境的教育、宣传手段。环境教育的实质是启发和利用人的意识形态资源（或道德资源），增加环境政策的可实施性。在教育体制中纳入环境教育内容，提高全民族的环境意识，并将环境意识转化为环境保护行为，从而从根本上提高环境质量。

传统上政府环境管理手段分类如图 6－1 所示。

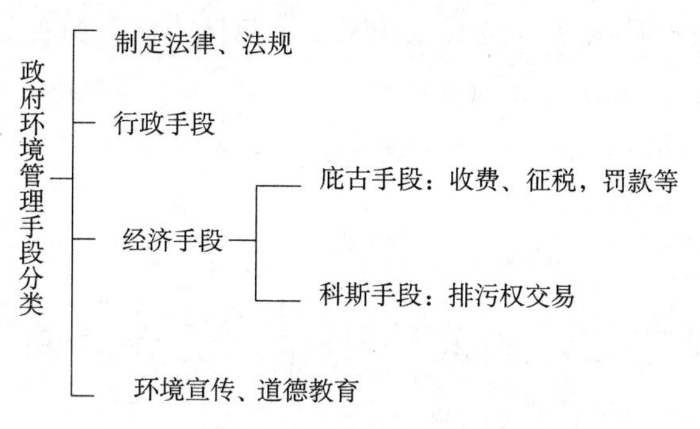

图 6－1　传统上政府环境管理手段的分类

上述有关环境管理手段的分类具有一般性，该分类既适合于市场制度发达的国家，也适合于市场不发达的国家。然而，理论适用的广泛性一般以牺牲理论的深入性为代价。我国正在由传统计划经济向市场经济过渡，当前最大的特征是政府对经济仍具有极强的控制力，这意味政府政策对环境影响巨大（甚至可以说具有决定性的影响）。因此，有必要从政府政策作用环境的视角对政府环境管理手段进行分类。为此，我们从政府宏观、微观层面出发，将上述政府环境政策中的经济手段区分为政府宏观环境经济手段与微观环境经济手段。前者指政府通过宏观经济政策的制定与调整来达到环境管理的目标，如政府制定财政、金融、产业、技术、贸易政策等改善环境质量；后者指政府通过影响微观个体（企业、公众）行为的手段达到环境改善的目的，如政府对污染企业收税，实施排污权交易等来进行环境管理。我们的分类如图 6－2 所示。

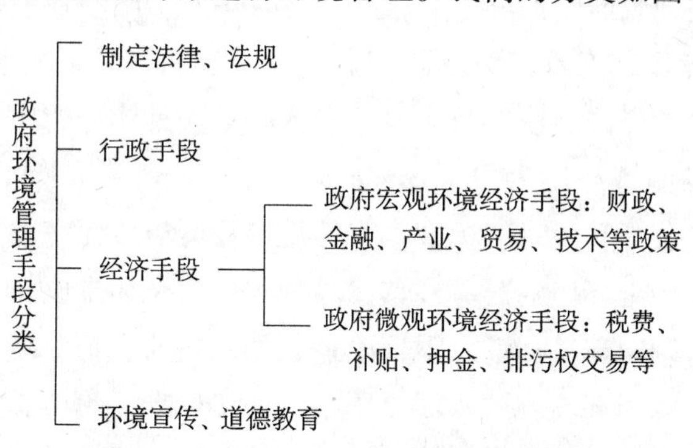

图 6－2　本书关于政府环境管理手段分类

该分类从宏观、微观层面区分政府经济政策对环境的影响，有助于我们理解和把握政府经济行为对环境的影响。更重要的是，该分类具有重要实践价值。该分类使我们清楚地看到，要改善环境质量，政府除了借鉴发达国家通常采用的对企业微观管制（如税费、补贴、实施排污权交易等）手段外，还可以根据我国政府对经济控制力较强的特点，从产业结构调整、促进生产方式的改变、实施绿色信贷政策、推行节能减排等宏观层面来制定有利于环境质量改善的经济、行政政策。

第二节　政府环境管制工具及演变

环境管理是政府的一项重要职能，政府环境管理有多种手段。对环境管理手段进行梳理并探究其演进内在规律无疑具有重要意义，本节将对此进行探讨。

一、政府环境管制及管制工具分类

政府环境管理手段可分为法律手段、行政手段、经济手段和教育手段。其中，经济手段按照本研究目的分为宏观环境经济手段与微观环境经济手段。前者指政府通过制定一些宏观的经济政策（如产业、区域、城市化、财政、金融等政策）来改善环境，后者指政府从微观层面（如通过制定污染排放标准、对污染企业收税、明晰环境产权等方式）来实施环境管理。鉴于政府宏观政策对环境影响在第五章已做论述，因此本章将专门研究政府微观环境管制问题。这里，我们把政府对污染企业进行环境管理所实施的各种政策工具称为政府（微观）环境管制工具。综合已有研究，政府微观环境管制工具可细分为控制—命令手段、经济手段以及沟通信息手段等。具体分类如下：

（1）命令控制型环境手段（command and control，CAC），指行政当局根据相关的法律、法规和规章、标准，直接规定污染排放允许数量及方式，如禁止使用某种强烈污染环境的产品或禁止某种类型污染物排放。现实中政府往往采取直接禁止、制定环境标准、限期改进、处以罚款、勒令停工、甚至制裁等行政管制措施。我国环境管理八项手段中的环境标准、污染总量控制、排污许可证、环境影响评价、排污收费、限期治理等均属此类。

（2）环境经济手段，也称基于市场的手段（market based instructment，MBI），指利用价格、税收、信贷、投资等措施刺激或影响有关当事人消除污染行为的环境政策。这类政策一般通过采取鼓励性措施，以促使生产者和消费者把产生的环境外部效果纳入其经济决策之中，从而达到保护和改善环境的目的。当前现行的收费政策（排污收费、产品收费、使用者收费、管理收费）、环境税收政策、价格政策、环保投资与信贷政策、押金制度和排污权交易等典型的环境经济手段等均属此类。

（3）环境信息手段与自愿参与手段。环境信息手段也称环境信息模式，主要是通过各种媒体将有关环境信息进行公开，从而有效地保证公众参与环境监督，促进环境质量改善[①]。自愿性环境手段（voluntary regulation）指由行业协会、企业等为提高环境绩效而自愿提出的环境保护承诺或计划等行为。自愿性手段包括生态产品认证、挑战计划、绿色制造联盟、环境会计、行业协会协议等。

通过学习引进国外先进的手段，并将其与中国的国情相结合，我国已经发展了一个以八项制度为核心，包括命令与控制手段、经济手段、自愿手段等多样化的环境管理制度体系。我国当前常用的环境管理手段归类如下（见表6－2）：

表6－2　　我国目前常用的环境保护政策手段

命令—控制手段	市场经济手段	信息与自愿手段
污染物排放浓度控制	排污收费	环境标志
污染物排放总量控制	超标罚款	清洁生产
环境影响评价制度	排污权交易	ISO14000 环境管理体系
“三同时”制度	节能产品补贴	生态示范区（省、市、县）
限期治理制度	生态补偿	环境优美乡镇
排污许可证制度		环境友好企业
污染物集中控制		环境保护非政府组织
城市环境综合整治与定量考核制度		

资料来源：张坤民等．当代中国的环境政策［J］．中国人口·资源与环境，2007（2）：4.

二、环境管理工具的演变与发展：基于外部性理论的视角

环境污染是最典型的外部性问题，解决环境污染问题是外部性理论应用最

---

① 信息披露是指通过公开企业环境表现的信息，消费者和投资者借此对企业进行区分并采取相应的支持或反对的行动。这种私人执法的模式将政府从直接监测和环境执法中解放出来，从而降低污染管制的行政成本；企业也拥有自主确定环境表现目标和选择污染治理手段的灵活性，从而能够取得更好的经济效率。因此公开企业环境表现信息的方法被称为继指令控制和市场手段之后的环境监管的“第三次浪潮”（Tietenberg，1998）。中国、韩国、北美和东南亚国家的经验显示了基于信息的环境管制手段在减少污染排放方面取得了成效（LaPlante & Lanoie，1994；Konar & Cohen，1997；Tietenberg & Wheeler，1998；Dasgupta et al.，2004；Wang et al.，2004）。

直接的例子。我们发现环境管制政策工具的演变和发展与人们对外部性问题的认识有着密切联系。

（一）外部性的含义与命令—控制的管制工具

化工厂排放污水对周围的居民产生了损害是典型的外部性问题，解决问题最直接的方法就是通过法律或行政命令禁止或限制企业的排污行为等强制手段。强制政策手段又叫命令—控制手段（command and control，CAC），它是指行政当局根据相关的法律、法规和规章、标准，直接规定活动者污染排放的允许数量及方式。

尽管强制手段是一种在污染控制方面行之有效的工具。但在近年来随着人们环境意识的加强，环境问题的进一步突出以及政府功能定位的改变，强制手段在解决复杂的现代环境问题方面难以满足环境保护的更高要求，已暴露出如耗费大量管理成本、容易“一刀切”，缺乏激励等缺陷，这些局限性本身为环境政策领域引入更多的经济手段提供了良好的契机。

（二）以福利经济学为基础的外部性理论（“庇古税”）与排污收费制度

在经济思想史上，庇古首次从福利经济学的角度对外部性问题进行了研究。在《福利经济学》一书中，他通过分析边际社会纯产品与边际私人纯产品的差异来解释外部性问题产生的原因，他认为外部效应是由于边际私人成本与边际社会成本、边际私人收益与边际社会收益的背离造成的。在这种情况下，市场机制不能达到资源配置的帕累托最优状态。可行的办法是由政府实施征税或补贴等手段以实现外部效应的内部化，这种解决外部性问题的思路后来被称为“庇古税”。在基础设施建设领域采用的“谁受益，谁投资”的政策，环境保护领域采用的“谁污染，谁治理”的政策，都是“庇古税”理论的具体应用。

（三）以产权为基础的外部性理论与排污权交易制度

长期以来，关于外部效应的内部化问题被“庇古税”理论所支配，直到1960年科斯在《社会成本问题》中对以庇古为代表的福利经济学对外部性问题的片面认识予以反思并进行批判。科斯对庇古的批判主要集中在以下两个方面：第一，损害具有相互性，避免对乙的损害将会使甲遭受损害。因此，关键在于避免较严重的损害。第二，在交易费用为零的情况下，只要双方权利清晰，双方自愿协商就可以产生资源配置的最优化结果，而无须（庇古）政府干预税。即市场在一定条件下能解决自身的失灵问题。

随着环境问题日益加剧，市场经济国家开始积极探索实现外部性内部化的市场途径，科斯理论随之而被投入实际应用之中。20 世纪 60 年代中期，约翰·戴尔斯（John Dales，1968）在科斯定理的基础上提出了排污权交易理论，提出用可交易的排污许可证在厂商或个人间分配污染治理负担来解决环境污染的问题。

（四）以交易费用为基础的外部性理论与信息公开和自愿参与制度

根据交易费用的外部性理论，环境污染作为负外部性问题的存在，是由于界定环境产权并且通过市场机制执行这种产权的交易成本过高。因此解决环境外部性问题的关键在于要建立一种制度，该制度能降低制定和执行环境产权的交易成本。我们知道，制度就是一种社会规则，它旨在约束个人的社会行为，减少社会环境中的不确定性，降低交易成本。制度可以是正式的，也可以是非正式的。前面分析的解决外部性有关的政府控制制度、庇古税制度、排污权交易制度等都是正式的制度安排，这些正式制度一定程度上能解决环境外部性问题。但是，当正式制度的交易费用非常高时，就需要非正式制度来协助发挥作用。例如排污标准是各国通行的正式制度，它能有效控制企业污染排放问题。但工业门类繁多，产品生命周期缩短，生产工艺复杂，如果每项变化都需得到监管当局的批准，这种正式制度就会因执行费用太高而无法运行。在这种情况下，包括自愿性的环境协议、鼓励公众参与的各种非正式制度能大大地降低环境管理中的交易费用，因此成为一种非常受欢迎的管制手段。

可见，随着人们对外部性认识的逐步深入，建立在外部性理论基础上的环境管制工具也相应发生变迁。20 世纪 70 年代之前，人们对外部性的看法是庇古理论，认为外部性的原因在于私人成本与社会成本的背离，并导致市场失灵。解决外部性的办法就是政府对制造负外部性企业收税，使私人成本与社会成本一致，从而将外部性内部化。随后，科斯对庇古理论进行了反思，并从产权的角度来看外部性问题，人们解决外部性的办法就由政府向市场。进入 90 年代，人们对外部性的认识更进一步，外部性表面上看是产权问题（产权不能清晰界定），实质上是交易费用问题，是过高的交易费用使得产权清晰界定不值得。因此，要解决外部性问题，关键是要降低交易费用。为此引入自愿环境协议、鼓励公众自愿参与环境保护等制度，可以大大降低治理环境外部性的交易费用，从而提高环境管理的效果。这种演进关系如图 6－3 所示。

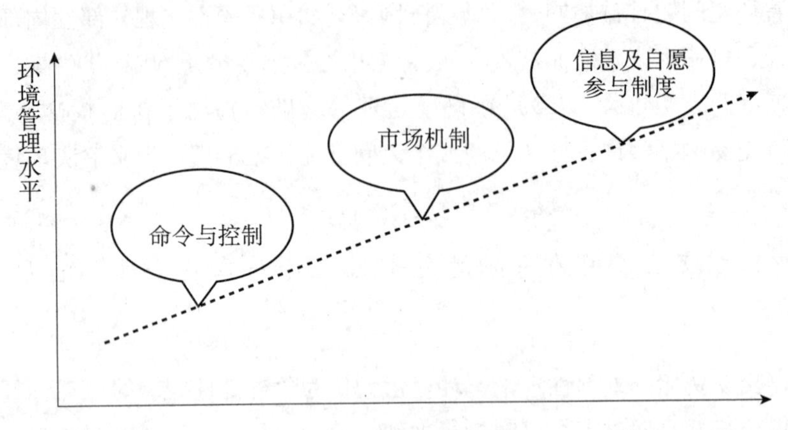

图 6－3　外部性与环境管制工具的演变

第三节　我国环境管理政策的历程及演变特点

上节我们对环境管理政策工具及分类进行了梳理，并指出管制手段演变的一般规律。本节我们将具体以我国为例，对我国环境管理的历程、特点进行论述，以期对我国环境政策有初步了解，为后续相关对策研究打下基础。

一、我国环境管理历程

中国的环境政策从开始到现在，经历了巨大的变化，以下我们以时间为序简单梳理中国环境政策演变历程①。

① 张坤民等．当代中国的环境政策［J］．中国人口·资源与环境，2007（2）：4－6.

（一）起步阶段（20 世纪 70 年代初 ~80 年代初）

1949 年新中国成立，百废待兴的国家，为迅速改变经济落后的状况，我国动员起全国上下大规模展开工业尤其重工业建设，环境污染问题初见端倪。这时的环境污染范围较小，一般局限于城市工业区，污染危害的程度也不深，系统的环境监管理念尚未形成，环境监管工作主要是合理开发资源及保护农业环境等方面。直到 20 世纪 70 年代初，日益严重的环境问题引起了人们的重视。1971 年冬 ~1972 年初，北京官厅水库的水源受到工业废水的污染导致居民吃鱼中毒事件，引起全社会对环境污染问题的关注。

中国的环境保护事业以 1972 年派代表团参加在斯德哥尔摩联合国人类环境会议为起点。人类环境会议后，国务院批准颁布了我国第一部环境保护的法规性文件——《关于保护和改善环境的若干规定》（试行草案）。草案明确要求各地区、各部门要设立精干的环境保护机构，给他们以监督、检查的职权。据此，从中央到地方相继建立了环境保护机构，并迅速展开了环境监管工作。1973 年 8 月 5 日，中国第一次全国环境保护会议在北京召开，这是新中国开创环境保护事业的第一个里程碑。会议确定了环境保护“全面规划、合理布局、综合利用、化害为利、依靠群众、大家动手、保护环境、造福人民”的方针（简称“三十二字”方针）。1982 年建立的国家环境保护局是中国环境保护纳入国家行政管理的基本标志，1983 年底国务院宣布“环境保护被确立为中国的一项基本国策”，要求贯彻“经济建设、城乡建设、环境建设同步规划、同步实施、同步发展，实现经济效益、社会效益和环境效益的统一”的指导方针，同时还确立预防为主、谁污染谁治理和强化管理的三项基本环境政策。这些标志我国环境保护已基本起步。

（二）改进阶段（80 年代初 ~90 年代末）

进入 20 世纪 90 年代，中国加大市场经济建设部分和对外开放力度，经济进入了高速发展时期。与解决高速发展相伴随的是生态破坏和环境污染的日益加剧，并逐渐引起社会、政府高层和国际社会广泛关注。在内外双重压力下，我国不断加大了环境保护力度，拓宽了环境保护领域和范围，环境管理水平也有所提高，此阶段主要措施为：

（1）环境保护地位的强化。第二次全国环境工作会议明确提出，环境保护是我国的一项基本国策。

（2）环境管制手段不断完善。1989 年 4 月召开的第三次全国环境保护工作会议，在原有的环境影响评价、排污收费和“三同时”三项环境管理制度的基础上，又正式推出了强化环境管理的新的五项制度和措施（即环境保护目标责任制、城市环境综合整治定量考核、排放污染物许可证、污染物集中控制和污染源的限期治理），是我国新时期环境管理制度建设的标志性成就。20 世纪 90 年代初，污染防治开始实行从末端治理向全过程控制转变，从单纯浓度控制向浓度与总量控制相结合转变，从分散治理向分散与集中治理相结合转变（“三个转变”）。

（3）环境保护逐步转向发挥市场机制作用。1992 年国务院批准《中国环境与发展十大对策》明确提出要“运用经济手段保护环境”。1994 国务院通过的《中国 21 世纪议程》明确提出要“有效利用经济手段合和市场机制”促进可持续发展。1999 年 10 月 19 日，时任国务院副总理的温家宝在第二届中国环境与发展国际合作委员会第三次会议上指出，综合运用法律、经济和必要的行政手段，加强对环境保护和生态建设的调控，在充分发挥市场机制对资源配置基础作用的同时，高度重视和发挥政府调控作用。我国环境政策积极运用经济手段的指导思想日益明确。

（三）深化阶段（90 年代末至今）

从 20 世纪 90 年代中期开始，中国经济持续保持高速增长的势头，工业化、城市化和国外投资迅猛发展环境的加速破坏。面对环境问题的新发展，1996 年之后，国务院相继召开多次专门的环境会议，出台了一系列环境法律法规，明确要把可持续发展战略摆在国民经济发展的重要位置。江泽民同志在 1996 年的第四次全国环境保护会议上指出，环境保护是关系我国长远发展和全局性的战略问题，在加快发展中决不能以浪费资源和牺牲环境为代价。进入 21 世纪，以胡锦涛为总书记的党中央提出了科学发展观、构建社会主义和谐社会的重要思想，为环境保护工作指明了新的方向。面对经济发展所面临的资源“瓶颈”，党和国家提出了走“新型工业化”的道路，把建设资源节约型、环境友好型社会确定为国民经济与社会发展中长期规划的一项战略任务。2005 年 10 月中国共产党第十六届五中全会提出，要加快建设资源节约型、环境友好型社会，大力发展循环经济，加大环境保护力度，切实保护好自然生态，认真解决影响经济社会发展特别是严重危害人民健康的突出的环境问题，在全社会形成资源节约的增长方式和健康文明的消费模式。同年 12 月 3 日国务院发布了《关于落实科学发展观加强环境保护的决定》，指出要用科学发展观统领环境保护工作，协调经济社会发展与环境保护。新时期习近平总书记对生态文明提出了“决不以牺牲环境为代价去换取一时的经济增长”“牢固树立生态红线的观念”等重要论述。2013 年党的十八大正式拓展为经济建设、政治建设、文化建设、社会建设、生态文明建设“五位一体”的整体思想，2015 年 6 月发布了《中共中央国务院关于加快推进生态文明建设的意见》等具体指导意见，指出加快推进生态文明建设是加快转变经济发展方式、提高发展质量和效益的内在要求，是坚持以人为本、促进社会和谐的必然选择。动员全党、全社会积极行动、深入持久地推进生态文明建设，加快形成人与自然和谐发展的现代化建设新格局，开创社会主义生态文明新时代。

二、我国环境管理演变特点

中国环境污染控制政策的演变历程与中国环境管理体制的发展、环保职能的转变和环境污染形势的变化密切相关，总体上呈现由单环节末端治理向全过程污染控制演变，由单纯强调工业“三废”控制向工业、城市和农业综合防治演变，由单一指令控制手段向行政、经济与技术综合手段演变等显著特点[①]。

（一）方法从末端治理趋向源头控制

1980 年 11 月，国家发布了《关于基建项目、技措项目要参与执行“三同时”的通知》，“三同时”原则的基本含义是指建设项目的环境保护设施必须与主体工程同时设计、同时施工、同时投产使用，它标志着我国环境政策向事前控制转变。1999 年《中华人民共和国环境影响评价法》颁布实施，这样工程项目在立项、选址的时候就能评估出对环境的影响，进而控制新污染源的出现，优化环境工程和项目。2003 年《中华人民共和国清洁生产促进法》的颁布实施，宣告中国环境政策步入工业生产全过程控制的新时期。这种由点源控制到流程控制，由事后治理到事前监督的环境政策作用机制的调整，突破了以往的“头痛医头、脚痛医脚”的思维模式，在环境政策领域实现了“点—

① 吴荻，武春友．建国以来中国环境政策演进分析［J］．大连理工大学学报（社会科学版），2006（4）：18－22.

线—面”治理的有机结合，形成了全程一体化的环境政策作用机制。

（二）范围由工业“三废”治理向工业、城市和农村全方位污染防治演变

1988年之前，我国环保工作处于初创和徘徊阶段，环境管理政策一直集中于工业污染的防治上。近年来，随着社会经济的发展，环境污染日益加剧，除了工业污染外，城市和农村环境污染问题也日益严重，于是环境政策领域拓展到了整个环境污染防治，实施了城市环境综合整治定量考核制度、农村小康环保行动政策。标志着环境管理政策的实施领域也逐渐拓展，由传统的工业污染防治向工业、农业和城市环境污染防治三大领域转变。

（三）由单一的指令控制手段向行政、经济与技术等综合手段演变

政府直接管制措施是政府运用行政权力直接处理外部性问题的方式，通常是通过行政与法规来实现的，它是世界各国政府解决外部性问题最基本、最常用的方式。我国环境政策中政府管制最早的方式是污染物排放标准控制，它强调污染的末端治理，即对污染的浓度进行限制。近年来，随着中国特色的社会主义市场经济体制的稳步有序推进、社会经济环境的变迁，我国的环境政策也开始适时地发生相应的转型，由单一的命令控制型环境政策手段向行政、经济、技术等多种环境政策手段综合并用转变，特别是经济手段在环境政策中越来越广泛的应用，对我国环境保护工作产生了重要的良性影响。在全国第六次环保大会上，时任总理温家宝提出“三个历史性”转变①，把环境污染控制政策更是推向了经济、行政、技术和其他手段的综合应用上。同时，针对企业对环境政策的抵制倾向，一些新型的环境政策应运而生，如自愿型环境政策。这种基于企业自愿基础上的环境政策促进了企业环保投入的增加，有效地减轻了政府在环境保护的责任。

① 温总理提出的三个转变具体指：一是从重经济增长轻环境保护转变为保护环境与经济增长并重，在保护环境中求发展；二是从环境保护滞后于经济发展转变为环境保护和经济发展同步，努力做到不欠新账，多还旧账，改变先污染后治理、边治理边破坏的状况；三是从主要用行政办法保护环境转变为综合运用法律、经济、技术和必要的行政办法解决环境问题，自觉遵循经济规律和自然规律，提高环境保护工作水平。见：人民日报（海外版），2006年4月19日。

三、我国环境管理的效果

我国环境管理政策在实践中取得了较好的环境效果：在资源消耗和污染物产生量大幅度增加的情况下，环境污染和生态破坏加剧的趋势减缓，部分流域污染治理初见成效，部分城市和地区环境质量有所改善。与 1995 年相比，2004 年全国单位国内生产总值（GDP）工业废水、工业化学需氧量、工业二氧化硫、工业烟尘和工业粉尘排放量分别下降了 58%、72%、42%、55% 和 39%。与 1990 年相比，2004 年全国每万元人民币 GDP 能耗下降 45%，累计节约和少用能源 7 亿吨标准煤；火电供电煤耗、吨钢可比能耗、水泥综合能耗分别降低 11.2%、29.6% 和 21.9%。淘汰和关闭一批技术落后、污染严重、浪费资源的企业。"九五"（1996～2000 年）期间，国家关闭 8.4 万家严重浪费资源、污染环境的小企业。2005 年，关停污染严重、不符合产业政策的钢铁、水泥、铁合金、炼焦、造纸、纺织印染等企业 2600 多家，并对水泥、电力、钢铁、造纸、化工等重污染行业积极开展综合治理和技术改造，使这些行业在产量逐年增加的情况下，主要污染物排放强度呈持续下降趋势①。

尽管我国环境管理取得了较大成就，环境形势严峻的状况仍然没有改变，主要污染物排放量超过环境承载能力，流经城市的河段普遍受到污染。造成环境管理效力不显著的原因是多方面的，其中政府环境管理方面存在一些不足，比如政府环境管理中出现管制失灵问题，我国财政分权背景下地方政府片面追求经济增长而放任企业污染，表现为污染企业环境管制松弛等，造成政府环境管理失灵。以下我们将对这些问题进行探讨。

第四节　政府环境管制失灵

环境问题日益成为社会中心议题。各国政府已高度重视环境问题并采取各种措施进行环境管理，但所取得效果并不如人意。也就是说，政府环境管理政

① 国家环境保护总局．历届全国环境保护大会专题报道．国家环境保护总局官方网站 http：//www.sepa.gov.cn/ztbd/hjbhdh/.

策并没有起到预期的效果，政府环境管理政策一定程度上出现失灵。本节将就此进行研究，具体包括对政府（环境）失灵原因的梳理、政府失灵与市场失灵带来环境损害的比较等一般分析理论分析。最后，运用博弈理论从政府环境管制与企业污染治理的角度对政府治理失效的原因进行分析并提出改进措施。

一、政府失灵及原因梳理

所谓政府失灵指由于各级政府部门的利益取向、信息不足和扭曲、政策实施的时滞等原因，政府进行干预时不能纠正市场失灵，甚至可能使资源配置更加缺乏效率。有关政府失灵的解释非常多，也比较混乱。笔者在梳理有关理论基础上尝试将市场失灵原因区分为客观性失灵和主观性失灵两种。

客观性政府失灵是指现实中一些不可避免的因素使政策达不到理想的最优效果，这些客观因素主要包括：

（1）社会实际上并不存在政府公共政策追求目标的所谓公共利益，“阿罗不可能定理”表明将个人的偏好和利益加总为集体偏好是极为困难的。

（2）即使现实社会中存在着某种意义上的公共利益，但现有决策体制（包括直接民主制）或决策方式（投票规则）因其各自缺陷使政策难以达到理想效果。

（3）选民的“短见效应”。选民通常更注重眼前的利益，而为了追求自身的最大利益，他们保持“理性而无知”，这势必导致公共政策不能代表大多数人的最大利益从而出现失灵。

（4）政府政策在传导、执行的各个阶段存在时滞使政策失灵。

主观性失灵则是由于政府官员同样是经济人，民主政治中的政党与经济中追求利润的企业家是类似的，为了达到他们的个人目的，他们制定他们相信能获得最多选票的政策，正像企业家将能获得最大的利润一样①。现实的政府往往处在游说团体和利益集团的推拉之中，政府干预的（直接）最终结果可能是在相当大的程度上将资源低效配置，往往使政府政策失效②。

---

①②丹尼斯·C. 缪勒. 公共选择理论［M］. 杨春学译. 北京：中国社会科学出版社，1999.

二、环境领域政府失灵

环境领域的“政府失灵”既包括需要政府干预时的未干预，又包括不需要政府干预时的过多干预（张帆，1998）。前者如政府没有对环境自然垄断实施规制，对生态环境资源的产权界定不够规范等，后者如采取限制价格等手段对市场价格的任意干涉使市场的价格机制发生扭曲①。具体来讲，环境问题上的“政府失灵”主要可以分为政府政策失灵和环境管理失灵两大类，以下我们做具体分析。

（一）环境政策失灵

政府政策失灵指政府政策反映了那些扭曲了的环境资源使用或者配置的私人成本，使得这些成本对个人而言是合理的，但对社会整体而言是不合理的，甚至会损害社会财产的规章制度、金融、价格、收入等政策，从而影响了环境资源的有效配置。根据决策层次的不同，政府政策失灵又可分为项目政策失灵、部门政策失灵和宏观政策失灵等三个层面。

（1）第一层面：项目政策失灵。项目政策涉及政府对公共项目和私人项目的政策。公共项目是政府通过提供公共品，例如烟气治理、污水治理工程等，改正市场失灵的手段。这种政策如果运用不当，可能成为扭曲市场的原因。公共项目可能挤掉私人项目。除去其宏观影响不论，只有当公共项目的社会净收益超过私人项目时，用公共项目代替私人项目才是正当的。无论公共项目还是私人项目，都必须经过环境影响评价，但评价的方法、标准和程序都有待进一步完善，这样公共项目的政策失灵就难免了。

（2）第二层面：部门政策失灵。根据公共选择理论，政府也有自身的利益追求。它通常是从自身利益最大化出发而不是从社会利益最大化出发的角度来考虑问题，这就很难制定出和执行好有关环境治理的政策，相关政策也就很难起到使负的环境外部成本内部化的作用。譬如，环境监管当局受利益集团游说，偏向于制定过低的环境标准；或者个别官员与污染企业勾结，放松监管以

① 对于政府环境领域的失灵，林德布洛姆的描述非常形象：政府“看得见的手”只有粗大的拇指，而无其他手指。见：林德布洛姆．政治与市场——世界政治经济制度［M］．上海三联书店，1994：91。

获取不正当的私人利益等行为都会导致环境治理的失效。对于发展中国家而言，环境法律实施不力也是普遍存在的问题，理论和实务界多有分析，在以下几个方面具有共识：执法依据问题，即环境法律、法规缺位或不完善，或两者并存；执法环境问题，没有良好的执法环境，公民尤其是地方行政领导和企业的环境意识淡薄；执法体制问题，如执法机构不健全，执法权限不清，执法手段软弱和执法人员素质不高；执法监督机制不完善。

(3) 第三层面：宏观政策失灵。政府对 GDP 等宏观经济总量的追求，导致常常有“有增长、无发展”和“高增长、高污染”现象的出现。传统的国民经济核算体系（SNA）和国内生产总值核算方法并没有把环境污染的代价包括在内，从而诱使人们单纯地追求经济产值和经济增长速度，不顾自然资源的过度开发和因此而造成的资源浪费和生态环境破坏，导致环境受到不可逆的污染而形成经济增长中所谓的资源空心化现象。在 GDP 核算指标中不考虑生态环境因素，没有将环境资本纳入物质生产的存量资本，没有将环境成本计入企业的生产成本，没有将企业生产行为的价值放在环境发展和社会发展的宏观大体系中进行考察，从而有可能出现污染越严重，污染治理投入和污染损失就越多，GDP 的增长反而越高的现象。

（二）环境管理失灵

这是指政府管理环境中一些环境政策无法有效实施的情况。环境管理失灵主要表现为以下两方面：

一是各种政策在各部门之间的协调不够。政策的有效执行依赖于各种因素或条件，包括政策本身的特性、政策执行机构与执行人员的执行能力、技巧及决心、政策出台时所面临的社会政治经济状况等都是决定政策执行成败所要考虑的因素。这些因素中的任一方面或它们之间的配合出了问题都可能导致政策执行的失败。比如，“三同时”是一个很好的制度设计，但由于缺乏必要的监督，一些新上项目根本没有做到“三同时”，使很好的制度失效。再如，在政策博弈中，由于地方政府与中央政府利益的不一致，很容易导致地方政府在执行中央政策过程中，往往以放弃环境目标作为经济目标的代价，使环境保护流于形式。

二是环境管理中的寻租行为。当环境问题加剧后，政府就会加强管理，污染者为维护有污染时的既得利益，会加大“院外活动”力度以保持或促使政府放宽制定的环境标准。美国的《清洁空气法》（*Clean Air Acts*）就是一个典型的例子。该法中有一项禁止条款：无论一个地区的空气质量是好还是差，任何会导致空气质量下降的新投资项目都禁止进行。研究发现，政府设计这个规制机制的目的实际上是为了阻止中部和北部地区的产业向南部与西部迁移，而且国会中对这一机制持赞成态度和反对态度的议员的籍贯也印证了这一点（Stigler，1988）。此外，该法规中还有这么一条规定：所有的火力发电厂都必须安装除硫装置，以减少二氧化硫的排放。这条规定实际是在减少西部低硫煤的使用，从而使东部高硫煤矿受益。因为使用西部低硫煤不需安装除硫装置，也能达到排放标准。这条法规使很多新型发电厂的建造和落后发电厂的关闭都延迟了，空气污染也因此而增加了。降低空气污染的社会目标，很大程度上由于这些特殊利益的规制而变得遥不可及。

三、政府失灵与市场失灵造成环境损害的比较

我们可以用一个简单的模型来显示市场失灵与政府失灵对环境造成的损害，并进行比较。如图 6－4，其中 MR 为环境治理社会边际净收益曲线，MSC 为环境污染的边际社会成本，MPC 为环境污染的边际私人成本。

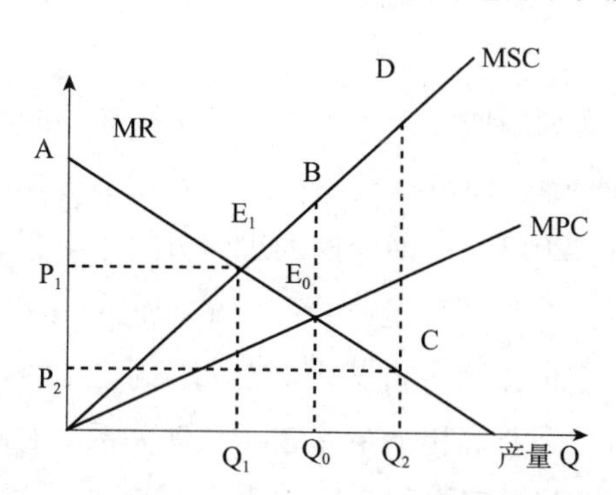

图 6－4　政府失灵、市场失灵造成环境损害之比较

为了实现利润最大化，企业按照 MR = MPC 原则进行生产，对应的产量水平为 Q_0。站在全社会角度看，社会收益最大化条件为：MR = MSC，对应社会最优产量应为 Q_1。可见，存在外部性情况下，市场出现失灵，导致企业生产量大于社会最优产量，产量差额为 $Q_0 - Q_1$，导致社会净福利损失为 BE_1E_0（即为市场失灵造成的环境损失）。如果政府为刺激经济的发展而将资源环境价格人为规定于一个较低的价格水平（如图政府规定价格 P_2 低于市场均衡价格 P_1），在此价格下，企业最大产量为 Q_2，它远远大于社会最优产量 Q_1，给社会

带来福利净损失为 DE_1C（即为政府不当干预造成的环境损失）。由图可知：$DE_1C > BE_1E_0$，表明政府失灵所造成的环境损失要大于市场失灵造成的环境损失。

以上分析表明，相对于市场失灵而言，有时候政府失灵给环境造成的破坏往往更严重[①]。我国先前围湖造田、大炼钢铁，原材料、能源等人为低价格等政府决策失误带来的环境灾难，就是典型的例子[②]。难怪戴维·皮尔斯在研究世界许多国家、地区环境破坏后指出，环境退化通常产生于经济过程中，特别是政府错误的管理方式所致[③]。

第五节　政府环境管制与企业污染的博弈分析

造成环境污染的直接动因在于污染者对其经济利益的最大化追求，如果没有政府的环境管制，追求利润最大化的企业不会考虑自身行为的全部成本而将污染问题抛给社会。而在政府对企业污染的规制中，双方所代表的利益相互制约，各方最优选择随对方变化而变动，因此可运用博弈论来分析企业环境污染行为。

实际上，很多学者利用博弈论对环境污染中存在的问题进行了研究。国外方面，陈（Chen Wenying，1998）利用博弈论研究了污染控制成本的最优化问题，费希尔（Fischer，2012）用博弈论的思路分析了美墨边境水处理工程的政策。黄采金等（2004）探讨了环境监管部门的职能和作用以及预防监控机制；吴利华（2014）从动态的角度分析了政府与污染企业之间的博弈均衡，等等。这些研究揭示了政府、企业等相关主体之间互动关系，对政府如何采取措施进行环境管理具有较大的指导意义。但这些研究也存在一些缺陷，主要表现在以

---

① 正如汪丁丁指出的，有时候“政府失灵”比“市场失灵”更加危险。见：汪丁丁，市场失灵、政府失灵，载于《财经》，1999 年 1 第 4 期。文贯中也指出，无论是理论还是实践都证明，政府失灵和市场失灵都会有严重的后果。与市场失灵相比，政府失灵的后果似乎更具破坏性。见：文贯中，市场机制、政府定位和法治．载《经济社会体制比较》，2000（3）．

② 罗伯特·艾尔斯的《转折点》认为“大量定量研究表明，使用煤的真实社会成本（如健康成本）数倍于当前的市场价格…市场价格不能反映使用的所有社会和环境成本……大批政府，包括德国和中国，实际上是在补贴煤炭的开采，加剧了对资源的滥用和环境的污染”。

③ 皮尔思．世界无末日：经济学——环境与可持续发展［M］．北京：中国财政经济出版社，1997.

下两方面：其一，我国各级环保局名义上服从地方政府和上级政府的双重领导，但环保部门的人事权和财权都在地方，因此地方政府的领导是实质性的，相应地各级环保部门实际上是按当地政府利益行事。当前大多数博弈分析中想当然地把环保局（而不是把其背后起实质作用的地方政府）设定为博弈主体，这导致所得到结论缺乏解释力，据此制定的政策相当程度上只是隔靴搔痒。其二，现有模型在对相关博弈主体收益设定中只考虑他们的物质收益，而较少甚至没有考虑其非物质收益。例如假设污染企业只考虑其因污染而罚款的物质损失，而不考虑企业因污染会引致当地居民的指责、给消费者造成负面形象等非物质损失。同样，假设地方政府也只考虑其来自污染企业税收等物质收益，而对政府官员因企业污染会面临公众指责以及上级政府环境考核带来仕途影响等成本没有考虑。

显然，这种对博弈主体错误的设定以及对相关主体非物质成本的忽视造成了现有理论越来越解释不了真实的世界。鉴于此，本节以地方政府对企业排污行为监管为背景，在充分考虑包括企业声誉成本、政治成本等非物质成本在内的实际成本基础上，运用博弈工具对地方政府环境管制与企业污染行为进行分析，以期为我国政府制定环境政策提供理论依据。

一、政府环境管制与企业污染的静态博弈分析

这里，我们建立一个地方政府和企业在污染上的博弈模型：假设某地方所有企业为一个污染者，当地政府财政收入主要来自这个企业。一方面，设企业的经济收益 R 依赖于产量 Q，即 $R = R(Q)$，且污染的排放量和产量呈正相关。我们进一步将污染排放量内含于产量，Q_1为企业选择积极策略进行污染治理时的产量，企业对应的利润为 R_1；Q_2为企业不顾环境污染时的产量，企业对应利润为 Q_2，显然这里有 $Q_2 > Q_1$，$R_2 > R_1$。凡事有得必有失，企业不顾环境超量生产，可以给企业带来较高的经济收益，但伴随的环境污染会让当地的居民身受污染危害，居民会指责、进行上访或控告该企业，使企业及其负责人在当地口碑受到影响。而且，随着社会环保意识的增强，公众越来越偏重绿色产品的购买（Khanna and Damon，1998），意味着注重环境的绿色企业会获得波特尔（Poter，1994）所谓的竞争优势。这里，我们把企业因放任污染而带来差的口碑、竞争力的丧失等损失统一称为声誉成本，记为 h，它是一种间接的，同时也更多表现为非物质成本。这样，在考虑企业声誉情况下，企业污染

收益实际应为 R_2-h。而且，从长远来看，随着公众环境意识的提高，企业污染的声誉成本 h 会大幅增加，企业污染将得不偿失。

另一方面，地方政府的直接好处是得到企业的税收 T，其为产量 Q 的函数，即 $T=T(Q)$。显然企业不顾环境扩大生产时政府会得到更多的税收，企业放任污染时的政府所得税收（T_2）高于企业治污时的所得税收（T_1）。企业进行污染，政府对企业实施罚款（或征收环境税）会得到一笔收益 F，当然政府进行监管需要支出大量人力、物力、财力等所谓的监管成本 C。同样，我们也应该注意到，如果当地环境严重污染，地方政府会面临公众的指责以及上访的压力，这会影响地方政府及地方官员的颜面。更重要的是，随着中央对环境问题日益重视，表现在对各级政府考评指标体系中环境因素权重越来越大，地方污染严重会影响地方官员的政治业绩，事关官员的升迁、仕途等。这里，我们把地方政府因放任污染而带来公众的指责、仕途受到影响等损失称为政治成本，记为 H。同样，它也是一种间接的、表现为非物质的成本。可以想见，随着国家对环境问题的重视，这种政治成本会越来越高，以致地方政府纵容污染的收益可能不抵成本。

综合以上的分析，我们得出政府与企业在不同策略下的收益矩阵。在企业不污染的情况下，企业收益为 R_1，如果政府不进行监管，政府收益为 T_1，若实施监管，政府收益 T_1-C。如果企业不顾环境扩大生产进行污染，政府在不监管情况下，政府收益为 T_2-H，企业收益为 R_2-h，如果政府实施监管，则政府、企业相应收益为 $T_2-H+F-C$、R_2-h-F。政府与企业效益矩阵如表 6-3。

表 6-3　　博弈双方的效用矩阵

企业策略	监管		不监管	
	企业收益	政府收益	企业收益	政府收益
污染	R_2-h-F	$T_2-H+F-C$	R_2-h	T_2-H
不污染	R_1	T_1-C	R_1	T_1

对上述收益矩阵进行分析，我们可以得知：

（1）当 $F<C$ 时，政府实施监管的罚款收益抵不上监管成本，在这种情况下政府最优选择是不监管。

（2）$R_2-h-F>R_1$，企业进行污染的收益始终大于不污时的收益。在这种情况下，无论政府采取什么行为，企业的最优策略都是进行污染。当前较普遍情形是企业不用花费大量治污成本而直接将污染损害外部化导致生产收益 R_2 较高，另一方面公众的环境意识相对不高，企业面临的声誉成本 h 较小甚至可以忽略不计，因此表现为当前污染比较严重。从长期来看，随着公众环境意识的提高以及全社会对绿色企业的高度认同，企业污染带来的声誉成本会大大增加，会出现企业自觉、主动地进行污染治理，这显然是我们追求的目标。

（3）由（1）、（2）的分析可知，当 $F>C$，并且 $R_2-h-F<R_1$ 时，该博弈会出现两个纳什均衡，政府与企业处于一种针锋相对的状态：即政府监管时，企业选择不污染；政府不监管时，企业选择污染。

在现实中，政府与企业都不能准确地判断对方的行为选择，更常见的情况是双方会采取一种混合策略，即双方都以一定的概率来采取行动，最终达到混合策略均衡。在这种情形下，无论哪一方单独改变自己的策略，都不会给自己增加任何利益，下面进一步分析该博弈的混合策略纳什均衡概率分布。

设企业污染的概率为 X，不污染的概率为（1－X）；政府实施监管的概率为 Y，不监管的概率为（1－Y）。我们记企业在污染、不污染策略下期望收益为 u_i^y，u_i^n；政府实施监管和不监管情形下期望收益为 u_g^y，u_g^n。

达到混合策略纳什均衡时，在企业选定自己的策略组合下政府实施监管与不监管的期望收益应该相等，即

$$u_g^y = u_g^n \tag{6-1}$$

式中：

$$u_g^y = x(T_2 - H + F - C) + (1-x)(T_1 - C) \tag{6-2}$$

$$u_g^n = x(T_2 - H) + (1-x)T_1 \tag{6-3}$$

由式（6－1）、式（6－2）、式（6－3）可得：$x=\dfrac{C}{F}$

同样的，当政府选定自己的策略组合时，企业选择污染与不污染的期望收益相等，即

$$u_i^y = u_i^n \tag{6-4}$$

式中

$$u_i^y = y(R_2 - h - F) + (1-y)(R_2 - h) \tag{6-5}$$

$$u_i^n = yR_1 + (1-y)R_1 = R_1 \tag{6-6}$$

由式（6－4）、式（6－5）、式（6－6）可得：$y=\dfrac{R_2-R_1-h}{F}$

综上，我们得到这个博弈的混合策略解：

当 $Y\in(R_2-R_1-h/F,1]$ 时，企业的最优选择是不污染；

当 $Y\in[0,R_2-R_1-h/F)$ 时，企业的最优选择是污染；

当 $X\in(C/F,1]$ 时，政府的最优选择是实施监管；

当 $X\in(0,C/F]$ 时，政府的最优选择是不监管；

当 $Y=Y^*=(R_2-R_1-h)/F$，$X=X^*=C/F$ 时，政府与企业达到博弈均衡。

在这个博弈中，纳什均衡取决于企业污染和不污染的预期收益 R_2、R_1，企业声誉损失 h，政府罚金 F 及政府监管成本 C 等因素。具体表现为：企业污染时收益 R_2 越低、企业的声誉损失 h 越高，或不污染时收益 R_1 越高，政府监管成本 C 越大，企业越倾向进行污染。

二、政府环境管制与企业污染动态均衡分析

以上的混合策略为我们揭示了影响政府监管与企业污染行为的一些因素，但不能揭示这些相关因素变化如何导致博弈均衡变动进而对环境质量产生影响，只是一种基于静态的分析。下面，我们将探讨这些相关因素的变动如何引起均衡变动进而对行为主体选择产生影响，即，将分析动态化，以期更深刻地把握政府环境管制与企业污染的互动关系。

这里我们从另外一个角度来分析政府和企业最优策略均衡的形成过程。将前面分析式（6－2）化简变形，有：$u_g^y=(T_1-C)+x(T_2-T_1-H+F)$，将其转换到图形上我们得到直线 AB（如图 6－5），其中 A 点表示企业污染概率为 0（即不污染）的条件下政府进行监管的收益，为 T_1-C；B 点表示企业进行污染情况下政府进行监管的收益，为 $T_2-H+F-C$，直线 AB 直观地描述了政府监管收益与企业污染概率之间的关系。同样将（6－3）化简，有：$u_g^n=T_1+x(T_2-T_1-H)$，转换到图 6－5 上我们得到直线 CD（如图 6－5），其中 C 表示企业不污染情况下政府不监管的收益，为 T_1，D 点表示企业污染情形下政府不监管时的收益，为 T_2-H，直线 CD 描述的是政府实施不监管的收益与企业污染概率之间的关系。两条收益线 AB 与 CD 相交于点 E，表明此处政府监管与不监管预期收益没有差别，意味政府达到最优的均衡状态。在该处对应的 X^* 即为企业最优污染概率，为 C/F。

经由图 6－5 我们可以非常直观地发现政府、企业各自达到最大预期收益实现混合纳什均衡的过程，以及哪些因素影响政府监管、企业污染的选择均衡。而且，我们可以在此基础上进一步分析这些因素变化对政府、企业行为的影响。由图 6－5，我们发现，降低政府的监管成本 C，减少政府因企业污染的收益 R_2、增加政府对污染企业的处罚金 F 以及增加政府的政治成本 H，都有

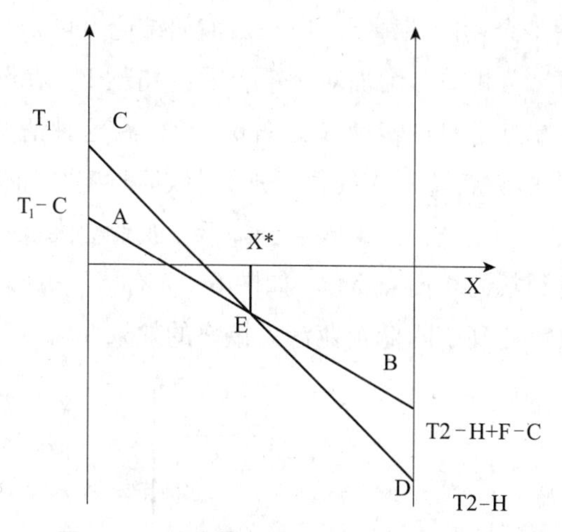

图 6-5　政府策略空间下企业污染概率

助于企业减少污染排放的概率。具体均衡过程我们将在下面进行分析（为了便于分析，以下我们设定 $T_1=0$，当然这种简化不会影响结论）。

（1）降低政府监管成本 C。由前面结论，政府监管成本 C 与企业污染概率 X 正相关，也就是说，政府监管成本越低，企业污染的概率越小。政府监管成本 C 降低，在图形上表现为政府监管收益曲线 u_g^y 向上平移（如图 6-6），均衡点 X 对应的值也增加，表明随着政府监管收益增加，政府肯定会加强监管。同时，政府加强监管会使企业进行污染的收益下降，那么企业会减少污染概率，政府会随之降低监管程度，如此不断博弈，最终达到新的均衡点 X^*。如图 6-6 有 $X^*<X$，表明监管成本的降低达到了降低企业污染概率的效果。

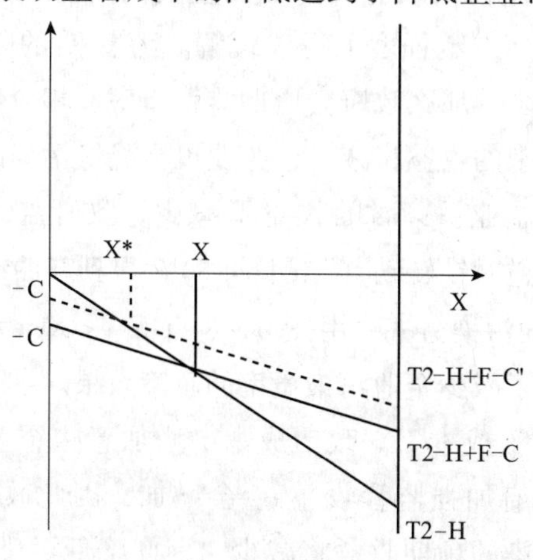

图 6-6　降低监督成本 C 时的均衡

(2) 增加对污染企业的罚金 F。还是由前面结论，可知政府对企业的罚款 F 与企业污染概率 X 负相关。增加对污染企业的罚款 F，在图形上表现为政府监管收益曲线绕左端点逆时针转动（如图 6-7）。在这种情况下，政府监管收益 u_g^y 增加（表现为均衡点 X 对应的值增加），政府肯定会加强监管。同时，随着政府监管的加强，企业进行污染收益会降低，企业会降低污染概率，如此不断博弈，最终将达到新的均衡点 X^*。如图 6-7 有 $X^* < X$，表明增加政府对污染企业的处罚政策达到了降低企业污染概率的效果。

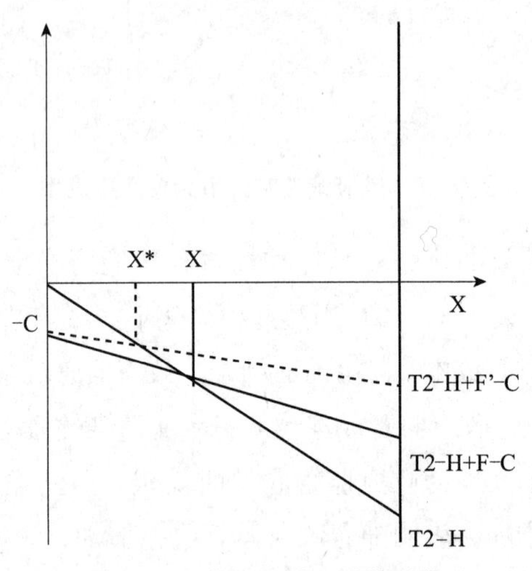

图 6-7 增加处罚 F 时的均衡

(3) 降低政府因企业污染而得到的收益 T_2。降低政府在企业污染时的收益 T_2，一定程度上给紧密的政府-企业利益共同体的关系降温，政府发展经济与治理污染的矛盾，一定程度上得以缓解。随着 T_2 的降低，政府纵容企业排污得到的收益将减少，那么政府会增加监管概率。相应地，企业会因为政府从严监管造成污染带来的收益将减少，企业也会降低污染的概率。反应在图形上，就是随着政府在企业污染时的收益 T_2 减少，政府监管和不监管收益曲线 u_g^y、u_g^n 都相应绕端点逆时针转动（如图 6-8），得到新曲线（用虚线表示）的交点 X^* 为企业最优的污染概率，由图 6-8 有 $X^* < X$，表明降低政府因企业污染的收益确实达到了减少企业污染概率的政策效果。

(4) 增加政府政治成本 H。政治成本的增加意味企业污染政府将付出更大的代价，表现为政府加强监管收益 u_g^y 会增加，因此政府显然会加强监管。在此情况下，企业污染的预期收益将减少，因此降低污染概率是明智的选择。同样我们也可以通过图形清晰地看到该新的均衡形成的过程，如图 6-8 所示。

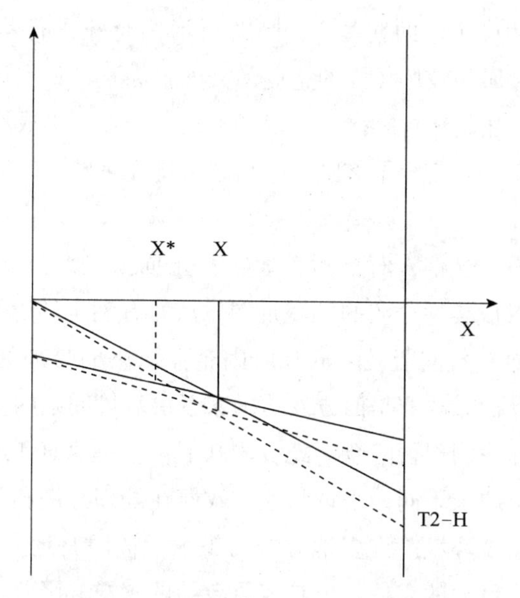

图 6-8　降低 T^2 或增加 H 时的均衡

随着政府政治成本 H 的增加，政府两条收益曲线 u_g^y 、u_g^n 分别绕端点逆时针旋转，新交点 X^* 为企业最优行为点，$X^* < X$，表明增加政府政治成本确实起到了减少企业污染概率的政策目的。

三、结论及建议

可见，环境政策的制定和执行实际上是相关主体之间的博弈过程，一项政策最终能否达到预期目标取决于这个博弈过程中的利益结构。分析表明，降低政府监管成本、加大对污染企业的处罚，以及增加政府、企业在环境污染状况下所担负的政治、声誉等非物质成本在内的政策措施，能使环境得到持续的改善。据此我们提几条建议，以期为制定提高环境质量的政策提供借鉴。

（1）加强技术创新，降低企业治污成本以及政府监管成本 C。技术进步对环境的改善表现在以下方面：首先表现为企业生产效率的提高，企业会以更低的资源消耗带来更大的产出，从而缓解带来的环境压力；其次，治污技术的进展使得治污成本大大降低，甚至变废为宝，从治理污染中获得收益，那么污染者自身就会在经济利益驱使下主动去治污；最后，从环境监管角度来看，监测技术的进步能大大降低政府的监管成本。因此，从长远角度来看，要改善环境质量，我们更应该加强国家技术创新体系建设。

（2）增加对污染企业的罚款 F，同时对治污企业进行奖励等（提高 R_1）措施。一方面，对那些破坏环境的企业加大处罚力度，如加倍罚款、强制停产整顿、勒令关闭、强制转行等措施，以增加这些企业污染成本；另一方面，对那些积极治理污染的企业给予奖励，包括政府优先采购、政府提供各种低息贷款或提供技改资金等物质奖励措施以及媒体表扬、授予产品环境质量标志等提高企业声誉的措施。这样，对排污企业实行正向激励和反向处罚的“胡萝卜加大棒”政策，形成奖惩分明的环境氛围，从而有利于环境的改善和保持。

（3）打破政企利益同盟，降低政府因企业污染而带来的利益 T_2。经济增长靠企业，环境保护靠政府是西方发达国家解决环境问题的重要经验。但政府存在不同层次，在我国现行的政治经济体制下，中央政府和地方政府在处理经济和环境的关系上取向不同，表现为地方政府在处理经济和环境的关系上更倾向于发展经济而忽视环境。许多地方的污染大户同时是地方政府的纳税大户，是地方财政收入、就业的支柱，也是官员政绩的支撑。因此，要提高治理污染效果，应该弱化地方政府与企业之间过于密切的利益联系，可以通过降低地税比例（相应增加国税比例），更多地通过中央政府对治污积极的地区实施带有奖励性质的转移支付来实现。

（4）加强官员考核体系中环境权重及环境责任惩处力度（增加政治成本 H）。改变单纯的以 GDP 的增长为指标的政绩考核体系，建立以绿色 GDP 为核心的政绩考核和监督体系，将大大增加地方官员纵容污染的政治成本。同时加大对地方政府党政“一把手”的惩罚力度，真正做到“环保业绩一票否决制”，使污染防治效果不好的领导，轻者降级调离，重者丢官去职。这样，地方政府不敢去保护当地污染企业，环境自然得到改善和保持。

（5）引入第三方约束机制，增加政府政治成本 H 以及企业声誉成本 h。这里第三方约束组织，主要是指公众、民间环保组织和新闻媒体等。采用这种机制，企业面临更多的社会约束（企业污染会承担高的声誉成本），因此会自觉减少污染。惠勒（Wheeler，1996）的研究表明，社会团体的压力对促进企业遵守环境法规，减少企业排污发挥了重要作用。同样，公众及媒体的监督会使政府面临更直接的约束，意味地方官员对污染企业不监管将面临更高的政治成本 H。而且，通过调动社会团体的力量来协助政府部门监督企业排放污染物，将缓解政府与企业之间信息不对称，降低政府监督的成本，这些都有助于政府加强环境管理。

第七章

政府与环境（Ⅲ）：我国政府行为与环境污染

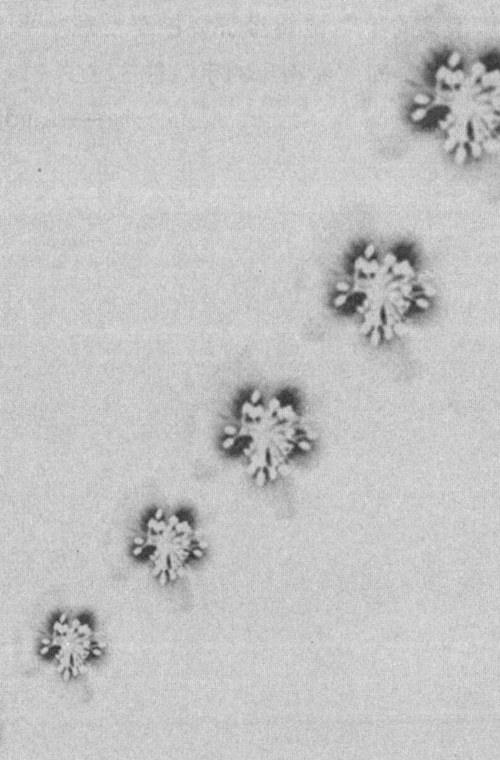

政府这只“看得见的手”能将经济调控至合意水平，但也会带来环境污染等严重问题，即“看得见的手”往往缺少“绿拇指”。

——Lindberg，1964

前几章我们从宏观政策层面及政府环境管制等较“一般”的角度对政府行为与环境污染关系进行了研究，尚未对我国经济社会转型背景下各级政府特定行为对环境影响进行揭示。本章我们将视角由“一般”转向“特殊”，具体以转型时期我国政府官员为研究对象，对转型背景下中央—地方政府目标冲突以及财政分权体制下地方政府“重”经济增长而“轻”环境保护的政府环境软约束行为进行分析。

近年来，以钱颖一、周黎安等为代表的学者，从转型时期政府行为出发，对改革开放以来中国经济增长奇迹进行了解释，并建立了基于政府行为的中国经济增长的分析框架，指出财政分权下官员为经济增长而竞争是我国经济增长的关键所在。基于同样视角，众多学者运用“转型环境—政府行为—行为后果”的分析框架，对改革经济增长过程中诸多问题，如市场分割（张军，2005）、恶性竞争（张维迎，2002）、重复建设（马光荣，2005）、产能过剩（汪飞涛，2008）、教育医疗等公共物品提供不足（乔云宝，2005）、矿难（聂辉华，2008）、土地违法（张莉等，2010；梁若冰，2010）等进行分析，取得了巨大的成功。学界基本达成以下共识：转型时期政府行为系理解中国诸多问题的重要视角。我国环境问题研究上，对环境污染成因大多停留在市场失灵、经济驱动、监管博弈、管理失灵等方面，这些研究多侧重从某一方面来论述环境污染问题，尚未形成系统分析框架。同时，从转型时期政府的特殊行为，即从“政”的角度研究环境问题较为缺乏，我国环境问题的深层原因有待揭示。为此，本章我们从政府行为入手，重点研究各级政府官员在财政分权及 GDP 为主要政治晋升考核指标的转型环境下，“重”经济增长而对辖区环境污染采取事实上放任的环境软约束现象，从而揭示政府行为与环境污染的深层关联。具体包括以下转型背景下中央—地方政府目标冲突、转型背景下政府环境软约束的形成及其存在的证明等内容。

第一节　转型背景下中央—地方政府目标冲突

现实中，中央和地方政府总的来讲利益基本一致。但在具体利益关注方面，中央政府着眼全局，关注长远利益和整体利益，而地方政府立足本地区，往往更关心短期利益和地方局部利益。就环境领域而言，表现为中央政府高度重视环境问题，而地方政府则只是口头强调环境保护的重要，实际上与环境保护相比经济发展毫无疑问具有优先性。“经济发展与环境保护相协调论”实际也变成了经济发展绝对优先的“唯发展论”。具体来讲，地方政府在经济—环境权衡中片面强调发展经济的原因有：

（1）民生的需要。在一般情况下企业治污会带来企业成本的增加，降低竞争力。本地区企业经营困难势必对本地区就业、公众生活水平、社会稳定等问题产生重大影响。

（2）政府增加财政收入的需要。分税制改革后，地方政府主要依赖地方企业发展提供税收来维持自身运转。在许多情况下，污染严重的企业同时是地方政府的财政支柱，在这种情况下地方政府很难下定决心对辖区企业真正进行严格的环境管理。

（3）GDP 为主要政绩考核指标的驱使。地方政府要完成中央政府提出的经济和社会目标，尤其是经济增长（GDP）作为政绩的考核主要指标，这势必促使地方政府“大干快上”地发展经济，对辖区环境污染等问题不重视或者口头上重视（关于以 GDP 为主要考核内容的政绩考核体系引致环境污染的内在机理，本书在后面有深入的分析）。

（4）地方政府官员流动性。我国政府官员流动性较大，本届政府花巨资治理环境污染而收效很可能是下届政府官员任期内的事，这种上、下届官员间的代际外部性往往使官员有较高的时间贴现率，更加看重那些能够在其任期内见效的发展经济的项目。

（5）环境污染物品越界性。一些污染物很容易越界转移到其他地区（越界外部性），地方官员将污染排向“公共领域”（如跨界河流）往往是其“明智”的选择。

事实也印证了地方政府相对不太重视环境治理的这种判断。根据胡鞍钢调查地方干部将本地区政府的优先目标按重要性排序来看，居首位的是追求地方财政收入增长，居第二位的是追求 GDP 增长，第三位是控制人口增长和发展基础设施，居第四位的是发展本地区教育，居第五位的是环境保护，居第六位的是解决本地区的就业问题，居第七位的是维持本地区社会治安，居第八位的是其他。与地方政府在环境治理中往往采取比较消极的行为相比，中央政府对环境治理的行为则相对积极得多。理由主要有以下两点：其一，中央政府从总体“一般均衡”的角度来看问题，而地方政府往往只考虑本地区的局部利益，从“局部均衡”角度看待污染问题。一些产生污染对环境有损害的经济活动，为地方提供了财政收入、贡献了 GDP 总量等正的效用。但如果从总体“一般均衡”角度来看，将污染环境的损失也纳入考虑，我们发现许多在地方看来是有“效益”的经济活动在中央看来是不“经济”的，这样中央政府站在全局立场上自然会在环境治理上行动积极①。其二，由于环境污染的外溢性，一些污染物往往溢出国界（如废气越国境），成为全球问题（典型的如温室气体问题）。在当前地球环境日益严峻、全球高度重视环境气候的国际背景下，中央政府往往面临来自国际上环境保护的巨大压力。从维护国家形象，承担国际责任以及为全球环境改善贡献自己力量出发，中央政府也通常会采取积极措施来承担环境责任。

为了理解中央、地方政府目标差异及目标偏离的后果，我们将中央、地方政府间的目标差异用图 7 - 1 予以说明。图中横轴代表经济增长，纵轴代表环境质量，无差异曲线 U 代表了政府在经济—环境上面临的两难选择。由前面的分析可知，中央政府相对于地方政府而言更加注重环境质量，因此在图上表现为中央政府经济—环境权衡点 C 在地方政府权衡点 L 的左上方。我们进一步用角度 θ 来刻画中央政府与地方政府目标偏离：θ 越小，表明中央与地方政府利益取向越趋一致，环境政策执行效果就越好；θ 越大，表明中央与地方利益冲突越厉害，中央环境政策执行的阻力大，环境政策执行效果也就越差。

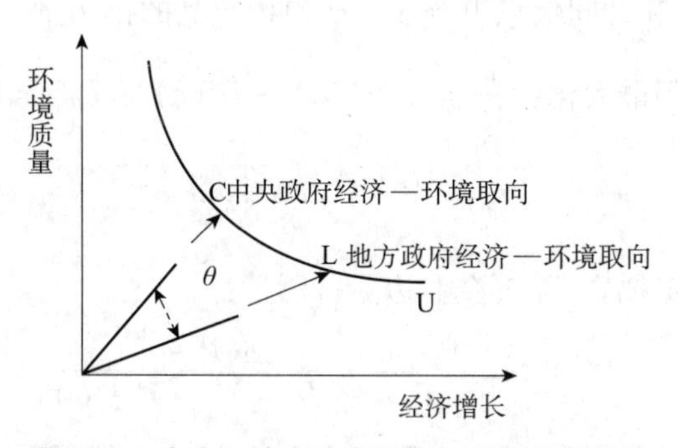

图 7 - 1　中央、地方政府经济—环境取向差异

正是中央、地方政府在经济—环境的权衡上出现较大的差异，表现为地方政府更加偏向发展本地经济，对中央较严格的环境政策往往停留口头，选择性

① 比较典型的事例是淮河污染治理，国家花费数百亿资金，历时十余年的治理，但污染状况依旧没有好转。淮河治污失败原因众多，本文认为地方政府局部利益与中央利益冲突及由此引致的地方政府消极执行中央政策是其中的关键原因。对此，国家环保总局有关领导认为地方环境保护主义是环境政策收效不大的主要原因，地方环境保护主义的根源还是缘于地方官员地区利益、短期利益以及个人利益与国家利益、整体利益、长期利益的不一致。

执行或消极执行，从而使中央环境政策效果大打折扣。以下我们对中央、地方目标不一致导致地方政府降低污染税率，进而污染排放超量等后果做简要论证。假设中央政府、地方政府和企业的效用都是企业产量的线性函数，即中央政府、地方政府和企业都从企业生产规模增长中得到好处。中央政府在制定排污税政策时不但追求经济发展利益，还兼顾生态环境保护，而地方政府则只追求地方经济利益，较少考虑本地环境污染所导致的损害。

企业的利润函数：$\Pi = Pq - Cq - T \times E(q)$，其中 P 和 C 是企业单位产品价格和成本，q 是产量。E 是企业污染排放量，它是产品产量 q 的函数。T 是企业面对的排污税税率。

企业利润最大化：$\frac{\partial \Pi}{\partial q} = P - C - T \times E'(q) = 0$

有：$E'(q) = \frac{P - C}{T}$

中央政府的效用函数：$W = (Pq - Cq) - D(q) + T_H(\delta q)$；其中 P、C 和 q 分别代表企业的产品价格、成本和产量。$D(q)$ 是中央政府认识到的企业排污给社会公众造成的损害，它是产量 q 的函数。T_H 是中央政府所制定的排污税税率，δ 是共同知识和共同信息下企业生产单位产品的排污量。

中央政府效用最大化：$\frac{\partial W}{\partial q} = (P - C) - D'(q) + T_H\delta = 0$

有：

$$T_H = \frac{D'(q) - (P - C)}{\delta} \tag{7-1}$$

中央政府制定税率 T_H 下企业边际排污量：

$$E'[H] = \frac{P - C}{T_H} = \frac{\delta(P - C)}{D'(q) - (P - C)} \tag{7-2}$$

地方政府的效用函数：$U = (Pq - Cq) - R(q) + T_L(\delta q)$，其中 P、C、q 和 δ 分别代表单位产品价格、成本、产量和公认的单位产品排污量。$R(q)$ 代表地方政府认识到的企业排污给地方公众造成的损害，它也是产量 q 的函数。T_L 代表地方政府真正执行的排污税税率。

地方政府效用最大化：$\frac{\partial U}{\partial q} = (P - C) - R'(q) + T_L\delta = 0$

有：

$$T_L = \frac{R'(q) - (P - C)}{\delta} \tag{7-3}$$

地方政府执行税率 T_L 下企业边际产品的排污量：

有：$$E'[L] = \frac{P-C}{T_L} = \frac{\delta(P-C)}{R'(q)-(P-C)} \quad (7-4)$$

由先前的分析，相对于地方政府而言，中央政府更加重视环境问题，表现为中央政府对企业污染造成损害的认识远大于地方政府对企业的污染所造成损害的认识，即 $D'(q) > R'(q)$，据此我们可以得到以下两个结论。

其一，比较式（7-1）和式（7-3），有：$T_L < T_H$，即地方政府执行的排污税税率 T_L 总是小于中央政府制定的排污税税率 T_H。该结论表明由于地方政府偏重经济发展，倾向于对本地企业执行比较松的政策。该结论一定程度上解释了中央严厉的环境政策为什么到了地方就变形走样，我们发现其根源在于中央、地方政府（环境）利益的严重不一致。

其二，比较式（7-2）和式（7-4），有：$E'[L] > E'[H]$，表明地方政府松弛的环境管制下企业边际排污量大于严格执行中央政府环境管制下的边际污染排污量。表明正是由于中央、地方政府利益偏差，地方政府事实上放任污染排放，使中央环境政策效力大打折扣。

第二节　转型时期政府官员所处制度环境及行为特征

根据制度经济学理论，制度决定行为，行为决定结果的理论（类似芝加哥学派“结构—行为—绩效 SCP”范式），要研究政府行为及其引致的环境污染问题，首先应对政府所处的具体行为环境进行揭示，并探究在此制度环境下政府官员的行为特征。

一、转型时期我国政府官员面临的制度环境

（一）财政分权与地方财政压力

20 世纪 80 年代开始，我国先后在 1980 年、1985 年、1988 年进行了三次财税改革，以调节中央政府和地方政府的预算财政分配关系。历次改革尽管采取具体包括“划分收支、分级包干”“划分税种、核定收支、分级包干”多种

类型并存等不同的具体形式，但这些财税改革总体有以下特征：其一，该制度使财政分权变成一种可置信的承诺，避免了中央政府随意更改税种和税收分成的行为，大大强化了地方政府作为税收主体地位；其二，地方政府实现剩余控制权和剩余索取权的统一，赋予了地方官员发展本地经济的资金激励。这样，在财政分权激励下，当地经济发展不仅能够官员带来漂亮的政绩（较高 GDP 的增长率），同时也会给本地方带来雄厚财力、高的就业率及本地居民高的生活水平，提升地方官员的效用以及政绩水平，无疑进一步刺激各级地方政府片面发展经济的热情。

“财政包干制”刺激地方政府尽其所能拓展自身财政收入，地方政府财力急剧增加的同时，也造成中央政府财力日趋拮据，宏观调控能力弱化。为此，中央政府 1994 年推行了分税制改革，是中央政府试图改变财政收益分配格局的一次强势洗牌。其核心内容是将税收分为中央税、地方税和共享税，国税、地税分设中央与地方两套税务机构分别征管；加强收支管理以硬化各级预算约束。从分税制实施的效果来看，它使得中央和地方的财政收入分配关系发生了显著的变化。从收入上来看，中央政府的财政收入得到实质性提升，从分税制前的占全国总收入的比重 20% ~40% 提高到 50% 左右。相应地，地方政府收入比重由分税制改革前 60% ~80% 下降到 50% 左右。从支出来看，虽然分税制实施以来地方财政收入的比重被大大削弱，但其承担的支出责任却没有相应地减少，一直维持在 70% 左右，甚至若干年份占比超过 80%，图 7 -2 清晰看出分税制改革前后地方政府财政收支由“盈余剪刀”向“赤字剪刀”的转变历程。可见，以“财权上移”与“事权留置甚至增加”为特征的分税制改革使各级地方政府面临巨大压力，大力发展经济以弥补财政缺口是其要解决的基本问题之一。

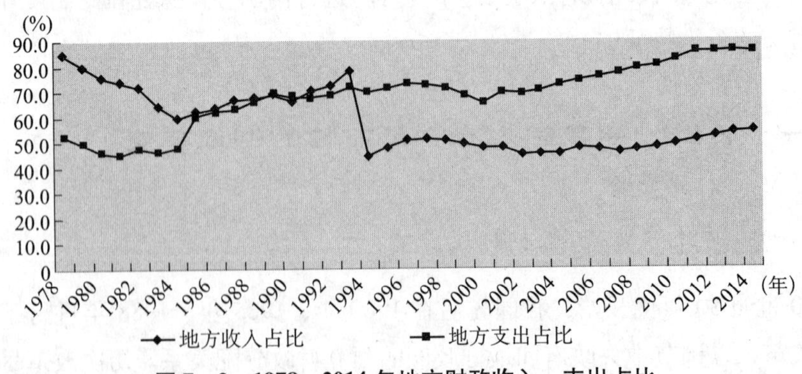

图 7 -2　1978 ~2014 年地方财政收入—支出占比

市场化改革伴随的经济领域分权，特别是财政分权，通过给予地方政府更大的占有和支配经济的权力，从而大大调动各级政府发展经济的积极性。财政分权为中国经济发展提供巨大激励的同时也带来了一些消极后果，在环境领域突出表现为地方政府片面追求本地区财政收入而出现重经济发展而轻环境保护的现象。

这里需要特别指出的是，财政分权体制下地方政府大力片面发展经济以壮大财政实力，除了上面所论述地方政府主观上追求升迁、改善民生外，还有一个重要原因就是当前我国财政分权体制下地方政府财权事权不对称，突出表现为各级地方政府“事权”远远大于“财权”。我国财政分权改革以后，地方政府不仅要提供诸如行政管理、义务教育、农业支出、社会治安、环境保护等多种地方公共产品，而且还承担本地区经济发展的重任，这导致地方政府财政支出迅速增加。然而，在地方财政支出需求增加的情况下，地方财政支出占国家总财政支出的比重却是逐年下降的，由此形成地方政府收支的巨大缺口，导致地方财政难以为继。本书认为地方财权不足是驱动地方政府过度追求经济发展的重要原因。

事实也确实如此。表 7－1 为我国历年来中央、各地方各自占财政收、支出的比重。由表可以看出，近年来（分权改革的 1994 年以来），地方政府财政收入占整个财政收入比重为 48% 左右，但地方财政支出却占全国财政支出比重的 70% 左右，地方政府财政收入与财政支出严重背离。从财政平均自给系数（财政支出与财政收入的比值）来看，1994～2003 年 10 年间，地方财政自给平均系数仅为 0.60，而这一数据在 1979～1993 年为 1.06。这从一个侧面说明了当前地方财政分权体制下地方政府事权与财权不对称的现实（地方常态的财政收入不敷支出），客观上逼迫地方政府片面发展经济以满足不断增长的财政支出需求。

表 7－1　　中央、地方财政收支及所占比例

时间	财政收入				财政支出			
	中央财政		地方财政		中央财政		地方财政	
	绝对数（亿元）	比重（%）	绝对数（亿元）	比重（%）	绝对数（亿元）	比重（%）	绝对数（亿元）	比重（%）
“一五”时期	1003.2	77.7	287.9	22.3	966.9	73.2	353.7	26.8
“二五”时期	736.6	34.9	1372.1	65.1	1047.2	46.8	1191.0	53.2
1963～1965	335.8	27.6	879.3	72.4	701.3	59.1	484.5	40.9
“三五”时期	709.1	31.2	1738.9	68.8	1530.1	60.9	980.5	39.1
“四五”时期	576.4	14.7	3343.3	85.3	2123.6	54.2	1794.3	45.8

续表

时间	财政收入				财政支出			
	中央财政		地方财政		中央财政		地方财政	
	绝对数（亿元）	比重（%）	绝对数（亿元）	比重（%）	绝对数（亿元）	比重（%）	绝对数（亿元）	比重（%）
“五五”时期	904.3	17.8	4185.3	82.2	2625.3	49.7	2657.1	50.3
“六五”时期	2583.0	34.9	4819.7	65.1	3725.6	49.8	3757.5	50.2
“七五”时期	4104.4	33.4	8176.2	66.6	4420.3	34.4	8445.4	65.6
“八五”时期	9038.4	40.3	13403.7	59.7	7323.1	30.0	17064.3	70.0
“九五”时期	25618.4	50.5	25156.0	49.5	17481.6	30.6	39561.9	69.4
“十五”时期	61875.7	53.8	53153.7	46.2	36629.6	28.7	24932.2	71.3

资料来源：根据《中国财政年鉴》（2009）的数据整理并计算。

（二）政治集权与官员“晋升锦标赛”

当然，对转型时期政府官员来说，财政分权并不是影响地方政府行为的全部激励。转型学者发现，同样是转轨国家的俄罗斯，财政分权并没有带来经济的增长。对此，布朗夏尔和施莱弗（Blanchard & Shleifer，2001）认为，俄罗斯经济分权下中央政府对地方政府的控制力较弱，无法遏制地方政府对企业的攫取之手。中国则在对地方政府实施财政分权的同时，保持了政治集权，并且主要根据其经济发展绩效来决定其是否晋升，由此形成了政府官员发展经济的强大激励。国内诸多学者研究表明，与财政激励相比，地方政府官员晋升激励更为基本和持久。所以，要全面理解政府行为背后的影响因素，还要深入政府行为的层面即“政治”的方面（周飞舟，2006）。我国地方政府官员不仅是“经济参与人”，更是“政治参与人”。各地政府不仅关注他们的财政收益，更关注政治收益。

在我国，地方官员由上级任命。中央政府往往通过领导干部目标责任书对地方所要完成的任务进行规定，这些任务体系随着层级结构分解下达，附有奖惩措施与其对应，并作为晋升的主要依据（Tusi & Wang，2004）。在政绩考核中，GDP成为最为重要的指标之一。之所以遵循这样一种政府考核模式，除了该指标相对客观易于量化比较外，更深刻的制度性原因，就是我国近年来发展所选取的通过工业化追赶上先进国家，以实现经济强国、民族复兴的发展主义道路。这一具有导向性作用的指标使得地方政府对政治机会的竞争与经济发展的竞争合为一体。而且，这种考核控制机制通过五级政府构成的行政体系金字塔一级一级传递。每传递一级，其激励效应就会扩大几倍，甚至几十倍最终形成全国上下最为庞大的、自我强化的经济激励机制。正是这种“晋升锦标赛”制度安排把政治集权和经济激励有机地结合，极大调动各级政府发展经济的积极性，带来改革开放以来我国经济持续、快速增长的奇迹。同样基于转型时期政府“政治”的视角，学者们对中国特色的现象如地方保护主义（张军，2005）、市场分割（徐现祥等，2007）、城乡和地区间收入差距扩大（王永钦等，2007）、社会型公共物品供给不足（傅勇，2008）等问题进行了较为深刻的揭示。但遗憾的是，从政府行为视角探讨我国环境问题的研究较为缺乏。

二、转型环境下官员行为与环境污染

由前面知道我国各级地方政府处于制度性财政赤字之中（并且政府层级越低其缺口越严重）。虽然中央政府有通过转移支付来平衡的初衷，但我国的财政转移支付体系是以专项转移支付为主，大部分地区依然无法依靠中央转移支付实现财政收支平衡。同时，预算外收入经过多次调整收支范围后，预算外收支规模呈逐渐缩小的趋势。在这种情况下，提高预算内财政收入成为地方政府最为实际和稳妥的财政目标。鉴于现行财税制度规定地方政府无独立税权，因此通过发展经济尤其争取投资进入本地区以扩大税基成为普遍的方法。

在中国，资本稀缺劳动力丰裕的现实条件下，由于资本流动性更强会使其谈判力更大，地方政府往往对其会更加“优惠”，向投资者提供更好的基础设施、更廉价的土地和更低的用工成本，以及更为宽松的环境监管。由于一些重化项目具有关联性强、带来产值、税收大的特点，一些地方竞相上马重化项目，而这些项目往往都是高污染高耗能行业。为了缓解分税制改革带来财政压力，地方政府除了进行招商引资竞争以做大税基、“开源”增收以外，还有另外办法，就是“节流”，主要对一些经济效益、政绩效果不显著的“软”的社会事务尽可能减少财政支出。与城市道路、交通等显著促进辖区经济增长的公共品相比，环境保护在短期内不仅不会带来地区经济收益的增加，而且还要花费本已紧张的地方收入，在这种约束条件下，尽量减少环境治理投入应该是各地方政府理想的选择。根据国际经验（世界银行，1997），当环境污染治理占GDP的比例达到1%～1.5%时，可以控制污染恶化的趋势；当该比例达到2%～3%时，环境质量可以有所改善。尽管我国环境投资绝对数量有大的增加，但环境投资占当年GDP比重还是偏低（最高年份也就1.6%）。财政分权下财权向上集中，事权层层下放应该是我国环境保护投资总体不足的重要原因，无疑导致环境的进一步恶化（见图7－3）。

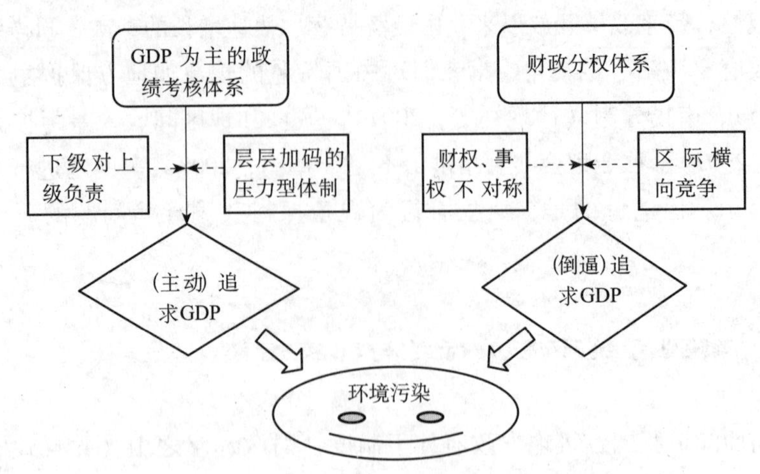

图7－3　地方政府行为环境与环境污染

第三节　我国政府行为与环境污染：政府环境软约束的分析框架

基于以上分析，包括环境污染在内的一些具有中国特色的现象与转型时期政府行为密切关联。具体就我国环境污染而言，其与政府行为的关联机制是什么？可否用建立综合性的框架进行分析？本节我们在借鉴科尔奈（Kornai，1986）软预算约束概念基础上，提出政府环境软约束的概念，并以此为核心构建基于政府行为的我国环境污染成因的政治经济学分析框架，进而揭示转型背景下政府官员追求经济增长而放任环境污染的内在机理。

一、政府环境软约束概念的提出

20世纪七八十年代，一些研究社会主义计划经济的学者发现，现实中一些国有企业管理效率低下，经营不善，即使亏损也可以生存下去的一种奇怪现象。1986年匈牙利经济学家科尔奈提出软预算约束，对此现象进行解释。所谓政府软预算约束指经济中国有企业一旦发生亏损或面临破产时，国有企业的经理会预期得到国家财政支持，而国家或政府常常通过追加投资、减税、提供补贴等方式，以保证其生存下去的这种现象。对于软预算约束的原因，科尔奈认为社会主义国家政府与企业利益是一体的，对处于困境的企业进行救助政府应责无旁贷，即政府“父爱主义”是企业软预算约束的原因。随后，希尔曼（Hillman，1990）、施莱弗和维什内（Shleifer & Vishney，1994）等人从企业破产后引起的政治代价、谢弗（Schaffer，1991）从政府对企业作出承诺的可置信性程度、林毅夫等（1999）从企业政策性负担等对政府软约束原因进行了深入研究，并基于政府软预算约束框架对短缺（Kornai，1986）、国有企业自生能力缺乏（林毅夫等，1999，2004）等进行解释，取得较大成功。

将视线转向环境污染方面，我们发现大量与国有企业软预算约束类似的现象随处可见：我国实行环境治理地方首脑负责制，但对地区官员考核时辖区环境污染往往被一笔带过，即使辖区出现重大污染事故，也很少有人因此被真正追责。至于一些地方政府对辖区污染严重但为利税大户的“明星企业”更是挂牌保护等现象屡见不鲜。以上现象表明，尽管我国高度重视环保工作，但现实中作为环境责任主体的各级政府以及污染企业在环境治理上并非面临真正的“硬约束”，而是处于事实上“软约束”状态。受科尔奈（Kornai，1986）软预算约束概念的启发，本书提出另外一种形式的软约束——政府环境软约束。我们对环境软约束的定义为：转型时期，各级地方政府经济上面临由于财政分权导致的制度性财政缺口、政治上面临以 GDP 为主要考核指标的“晋升锦标赛”的制度环境之下，各级政府为了在升迁考核中胜出以及谋求本地区财政收入最大化，片面追求辖区经济增长，而对环境污染采取事实上的松弛、软的状态。这里需要指出的是，一些学者也注意到一些国家政府在环境方面软约束方面的问题，如科尔（Cole，1998）对前东欧国家的环境政策时发现，尽管这些国家制定了很多的环境税，但是这些税对减少污染排放的效果非常小，原因在于中央计划者常常对国有企业的环境税费进行补偿。显然，其对此现象认识拘泥于预算软约束，颇为遗憾的是未能在环境软约束框架下进行系统深入分析。

二、政府环境软约束的形成原因

制度经济学告诉我们，制度决定行为。现实中各级政府之所以选择过度追求经济增长而放任环境污染的环境软约束行为，最终取决于其所面临的约束条件。一般说来，中央政府与各级地方政府面临约束、政策目标存在巨大差异，其放松环境监管的原因也不相同。以下我们从中央、地方政府的角度对政府环境软约束形成原因进行探讨。

中央政府的环境软约束的原因可以从两方面来看。国内方面，我国中央政府面临增加社会就业，改善人民生活，提供社会公共物品等重要职责，这些政府职能的履行事关经济、社会的稳定，在经济增长与环境保护存在冲突的现实下，中央政府必然（而且必须）会把经济增长放在首要位置，环境目标只能排后。从国际上看，当今世界国与国之间存在激烈竞争（长远看它关乎民族生死存亡），民族国家竞争中国家必须强大，否则难以屹立世界民族之林，甚至被他国剥削、侵略。每一个民族国家都怀着一种信心或紧迫感进行超越式发展，它们关注的是自己能够最终不被落得太远，甚至能够跻身于发达国家之列。这种国家层面的民族生存竞争，驱动了民族国家大力发展经济（提升综合国力），我们将此称为“发展主义”。对有着被西方列强殖民侵略经历的中国来说，这种发展道路和模式更难以改变，因为所代表的发展目标对国家和民族而言具有根本战略意义。以上内外压力相当程度上决定了中央政府将经济发展而不是环境保护作为优先目标，政府文件中“经济增长条件下注意环境保护”“环境保护优化经济增长”等表述正是该思路的反应。典型的如 2008 年全球范围内经济危机，为了提振经济，中央及各地方政府出台巨大经济刺激计划，尽管当时“环境污染形势严峻”（2008 年国家环境白皮书的用词）。此外，中央政府环境软约束也体现在环境法律制定、执行上。以我国《环境保护法》为例，第一条规定“为保护和改善生活环境与生态环境，防治污染和其他公害，保障人体健康，促进社会主义现代化建设的发展，制定本法”。内容上看，是“促进社会主义现代化建设发展”，在以环境保护为己任的环保法中强加了发展经济的目的。同时，第 4 条规定“国家制定的环境保护规划必须纳入国民经济和社会发展计划……，使环境爱护工作同经济建设和社会发展协调”，实质上仍然是发展优先战略①。

各级地方政府的环境软约束。与中央政府面临的压力不同，各级地方政府面临更多的是经济上巨大财政支出缺口，以及在政治上以 GDP 为主要考核指标的职位“晋升锦标赛”。通过制定包括放松辖区环境污染等优厚条件吸引资金进入，不仅可以扩大税基增加财政收入，同时利于最大化本地区 GDP，从而增加晋升概率。为争夺这些外来投资，各级政府竞相降低环境标准，对辖区企业在环境约束方面事实上是“软”的。

---

① 中华人民共和国环境保护法（1989 年版），来源：www. npc. gov. cn > wxzl.

政府环境软约束的形成如图 7－4 所示。

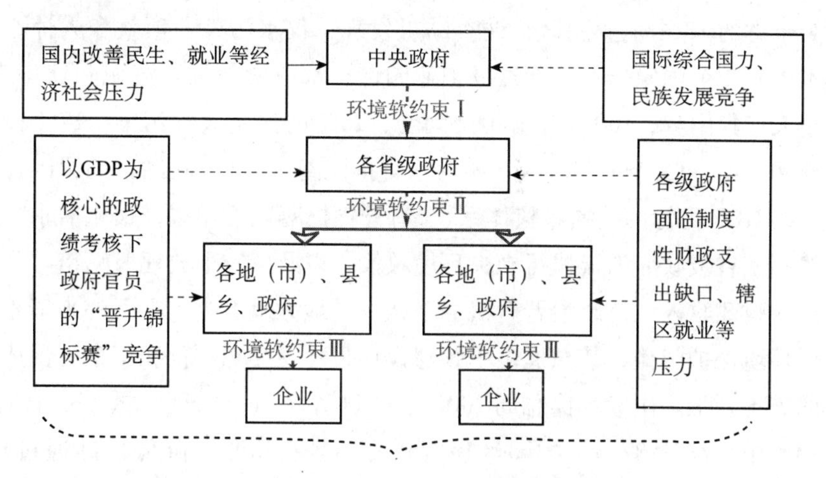

图 7－4　政府环境软约束的形成

三、政府环境软约束的分类及表现

如果以环境约束的几个行政层级划分，我们把政府的环境软约束划分为三类：

其一，中央政府对省级政府的环境软约束，我们称为软约束Ⅰ。这种软约束表现在国家制定发展战略规划、官员政绩考核以及环境法律、法规的制定等方面。如为应对 1997 年东南亚金融危机以及 2008 年全球金融危机，中央政府施行积极的、以扩张投资为主的庞大经济刺激计划，而环境问题必然让位于经济增长、就业等民生问题。至于中央政府在环境法律制定及执行方面的“偏软”更是不胜枚举。如《中华人民共和国刑法》添加了环境污染罪，规定重大环境污染事故可以追究刑事责任，但这一法律在执行过程中却几乎成了“棉条棒子”。该法施行 10 年，全国以“破坏环境罪”定案的只有 3 起。每年发生 2 万件左右的环境违法案件，以“破坏环境罪”定案的却极其罕见。这种软约束究其原因与中央政府面临公众就业、居民提高生活水平等发展压力以及国际上以综合国力为主的国际竞争密切相关。

其二，省级政府对市、县政府的环境软约束，我们称为软约束Ⅱ。这种软约束表现为：市、县政府的政绩考核指标体系构建中没有突出强调环境指标的重要性，而市、县政府为追求 GDP 放松对高污染企业的达标排放要求。典型例子包括各地工业园区存在的大量集中排污现象。2014 年中华环保联合会调查了 8 个省的 18 个工业园区，调查结果发现，仅水污染一项就令人惊心：调查样本中有 2 个国家级、7 个省级工业园区，都或紧邻重点流域和饮用水源，或居于人口集中区，100% 有水污染问题，78% 的涉及大气污染，17% 存在固体废弃物污染，13 个工业园区涉嫌污水直排江湖①。这种软约束的原因在于前面分析的 GDP 目标的政绩考核体系、“晋升锦标赛”竞争以及民生需求、财政压力等驱使省级政府消极执行中央环境政策，以及事实上放任所辖市、县环境标准。在财政收入以及政治晋升机会激励下，地方政府为了吸引外来资本，竞相降低环境保护门槛，甚至通过干预建设项目环境影响评价和审批，促成污染项目的破土动工。国家环保总局 2007 年对 11 个省（自治区）的 126 个工业园区的抽查中，高达 87.3% 的园区违规审批、越权审批、降低标准通过环评。2010 年陕西省环保局对西安、咸阳等开出全国第一个大单，额度才区区几百万元②。

其三，地方政府对辖区企业环境软约束，我们称为环境软约束Ⅲ。这种软约束表现在地方政府与企业结成了“紧密型联盟”，地方政府会与作为最终代理人的企业共谋③，违背国家环境政策。一些地方表面上打着保护企业、发展经济、保护环境的旗号，实际上做着违反环境保护规则的事情。如企业往往为了多获得资源、减少生产成本或者获得某些特许，向政府贿赂；有些政府官员出于发展地方经济或获得晋升目的，对于辖区内是凡可以增加 GDP 的投资和生产项目总是乐此不疲，即便造成严重污染也“睁一只眼，闭一只眼”。当前长三角海湾河口严重的污染形势，很大程度上也正是政府与企业的“合谋”行为所致。再如河北元氏县化工企业污染事件。2011 年 5 月爆出该县化工企业将含有氰化钠等毒素的未经处理的污水直接排放出去，造成周边地区的地下水和农田受到严重污染。对此，政府部门不仅没有按照环保法规严厉处罚排污企业，关停问题严重的企业，而是“协调”企业花点钱补偿了事。原因何在？在较长的时间里，河北元氏县多家“明星企业”成为当地的污染大户，它们所上缴的利税收入占当年元氏县 5 亿财政收入的三分之一以上。安徽某县环保

---

① 环保部门主管 NGO 怒揭全国工业园区“七宗罪”［N］，南方周末，2014-10-19.

② 本部分主要参考团队成员虞锡君、顾骅珊等的研究成果，特此说明，并表示感谢。虞锡君．长三角海湾河口水环境治理的制度建设研究［M］．北京：中国财政经济出版社，2016.

③ 王和惠勒（Wang & Wheeler，2008）发现企业应对地方政府环境管制“讨价还价能力”（bargaining power）由于所有制性质、财务状况、所属行业等的不同而存在差异。

局就曾因“擅自”执法一家利税大户，触怒了县领导，该局6名干部被做出停职处理，如此的事件并非个例①。

这三种软约束的关系是依次递进的：软约束Ⅰ是软约束Ⅱ的重要原因，软约束Ⅱ是软约束Ⅲ的重要原因。同时，这三种软约束形态的“软”度依次提高：软约束Ⅰ的软度 θ（Ⅰ）＜软约束Ⅱ软度 θ（Ⅱ）＜软约束Ⅲ软度 θ（Ⅲ）。可以预期，随着生态文明理念的进一步深入人心，随着中央政府面临越来越大的国际压力，随着国内环境污染日趋严重，以及公众收入增加引致的环境需求的增加、环保意识提高等，各级政府面临越来越严厉的资源、环境以及制度约束，各级各类软约束的“软”度将下降，即软约束趋于硬化②。同时，软约束的“软”也是动态的，表现为不同发展水平的地区以及同一地区不同发展阶段，环境软约束的软度 θ 会不同。可以预期，与经济发展落后的地区相比，经济发达地区公众对环境质量改善的需求较高，当地政府相对较高的财政支出能力以及较小的经济发展压力等因素会促使地方政府更重视环境治理，因此环境约束会更“硬”一些。

以环境法律中的弹性条款为例，《中华人民共和国环境保护法》第29条规定，“对造成环境严重污染的企事业单位，限期治理”，但对于何谓“造成环境严重污染”却没有做出进一步的规定，实践中难以把握。《中华人民共和国环境影响评价法》第5条规定，“国家鼓励有关单位、专家和公众以适当方式参与环境影响评价”，但却对公众参与的程序、方式，对公众表达意见的处理、公众意见的效力等均未加以规定，从而使环境治理中最为重要的公众参与环节流于形式。其他如排污许可证制度、总量控制制度、集中控制制度等适用范围更充满弹性，增加了落实的难度。

四、政府环境软约束理论的简要应用：以杭州湾水污染成因为例

前面对我国环境软约束的形成机理、表现及阶段性特征进行了较系统分析，指出政府环境软约束是我国环境污染的根源，而且，这种政府环境软约束

---

① 刘道彩．环保执法软得像豆腐［N］．中国青年报，2011－9－15.

② 但并不意味政府环境软约束会完全消失（即 $\theta=0$）。我们认为，发展是改善民生的基本手段（不分制度、国家），现实中经济发展与环境保护难以“共赢”的情况下，各类政府更偏重经济发展是更现实也是更无奈的选择，体现在环境约束上的“软”无法完全消除，但尽量使软度 θ 降低。

在相当长时间内还将存在。从根源上看，我国环境问题既与现行的经济增长方式、消费方式及产业结构有关，也与经济增长背后的地方政府竞争及其治理制度有关。在社会转型期，地方政府竞争与环境资源产权制度如何影响环境质量，是我国环境治理实践中必须解决的重大理论问题。因此，必须重视地方政府竞争与环境资源产权对环境质量影响的研究。

就杭州湾水污染而言①，政府环境软约束导致环境污染的机理如图 7 – 5所示。当前中央政府面临改善民生、国家竞争等压力，决定了中央政府难以彻底实施“环境优先”战略，中央政府对包括浙江省在内各省级政府在环境方面无法完全“一票否决”，即中央对各省级政府环境软约束（软约束Ⅰ）相当程度上存在。同样，浙江省及以下各层级政府更面临制度性财政收支缺口及“晋升锦标赛”压力，对环境污染采取事实上的松弛以做大 GDP、增加财政收入是其必然、“理性”的选择，各类环境软约束（上级政府对下级政府的软约束Ⅱ，以及各级政府对所属企业的软约束Ⅲ）普遍存在，无疑加剧了杭州湾流域的水环境恶化。

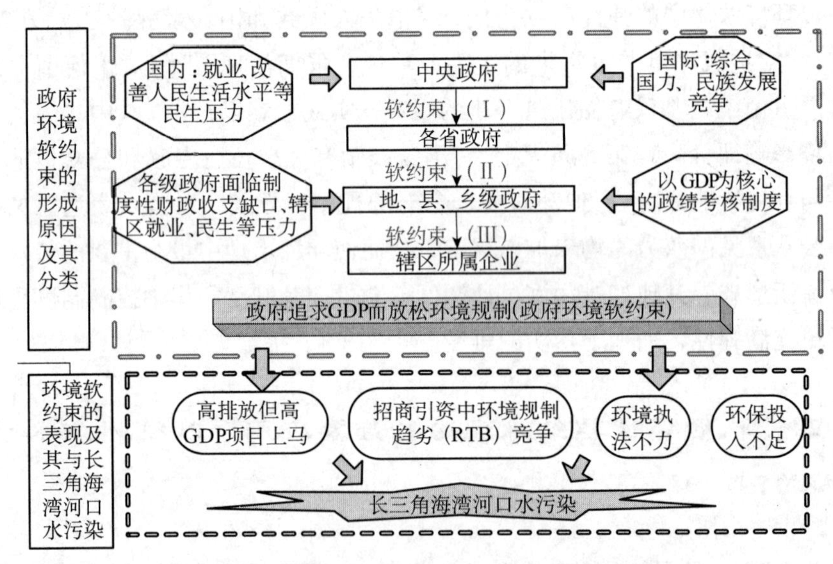

图 7 – 5　政府环境软约束下杭州湾水污染形成机理

具体地阐述，杭州湾水污染形成的机理主要包括以下几个方面②：

一是地方政府放松环境规制，政企默契导致生态环境恶化。过去多年中，

① 有关杭州湾海域水污染状况，后文有简要介绍。详见本书第十章第四节。

② 资料来源：中国环境报［N］，2010 – 9 – 21.

中央对地方政府主要领导政绩考核主要以 GDP 为主，为了在政府竞争中突出政绩，地方政府在招商引资过程中往往只注重经济效益，而忽略社会效益与生态环境效益。尤其对水污染治理这类公共品的提供，几乎没有任何直接经济效益可言。环境污染是典型负外部性的表现，因此，地区之间环境规制标准是企业在选择投资区位时必须考虑的重要因素。为了吸引企业落户，一些地方政府竞相放松环境规制，降低环境规制标准，对中央政府的环境政策执行变样。排污企业出于利润最大化的追求，加上社会责任意识的淡薄，在许多情况下存在偷排行为。地方政府对此往往不动真格，或处罚不力。而当地方政府加大环境规制力度，严格执行环保标准时，以排污企业为代表的产业利益集团有可能联合以撤资的形式向地方政府施压，或主动俘获地方政府，最终有可能出现政企合谋。地方政府放松环境规制的结果是，激励了企业生产过程中不计生态成本、粗放式经营、对资源进行掠夺式开采与利用，这种特殊形态的政企默契，最终导致生态环境破坏。

二是各地政府对陆域污染治理动力不足，加剧杭州湾地区的水环境恶化。各级地方政府在环境治理上较为被动，在污染治理上经常表现为“要我治污”，而非“我要治污”。尤其是流域水污染治理，对社会而言具有公共品的性质，它有较强的正外部效应；治理各辖区内的水污染需要花费巨额成本，对于地方政府而言是一笔较大的财政支出，会加重自身的财政负担，并且水污染治理的各类收益并不全部在本辖区，还会外溢到其他辖区或存在收益代际转移，政府对于水污染治理带来的生态环境效益与社会效益也无法向社会大众通过收费或税收的形式收回以弥补治理成本。水污染治理方面的成本与收益的不对称，促使地方政府弱化对水污染的治理。所以，流域内每个地方政府在水污染治理方面，都存在动力不足的问题。另外，由于流域内合作共同治理激励制度的缺失，地方政府之间在跨区域污水治理上面临“囚徒困境”，也导致各地方政府缺乏动力机制治理流域的水污染。如果没有中央相应的有效制度激励流域内的各地方政府对水污染合作治理，对每一个地方政府而言，采取不合作比合作可能给地方政府带来更大收益，所以在合作治理问题上，地方政府之间博弈的结果是采取不合作的治理策略，最终没有地方政府愿意出资治理跨区域水污染。由于陆域污染物的增多，更加剧了海湾河口水环境的恶化。

三是地方政府环境监管不力和投资不足，致使环境治理绩效不明显。由于地方政府往往以注重经济效益为主，而相对忽视社会效益和环境效益，导致地方政府对排污主体的监管不力。前几年，不少地方政府出台诸如“企业宁静期”、对企业挂牌保护等“土政策”，公然违反国家环境法律法规的规定，禁止环保部门依法对企业排污情况进行现场检查。近年来暴发的多起因环境污染引发的群体性事件，显现出“企业污染—政府埋单—百姓受害—生态遭殃”的恶性循环，其原因正是政府责任不明以及相关部门作为执法主体之间的职权划分、权力协调缺乏合理的规则和机制所带来的监管不力。在环境治理的投入上，近年来，长三角地区环境治理投入占 GDP 比重呈上升趋势，但与国际 2% ~3% 的标准尚存较大差距。同时，在环境基础设施投资过程中，比较注重显性的如污水处理厂、河道清淤、城市绿化等“看得见”的环境投入，而对投资高而又看不见政绩的地下管网建设兴趣不足，这也是国家虽然投巨资建设污水处理厂，但各地配套管网建设不足导致数量众多的污染处理厂成为“晒太阳工程”的原因之一。

第四节　我国政府环境软约束的证明

以上我们从政府官员行为的视角对官员“重”辖区经济增长而“轻”环境保护（环境软约束）的原因、表现形式等进行了探索，主要是理论分析。本节转向实证，研究政府环境软约束在我国的存在性。具体从两方面进行：一方面为，基于经济—环境相互作用 VAR 模型的我国政府环境软约束的初步验证；另一方面为，基于政府行为互动角度的政府环境软约束的证明。

一、环境软约束的初步证明

我们的验证思路如下：经济增长（以 GDP 为表征）会导致环境质量下降（以相应排放物为表征 E）。同时，一般情况下，环境质量变化反过来会影响经济增长（如收入效应、偏好变化、资源环境价格反馈等途径），即经济与环境是双向影响的关系。如果存在环境软约束，那么意味环境对经济的反作用影响不显著，在 VAR 模型中表现为 E 与 Y 单向 Granger 因果关系，基于方差分解中 Y 对 E 的解释权重远远大于 E 对 Y 的解释权重。我们的具体步骤安排如下：第一步，指标及数据的选取；第二步，变量平稳性以及协整检验；第三步，基于 VAR 的 Granger 因果检验；第四步，方差分解分析。

（一）指标选取及数据

被解释变量（环境污染指标）：以往研究中，环境污染常常以单一或几个独立指标来表示，而个别独立的环境污染指标很难代表环境污染整体（Ekins，1999）。为此，需要将各种环境污染因子进行综合，以得到环境污染的综合评价指数。基于此，我们建立了一个综合环境指标——环境污染指数，使该指数能最大限度代表环境污染整体。考虑到我国工业污染一直占污染总量的70%以上，并且从数据的可获得性考虑，我们选取6类污染排放物（工业废水、工业废气、工业烟尘、工业粉尘、工业二氧化硫、工业固体废弃物）作为环境污染综合评价指标的影响因素，各指标权重大小由熵值法计算得出（见表7-2）。

表7-2　各种污染物权重计算结果

年份	x_1	x_2	x_3	x_4	x_5	x_6
1988	0	0.133932314	0.149443145	0.014746891	0.048470396	0.10660584
1989	0.002193149	0.106673586	0.141885366	0.015185537	0.054021475	0.05382041
1990	0.003507774	0.100971605	0.127167586	0	0.044679416	0.02595116
1991	0.005534488	0.079181318	0.031899794	0.01626409	0	0.0054645
1992	0.012118149	0.076157682	0.036872017	0.019424276	0.021391963	0.00509538
1993	0.011747357	0.05213204	0.03894961	0.021869082	0.017261134	0.01258204
1994	0.01173893	0.045472479	0.024314906	0.024475155	0.023885277	0.00634673
1995	0.017574686	0.056151063	0.030501784	0.030935507	0.032496964	0.01672032
1996	0.020572622	0.029373968	0.014661534	0.033333869	0.026885392	0.00242307
1997	0.020262927	0	0	0.034739471	0.026757459	0
1998	0.050375009	0.020582773	0.097613608	0.03978906	0.057950732	0.14281244
1999	0.047002068	0.015012785	0.053379797	0.043404019	0.03994069	0.11564949
2000	0.053672106	0.009888464	0.053379797	0.050717796	0.060520299	0.10033064
2001	0.068908276	0.024542408	0.033292016	0.065372442	0.05429226	0.08168963
2002	0.080851563	0.031234088	0.023745348	0.074657545	0.053750691	0.07246141
2003	0.093321542	0.039598689	0.032098683	0.089912749	0.08489089	0.08722657
2004	0.134618473	0.05465497	0.040253128	0.114934921	0.098294714	0.06581709
2005	0.164996009	0.091459214	0.052584241	0.135120377	0.135798345	0.06692447
2006	0.201004944	0.032980617	0.017957681	0.175117149	0.118711853	0.03207870
2007	0.051002062	0.0140127815	0.055379780	0.046404013	0.03294061	0.11564959
2008	0.053572103	0.009898463	0.054379793	0.050717792	0.060520292	0.10133061
2009	0.064908272	0.023541405	0.033592012	0.068372441	0.05429227	0.08268953
2010	0.070851568	0.032234084	0.025745342	0.084657549	0.059750692	0.08246143
2011	0.096321544	0.039698686	0.035098688	0.099912748	0.06489085	0.09722658
2012	0.132618475	0.054654974	0.040653126	0.134934927	0.078294712	0.07581702
2013	0.169996010	0.091559213	0.052884246	0.165120373	0.145798349	0.06862441
2014	0.261004942	0.032880611	0.017977687	0.185117142	0.138711856	0.03907872

作为一种客观赋权法，熵值赋权法根据来源于客观环境的原始信息，通过

分析各指标之间的关联程度及各指标所提供的信息来决定指标的权重，在一定程度上避免了主观因素带来的偏差。熵值法确定综合环境污染指数的主要步骤是：

（1）指标无量纲化。$x'_{ij}=\frac{x_{ij}-\min x_{ij}}{\max x_{ij}-\min x_{ij}}$，式中，$x'_{ij}$ 为 x_{ij} 标准化后的赋值；i 为年份；j 为污染指标；x_{ij} 为污染物的初始值。$\max x_{ij}$ 为第 j 项污染指标的最大值；$\min x_{ij}$ 为第 j 项污染指标的最小值。

（2）计算第 j 项指标下，第 i 评价单元指标值的比重：$P_{ij}=\frac{x'_{ij}}{\sum_{i=1}^{n}x'_{ij}}$

（3）计算第 j 项指标的熵值：$e_j=-\frac{1}{\ln(n)}\sum_{i=1}^{m}P_{ij}\times\ln(P_{ij})$

相应指标　$e_1=0.8150$　　$e_2=0.9177$　　$e_3=0.8996$

$e_4=0.8864$　　$e_5=0.9273$　　$e_6=0.8669$

（4）计算第 j 项指标的差异性系数 g_j：$g_j=1-e_j$

（5）定义权数：$a_j=\frac{g_j}{\sum_{j=1}^{m}g_j}$

相应权数 $a_1=0.269$　$a_2=0.119$　$a_3=0.146$　$a_4=0.165$　$a_5=0.105$　$a_6=0.193$

（6）计算各年份环境污染指数值：$E_i=\sum_{j=1}^{m}a_jP_{ij}$；式中：$E_i$ 为第 i 年的综合环境污染指数；j 为污染物排放类型，a_j 为第 j 种污染物排放量的权重值，综合指数越大，表示环境污染愈强烈。计算结果如表 7－3 所示。

表 7－3　　基于熵值计算的环境污染指数

年份	1988	1989	1990	1991	1992	1993	1994	1995	1996	1997
污染指数	0.0337	0.0336	0.0257	0.0218	0.0232	0.0250	0.0229	0.0203	0.0234	0.0387
年份	1998	1999	2000	2001	2002	2003	2004	2005	2006	2007
污染指数	0.0355	0.0351	0.0288	0.0289	0.03227	0.0351	0.0418	0.0436	0.0525	
年份	2008	2009	2010	2011	2012	2013	2014			
污染指数	0.0331	0.0311	0.0297	0.0269	0.0315	0.0301	0.0298			

（二）平稳性及协整检验

在对时间序列进行回归分析时，往往会出现伪回归现象，所以必须对所研究的序列进行平稳性检验。同时为消除异方差，首先对各变量取对数，然后再进行计算。利用 Eviews 6.0，对各变量序列进行单位根检验，主要结果如

表7－4所示。

表7－4　各变量序列单位根检验结果

序列	检验形式	ADF值	临界值		检验结论：有无单位根
			（a＝1%）	（a＝5%）	
$\lg E$	（C，T，3）	－3.73	－4.57	－3.69	有
$\Delta\lg E$	（C，0，0）	－6.19	－5.71	－1.96	无
$\lg Y$	（C，T，3）	－4.23	－4.61	－3.71	有
$\Delta\lg Y$	（C，T，3）	－5.21	－3.92	－3.06	无

注：（1）检验形式（C，T，L）中的C、T分别表示检验模型中是否带有截距项、时间趋势项；L表示滞后阶数；（2）滞后期选择依据施瓦茨信息准则（SIC）。

由表7－4的结果可以得知，所有的变量水平序列都是非平稳的。而所有变量一阶差分后都变成平稳的数列，即这些变量都是I（1）序列。

单位根检验的结果表明，所有变量序列都是I（1），是否具备长期均衡稳定的均衡关系呢？必须通过协整检验才能得出结论。常用的协整检验方法有Engle-Granger两步法、Johansen极大似然估计法（Johansen，1995）等，本文采用Johansen极大似然估计法对LN（E）、LN（Y）进行协整检验，结果见表7－5。

表7－5　LN（E）与LN（Y）协整结果

零假设	特征值	最大特征值统计量	5%临界值	接受概率
无	0.818	25.75	14.26	0.001
至多1个	0.021	0.352	3.84	0.653

由表可以得知，LN（E）与LN（Y）存在长期稳定（协整）关系。

（三）Granger因果检验

为避免人为主观因素对内生变量与外生变量的影响，我们采用基于向量自回归模型（VAR）的Granger因果关系以对环境污染E与生产总值Y之间是否存在因果关系进行检验。

格兰杰（1969）、西姆斯（Sims，1972）提出的因果关系检验方法。具体检验过程是：首先估计当期的被其自滞后期所能解释的程度，然后验证通过引入变量x的滞后期是否可以提高被解释程度。如果是，则称变量序列x是y的格兰杰成因（Granger cause）。通常对以下两个方程进行双变量回归：

$$Y_t = C_1 + \sum_{i=1}^{p} \alpha_i Y_{t-i} + \sum_{i=1}^{q} \beta_i X_{t-i} + U_1$$

$$X_t = C_2 + \sum_{i=1}^{p} \alpha_i X_{t-i} + \sum_{i=1}^{q} \beta_i Y_{t-i} + U_2$$

其中，p,q 分别为 Y,X 最大滞后阶数。检验的原假设是序列 X 不是序列 Y 的 Granger 原因，即 $\beta_1=\beta_2=\cdots=\beta_k=0$。利用 Eviews 6.0，各变量分别进行格兰杰因果检验结果如表 7－6 所示。

表 7－6 经济发展与环境污染 Granger 非因果关系检验结果（$\alpha=0.05$）

假设	k＝1		k＝2		k＝3		k＝4		
	F 值	P 值	F 值	P 值	F 值	P 值	F 值	P 值	
H_0：LN（E）不是 LN（Y）的 Granger 原因	1.65	0.24	8.63	0.35	0.41	0.75	1.44	0.32	接受 H_0
H_0：LN（Y）不是 Ln（E）的 Granger 原因	7.74	0.03	4.72	0.03	3.69	0.06	3.22	0.10	拒绝 H_0

由表 7－6，我们得到如下结论：就所选取的污染变量、收入水平及样本期间而言，收入变化是导致环境质量变化的重要原因，但环境质量变化却不是引起收入变化的原因。

我们知道，经济发展通过规模、结构、消费效应影响环境，具体就是环境库兹涅茨曲线解释中大家熟知的规模效应、结构效应、技术效应等，这里就不具体介绍。这里我们重点强调环境系统对经济系统的影响。首先，环境产权能约束、激励企业采取节能减排行动进而减少污染排放；其次，随着社会公众收入水平增加进而对环境需求日益提升，将激发绿色产品需求，同时公众环境诉求会倒逼政府通过积极调整产业结构、大力鼓励支持清洁生产、发展循环经济等经济以减少污染排放，等等。这些都对经济发展产生反馈影响。可见，经济增长与环境是互动的大系统，当前大多数研究中只注重经济对环境的影响而不考虑环境反作用经济，即只有经济影响环境的单方向因果关系假定是不合适的[①]。

然而在我国，环境对经济的反馈机制传导受到阻滞：公众收入水平相对不高，对绿色产品需求还不是主流。公众环境压力，对政府投票压力作用甚微；更为关键的是，在上述 GDP 政绩考核体系、地方政府“晋升锦标赛”竞争以及财政分权体制下，政府间软约束以及地方政府对辖区企业软约束无疑使企业对社会环境压力无动于衷，导致环境污染（E）对经济（Y）的反作用甚微（表现为污染对收入变化的反馈机制相对较弱）。这与我们研究结论一致：经

---

① 德布恩等（DeBruyn et al.，1998）等、丁道（2004）认为忽略生态环境变化对经济增长反作用将导致变量内生性偏差（endogenity bias）问题．国内彭水军等（2006）也尝试构建经济增长与环境变化之间的双向反馈机制的来综合考察经济环境之间的影响。见：彭水军，包群．中国经济增长与环境污染——基于时序数据的经验分析．当代财经．2006（7）：5－10.

济对环境构成因果关系，但环境对经济不构成因果关系（图7-6）。

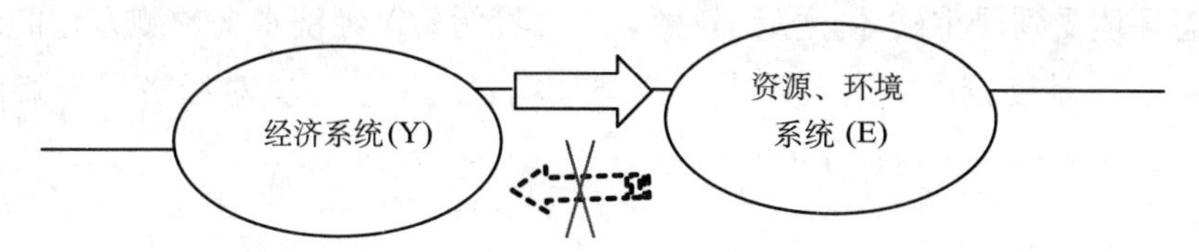

图7-6　政府环境软约束导致环境对经济反馈机制受到阻滞

与此相对应，一些发达国家由于市场机制比较健全、政府行为相对规范，环境对经济的反馈影响比较明显，即经济系统与环境系统之间互相反馈机制比较顺畅，一些实证研究证实了这个结论。如库恩杜（Coondoo）和丁道（2002）对 CO_2 收入之因果关系检验的结果表明，发达国家样本数据检验显示存在从污染到收入变化的因果关系，而拉美洲国家在内的发展中国家样本实证却只存在从收入到污染变化的因果关系。伦格和麦克基特里克（Lung & McKitrick，2002）利用1973~1997年时序数据对多伦多的实证分析结果显示，存在着从环境质量到收入变化的因果关系。

（四）方差分解分析

基于VAR的方差分解方法可以分析系统对变量冲击所作反应，从而了解各新息对模型内生变量的相对重要性。其主要思想是，把系统中每个内生变量的波动按其成因分解为与各方程新息相关联的组成部分。运行Eviews方差分解程序，我们测量了经济与环境质量影响的相互贡献程度，结果见表7-7。

表7-7　方差分解分析

Ln（*P*）的方差分解				Ln（*Y*）的方差分解			
Period	S. E	Ln（*Y*）	Ln（*P*）	Period	S. E	Ln（*P*）	Ln（*Y*）
1	0.013	100.00	0.00	1	0.389	100.00	0.00
2	0.028	87.51	2.49	2	0.401	83.59	16.41
3	0.044	87.22	2.78	3	0.406	82.76	17.24
4	0.057	86.98	3.02	4	0.408	81.94	18.06
5	0.068	86.65	3.35	5	0.409	81.17	18.83
6	0.075	86.32	3.68	6	0.411	80.26	19.74
7	0.081	85.86	4.14	7	0.413	79.52	20.48
8	0.086	85.43	4.57	8	0.415	78.27	21.73
9	0.091	84.94	5.06	9	0.417	77.35	22.65
10	0.095	84.57	5.43	10	0.418	76.78	23.22

综合方差分解结果，经济发展对解释环境水平的预测方差起了很大的作

用，为23.2。这一分析结果刻画了粗放型、污染密集经济对环境的消极作用，使生态环境受到严重破坏。相比较而言，环境污染对经济水平预测方差的解释为5.43，贡献度较小，这表明由于我国环境软约束，环境对经济反向影响是不足的，从而进一步论证了我们的结论。

二、政府环境软约束的进一步检验：基于政府行为互动的视角

以上我们基于经济系统（Y）与环境系统（E）之间仅存在单向反馈的结论间接表明政府环境软约束行为的存在。可否从政府官员具体环境行为（地方环境投资、环境监管）来直观揭示官员此种追求经济增长而放任环境污染的环境软约束行为呢？下面我们将进行检验。

我们的思路是：我国各级政府处于制度性财政收支缺口以及“晋升锦标赛”的政治经济环境之中，放松辖区环境监管以争夺流动性资本的进入成为各级政府的选择。如果有证据表明现实中地方政府存在竞相放松环境监管情形，且这种环境策略行为与“对手”经济水平、产业结构等越接近，竞争性就越激烈的态势，则可断定地方政府在竞争中存在环境软约束现象。可喜的是，新近发展起来的空间计量经济学能较好地刻画考察地方政府间策略互动行为，从而为我们通过观察政府环境监管互动行为来验证是否存在软约束提供了可能。基于此，我们在借鉴凯斯等（Case et al.，1993）、科尼斯基（Konisky，2007）以及李涛（2010）等政府互动行为的基础上，建立反映政府环境监管互动行为的空间计量模型，通过揭示政府环境行为互动模式，以间接验证是否存在政府环境管理软约束。

（一）模型、方法及数据

（1）模型设定。传统研究对手策略互动行为的主要做法是基于不同的理论假设和模型设定出发，开发出极其相似的支出反应函数，运用传统计量经济学方法，对反应函数进行估计，来推断竞争是否存在。但这种方法往往不能很好地揭示出地方政府间策略互动行为的形成机制，还需要一些额外检验以识别主要是哪一种机制在发挥作用（Brueckner，2003）。同时，传统的计量经济学模型假定参与人的行为不受其他人的影响，所以无法检验参与人之间的策略互动问题，而空间计量经济学模型则通过空间滞后变量以及空间影响权重来刻画

参与人之间的策略互动，其系数的符号可以反映互动的性质，系数的大小可以反映互动的程度。

这里我们借鉴弗雷德里克松和米利米特（Fredriksson & Millimet，2004）和科尼斯基（2007）研究政府环境行为互动的方法，我们设定 t 年度地区 i 环境监管强度 R_{it} 与相关地区 j 及环境管制强度 R_{jt} 互动方程为：

$$R_{it} = \alpha_i + \gamma_t + \rho \sum_{i=1} w_{ijt} R_{jt} + X_{it}\beta + \xi_{it}$$

其中，R_{it} 为 i 省在 t 年的环境监管强度指标，X 是影响 i 省税负水平的控制变量，ρ 和 β 为待估参数向量，α_i 和 γ_t 分别捕捉个体和时期固定效应，ξ_{it} 为残差项。省区 j 的环境规则水平不仅可以影响该省区的污染排放，而且通过空间机制将其影响进一步作用到省域 $i(i \neq j)$，其影响力为 w_{ij}（为其他地区管制 R_{-1} 对本地区 i 的影响），所有地区影响加总为：$\rho \sum WR_{-1}$。可见，空间计量经济学正是采用这种不断“叠加”的方式来估计空间相关性的。重点关注各地区影响系数 ρ，其符号反映互动的性质，大小反映互动的程度。具体来讲，若 ρ 符号为正，则主体间环境管制上为策略竞争关系：对手强则已强，对手弱则已弱；若符号为负，则为互补策略：对方强则已弱，对方弱则已强。

在空间计量经济学中，设定空间权重矩阵是至关重要的一环。空间权重矩阵中元素 w_{ij} 表征其他空间单元（对手）j 对主体 i 的影响。这种影响一般通过赋予其特定数值来设定，当然，设定不同数值意味主体间不同影响。有关空间影响权重 W 的设定有多种方式（详见王守坤 2013 年的综述），比较重要的有地理权重、经济权重以及二者混合（经济—地理）权重等，具体根据主体间特定影响来选择合适权重。这里我们着重研究地区 i 的环境管制行为 R_{it} 与其他主体环境管制行为 R_{-1} 的互动影响 ρ。显然，其他空间单元 j 与考察主体 i 是否地理相邻非常重要，因为地区相邻更可能成为竞争互动对象。因此我们采用空间地理矩阵，以地理是否相邻（相邻为 1，不相邻为 0）来设定得到地理权重矩阵 W_G。同时，主体间的影响不仅取决于是否地理相邻，有时候更与相关空间单元的经济总量、产业结构等“经济”因素密切关联，因此刻画主体间经济影响的经济权重 W_E 日益受到重视。最早将经济发展水平距离引入空间计量经济研究的是凯斯，1993 年他分析了美国州政府间支出溢出效应不仅与地理空间距离有关，而且与相关州经济发展水平也密切相关，并构造了一个经济发展加权矩阵来捕捉这种影响。这里我们借鉴凯斯（1993）思路，尝试引入经济距离权数。根据各地区间为增长而竞争的假设，地区间经济发展水平、产业

结构等越接近的地区，则竞争将越激烈，反应这种相互作用的影响系数 w_{ij} 应该越大，因此分别用 $1/|GDP_i - GDP_j|$ 、$1/|Ind_i - Ind_j|$ 来刻画这种权数（其中 GDP_i Ind_i 分别表征各地区产值以及产业结构），进而得到表征地区经济发展水平以及产业结构的空间矩阵 W_{E1} 和 W_{E2} 。

（2）估计方法。考虑到方程等号右边的竞争省份的加权环境政策变量的内生性以及面板数据中的异方差，OLS 估计结果将不再有效，须选择其他估计方法。目前运用比较普遍的是极大似然估计（ML）（Case et al.，1993；Murdoch，1998；Bruecknerand Saavedra，2001）；还有一些研究采用工具变量法（IV）（Kelejian & Robinson，1993；Buttner，2001；Revelli，2003；Baicker，2006）。凯乐简和普鲁哈（Kelejian & Prucha，1999）、贝尔和博克斯泰尔（Bell & Bockstael，2000）证明广义矩估计（GMM）在估计空间模型参数时，得出的估计结果是一致的、无偏的，而且相对于极大似然估计，GMM 的算法更简单，可以不受到样本规模的限制。我们选择采用广义矩估计法，以 X 和 WX 作为工具变量（Brueckner，2003）。

（3）变量选择和数据说明。环境规制强度的度量通常选择污染密集度（Cole & Elliott，2003）、治污费用支出（Fredriksson & Millimet，2004）和治污执法次数（Brunnermeier & Cohen，2003）等指标来衡量。本文遵循弗雷德里克松和米利米特（2002）、张文彬（2010），采用单位产值治污支出度量规制强度。考虑到我国环境立法和环境标准制定的高度统一性，地方政府无权对环境法规和标准进行修改，各省区环境政策的差别主要体现在环境治理投入和监管力度的差异上。在这种背景下，地方政府间的竞争主要表现在对环境污染治理投入水平和环境监管力度的选择等方面，基于这种思路，我们选取的被解释变量有两个：工业污染治理投入和环境监管强度。X_{it} 包括一系列在年度 t 可能影响到省区市 i 人均本地财政支出总量和科目的因素。根据平新乔（2006）、李涛和周业安（2008）、周业安和章泉（2008）、斯坦纳（Steiner，2007）的研究以及现有文献通行做法，X 包括各省份的人均生产总值、人口密度、人口结构、就业率、产业结构、开放度、城市化水平、基础设施水平、固定资产投资比例、人力资本水平等变量。根据科尼斯基（2007）、弗雷德里克松和米利米特（2002）的假设，地方政府应对环境规制竞争的承受能力可以通过该地区的经济实力体现，因此我们选取人均实际 GDP、实际财政收入、人口密度和工业比重等反应地区经济属性的变量作为模型的控制变量。以上数据采用 GDP

平减指数剔除物价对财政收支和人均 GDP 的影响，用工业增加值平减指数剔除物价对工业增加值的影响。

（二）结果分析

由于 SAR 模型和 SEM 模型的估计结果可能存在差异，有必要在对不同结果的优劣判断的基础上选择相对最优的结果。我们采用两种方法进行优劣判断：方法一是根据对数化的极大似然值（logL）的大小进行判断，一般认为，logL 统计量较大的模型，其对应的估计结果较好；方法二是根据埃尔霍斯特（Elhorst，2010）设计的拉格朗日乘数（LM）检验统计量（LMSAR、LMSEM、Robust LMSAR 和 Robust LMSEM）进行判断。相关统计量的计算方法是先用最小二乘法（LS）估计不考虑空间相关性的受约束模型，然后根据估计模型得到的有关信息代入公式计算相应的四个统计量。在同样满足显著性的条件下，一般认为如果 LMLAG 比 LMEER 显著且 R-LMLAG 显著而 R-LMEER 不显著，应该选用 SAR 模型；反之如果 LMEER 比 LMLAG 显著且 R-LMEER 显著而 R-LMLAG 不显著，应该选用 SEM 模型。

我们采用 1998～2014 年全国 30 个省份（不含西藏及港澳台）的面板数据，运用 MATLAB 工具包对各情形下进行回归计算，结果见表 7－8。

表 7－8　政府环境规制的计量回归结果

项目	普通面板回归	空间面板回归		
地理权重（W_G）		0.13** (1.82)		
产业差距权重（W_{E1}）			0.37* (5.78)	
收入差距权重（W_{E2}）				0.26** (2.24)
人均收入	0.52** (2.67)	0.35* (6.12)	0.47* (4.61)	0.56* (3.35)
财政赤字	−1.27* (−4.61)	−1.44* (−5.42)	−1.85* (−6.89)	−0.94** (−2.61)
失业率	−0.12* (−3.21)	−0.24* (−4.25)	−0.29** (−2.61)	−0.35* (−8.57)
常数项	0.34*** (1.78)	0.34* (5.58)	0.34** (2.13)	0.34* (7.63)
拟合优度	0.57	0.75	0.82	0.81
样本数	360	360	360	360

注：括号内为 t 值，***、**、* 分别表示 10%、5%、1% 显著水平。

回归结果中各模型的 W 系数估计值是我们最为关注的，因为该值表明了省际政府环境竞争的类型和强度。实证结果表明 W 的系数估计值为 0.13 ~ 0.37，且在所有模型中都通过了 5% 水平下的显著性检验。正的反应系数（$\rho>0$）表明各地区在环境监管策略上是一种攀比式的趋同化策略：如果对方放松监管，则本地区也将进一步放松环境监管。这说明地方政府为在竞争中取得优势，往往存在放松环境监管的行为，即为增长而竞争的政府在辖区企业环境管制方面处于事实上“软”的状态。

重点比较不同权重下地方政府反应程度的差异。第一，在地理以及经济权重情形下，政府环境监管行为总体为竞争型（$\rho>0$），但大小不同，表明对空间单元权重（影响）不同的设定意味影响机制不同，最终在作用效果上必然不同。具体来看，地理权重（W_G）下政府环境监管反应程度为 0.13，均小于经济权重下的结果［产业差距权重（W_{E1}）及收入差距权重（W_{E2}）下的反应系数分别为 0.37 和 0.26］，表明相对于地理相邻而言，地区间经济发展水平以及产业结构差异更是影响政府环境竞争的因素。为什么经济因素对政府间环境规制行为影响更为突出呢？显然，我国地方政府官员财政压力下争夺税基的招商引资竞争以及政治上以 GDP 为主要考核指标的晋升竞争，驱使各级政府为追求经济增长而对环境污染采取事实上的放任态度，从而表现为对对手环境规制行为反应的敏感。进一步研究发现，产业结构差异和收入差距两种权重下政府环境监管反应存在差异。结果显示，产业结构权重下政府环境管制互动为 0.37，高于经济发展差距权重下的反应系数 0.26。表明政府进行环境竞争时，与地区间收入差距相比较，地方政府更多考虑的是周边省份的产业结构。这一结果并不奇怪，对地方政府而言，与对手 GDP 水平的差距也许往往系多年累积而非任内造成，而且 GDP 数据影响的仅是地区的排位，而在制度性财政赤字背景下，地方财政收入的不足才是真正致命的，没有财政收入，地方政府都难以运转，还谈何其他？因此，地方政府更看重能带来辖区税收收入的产业的发展。显然，以环境管制为手段与对手争夺工业企业入驻成为竞争重要内容，从而环境管制强度对产业结构差异更敏感。

再来看重要控制变量，我们发现：

（1）财政赤字增加，环境监管力度下降，具体表现为财政赤字每增加 1%，相应环境监管下降 0.94 ~ 1.85 个百分点。其原因在于，财政赤字往往是一种积极财政政策信号。财政赤字越大，表明地方政府在区域内施行积极财政政策，其中重要手段就是扩大财政支出。周黎安（2007）、王永钦（2009）等研究发现，各级政府官员在财政压力以及“晋升锦标赛”的竞争环境中，在公共支出上存在偏重经济性“硬”公共品投入，以求提高政绩。相应地，与积极财政政策相配套的是，各地方政府为了吸引资本流入，其在环境监管方面一般睁一只眼闭一只眼，表现为环境管制的松弛。

（2）人均收入对省际间环境监管影响反应系数为正。表明随收入提高，政府制定政策的自主性和对公共福利的主动关注程度也在增强，不仅对政府加大环境监管的力度提出了更高要求，从而出现公众环境需求的负效应将逐渐超过经济增长的正效应（表现为跨入环境库兹涅茨曲线环境好转的拐点过程），同时也为政府改善环境提供了更多可操作空间。

（3）总的来看，失业率提高1%，政府环境规制降低0.24%～0.35%。表现为失业率与环境管制呈现类似菲利普斯曲线的反向变动关系：高的失业率对应低的环境管制，低的失业率对应较高的环境管制。其原因可能在于，当辖区失业率较高时，人们更关注收入（经济增长），环境问题将会被忽略，因此环境监管会宽松。而当辖区失业率降低人们收入改善的情况下，人们对环境问题的关注程度也会随之上升，从而要求政府积极改善环境质量，政府也就强化环境监管。

（三）基于不同地区环境监管敏感性差异的进一步分析

以上我们对政府环境监管互动行为进行了研究，初步验证政府环境软约束的存在，但以上结论是基于全国层面研究。特瑞斯曼（Treisman，2005）、傅勇（2009）等研究表明，我国不同地区发展差异很大，处于不同发展水平的地方政府，其行为存在差异。在环境监管方面，发达地区由于财政收入较为宽裕，同时公众高的收入对环境质量要求也较高，因此地方政府降低环境规制的意愿并不高，即反应系数 R 较低；相反，落后地区存在较大财政缺口，同时公众对就业、收入的需求高于对环境的重视，因此地方政府存在牺牲环境以换取经济增长的意愿，竞相降低环境标准以吸引流动性资源进入本地区是常见的选择，表现为其对对手环境规则行为更为敏感，即较高的反应系数。基于此思路，我们以省级人均实际 GDP 为基准，把我国经济地区划分为发达地区和落后地区，以检验发达地区与落后地区其策略反应函数是否存在上述差异。为此，我们建立以下使用虚拟变量以实现分区域的空间计量模型：

$$R_{it} = \rho_1 D_{it} \sum_{i=1} w_{ijt} R_{jt} + \rho_2 (1 - D_{it}) \sum_{j=1} w_{ijt} R_{jt} + X_{it}\beta + \mu_i + \gamma_t + \xi_{it}$$

式中 R_{it}、w_{ij}、X_{it} 等含义同前，分别代表环境管制水平、空间权数以及控制变量等。其中 D_{it} 是一个 0～1 的二值变量，我们以人均实际 GDP 作为标准来划分经济发达地区和经济落后地区，进行实证检验，结果见表 7－9。

表 7－9　　　　发达与落后地区省际环境管制系数差异

项目	发达省份数量: 落后省份数量			
	10∶20	15∶15	18∶12	20∶10
ρ_1	0.21 (1.62)***	0.26 (2.34)**	0.26 (2.81)**	0.14 (1.37)***
ρ_2	0.32 (2.46)**	0.34 (4.61)*	0.38 (9.32)*	0.29 (2.27)**
$\rho_2-\rho_1$	0.11 (1.07)	0.08 (2.07)**	0.12 (6.39)*	0.15 (5.03)*
R^2	0.58	0.64	0.83	0.52

注：括号内为 t 值，***、**、* 分别表示 10%、5%、1% 显著水平。

表 7－9 我们可以看到，如果我们按照 15∶15 的标准（即把人均实际 GDP 前 15 位的划分为发达地区，后 15 位划分为落后地区），那么发达地区和落后地区主体间环境监管相关性系数分别为 0.26 和 0.34，它们的差为 0.08，但是 t 值在 5% 的水平上并不显著，这表示统计上拒绝两者之间有显著差异。而如果按照 20∶10 的标准，发达地区和落后地区的值分别为 0.14 和 0.29，两者的差为 0.15 且显著。这说明，落后地区与发达地区之间的省际环境监管反应系数存在明显差异，发达地区内的省份的环境监管反应函数对于相邻地区的反应更加敏感（通过比较，我们发现按 18∶12 的标准估计的模型对于数据的拟合更好）。之所以出现这种差异，重要原因可能在于，与发达地区相比，落后地区面临更大财政缺口以及 GDP 增长压力，落后地区政府更倾向以放松环境规制以吸引资本进入，表现为对竞争对手环境规制的反应更敏感，从而进一步地印证了我们有关政府环境软约束的理论。

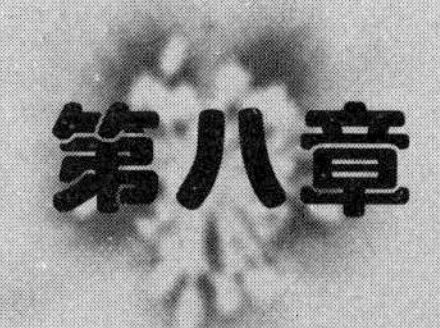

第八章

市场与政府：环境治理中的分工及组合

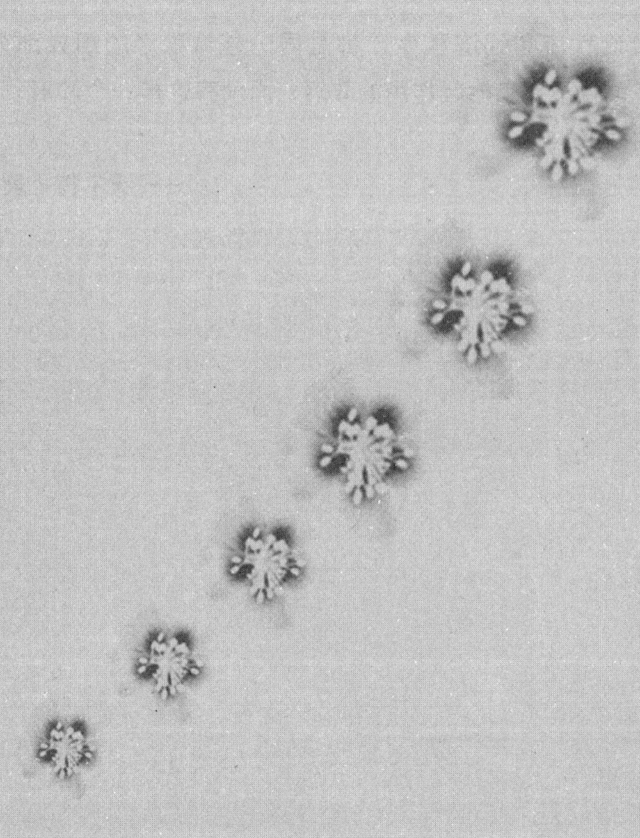

它们（政治秩序和经济秩序）都是同一整体秩序的组成部分。没有竞争秩序，就不会有能起作用的政府；而没有这样一个政府，也不会有竞争的秩序。

——沃尔特·奥肯

现实中由于市场失灵的广泛存在，政府在矫正市场失灵方面起着重要的作用。但是，现实中政府也存在失灵。“由于政治偏见，要对此得出一个正确的看法则比较困难。……政府可能由于做得太少或做得太多而遭到失败”（刘易斯，1955）。对此，林德布洛姆（1994）形象地指出政府这只“看得见的手”“只有粗大的拇指，而无其他手指”。这样，一方面市场失灵指出了市场机制存在局限性的领域和政府干预的必要性，另一方面又存在政府失灵，它告诉我们不能完全依靠政府去校正所有的市场缺陷[①]。显然，明智的选择是寻求“看不见的手”和“看得见的手”相配合的途径。具体在环境管理领域，应该是“政府为主，市场为辅”的结合方式。当然，如何有机融合、协调，是一门理论，更是一门艺术。本章主要探讨政府与市场在环境领域如何协调的问题。

第一节　市场、政府作为环境治理手段优劣分析及初步分工

依照前面的分析，市场与政府在环境领域各有优点也各具不足。本节主要对这两种环境手段进行比较分析，并对其作用领域进行初步划分。

一、市场、政府优缺点及特点比较

（一）政府（管制）手段的优缺点

政府直接管制手段又叫命令—控制手段（command and control，CAC），它是指行政当局根据相关的法律、法规和规章、标准，直接规定活动者污染排放的允许数量及方式。政府直接手段不仅使每一种环境介质（空气、水等）的管理都能达到一定的标准，而且还能与个人和组织的行为、生产工艺和产品等直接关联，通过各种标准为管理者提供可预见的污染削减水平。我国主要使用以下几种强制手段：环境影响评价、“三同时”制度、污染物排放标准、限期

① 政府在环境领域也一样存在“诺斯困境”：没有政府不行，有了政府会出现一些其他问题。正如中国环境国际合作委员会（CCICED）所指出的，政府在环境领域的作用有时是环境“改善之手”，有时又是环境“破坏之手”。

治理制度、严重污染企业的关停并转、排污申报和许可证制度、企业环境目标责任制、污染物排放总量控制等形式。

政府直接管理手段具有以下优点：一是当遇到突发性的公害事件时，政府可以用直接行政手段来处理这些由外部性而导致的紧急性环境事件；二是在某些特定的时期或者区域，需要政府运用行政权威强制执行某些措施，例如政府可以通过制定颁布规则和禁令的方式，把车厢、会议室等公共场所划分为无烟区，从而确保环境效果；三是政府利用行政权威实施与外部性相对抗的服务措施，如为保护旅客的人身安全，在列车上严禁携带易燃、易爆、有毒、腐蚀性的物品。

尽管政府对环境的直接管制手段是一种在污染控制方面行之有效的工具，但随着人们环境意识的加强，环境问题的进一步突出以及政府功能定位的改变，政府直接管制手段已暴露出愈来愈多的局限性，主要表现在以下方面：

（1）如同中央集权的计划经济一样，政府为了有效地控制各种类型的污染源排放，需要了解数以千计的产生污染的产品和活动的控制信息。由于所需的信息量巨大，因而耗费很高，在很大程度上影响到强制政策的有效性。

（2）强制手段缺乏效率。在韦茨曼看来标准天生就是一种笨拙的东西①。一方面，由于存在信息不对称，政府难以掌握所有企业成本和效益的信息，很难制定一个统一的排污标准，以使排污量达到最优水平；另一方面，不同企业或不同污染源的污染控制成本是不同的，不考虑不同地区、不同企业的技术差异或污染物处理的边际成本差异，使政策在执行中缺乏效率。

（3）企业达标后治理污染的经济激励不足。企业一旦达到了规定的最低排污量标准，就没有积极性进一步减少排放，因为政府对这种行为没有任何奖励。正如斯蒂格利茨所说，管制提供较大的确定性和较强的激励去满足管制标准，但是没有激励可以把污染降低到低于标准的程度，不管这样做的成本多低②。

（二）市场手段的优缺点

环境保护市场手段指按照价值规律的要求，运用价格、税收、收费、保险

---

① Weitzman, M. L. Prices vs. Quantities. Review of Economic Studies. 1974, 41: 477-491.

② Baumol W. J. and W. E. Oates. The theory of Environmental Policy [M]. Cambridge University Press, 1988.

等经济手段，调节或影响市场主体的行为，从而实现经济与环境的协调发展。市场手段具有如下优点：

（1）市场手段能够更有效节约信息成本。由于市场本身就是一个绝佳的信息处理系统，它具有反馈的功能，而不必处处依赖具体数据。与政府直接管制手段需要大量有关污染企业信息相比，节省大量信息，从而节约了成本。

（2）环境市场手段具有灵活性。市场手段把有效地保护、改善环境的责任，把具有一定的行为选择余地的决策权交给企业，政府不再是强制他们服从，从而使环境管理更加灵活。

（3）市场手段（如税收或排污权交易）能够产生“动态效率”，刺激污染源技术革新。由于污染源对其所造成的任何单位的污染都需缴纳环境税，出于利润最大化的考虑，污染企业就有了进行技术革新的动机以减少污染排放量。

（4）市场手段较少受到“管制俘虏”的影响。在实施命令控制型政策时，企业存在向政府寻租以求降低标准的动机。而在市场手段下，企业打交道的对象是市场而不是政府，这样企业寻租空间自然减少。

我们对政府、市场手段进行了比较汇总（见表8－1）。

表8－1　　政府、市场手段的比较

序号	比较项目	政府手段	市场手段
1	交易成本	政府管理成本高	成熟经济中交易成本较低
2	经济效率	（理想情况下）帕累托最优	（理想情况下）帕累托最优
3	环境效果	效果明确	效果不确定（取决市场条件）
4	调节灵活性	政府调整需要一个过程，时滞	灵活、迅速
5	动态效率	无激励	激励创新
6	信息要求	要求政府掌握大量信息	市场提供信息，信息要求低
7	面临风险	政府失败	市场失败

资料来源：沈满洪．环境经济手段研究［M］．北京：中国科学出版社，2001.

二、市场、政府作为环境治理手段所适合范围的分工①

引入市场机制或实施政府管制一定程度上能解决环境问题。那么，哪种情况下政府直接管制比较合适，哪种情况下利用市场机制更有效呢？下面我们将对这个问题进行简要探讨。

为了分析政府管制与市场机制的初步边界，我们引入边际管理成本和边际

① 本节主要参考：沈满洪，何灵巧．环境经济手段的比较分析［J］．浙江学刊，2001（6）.

交易成本两个概念。所谓治理环境的边际管理成本（MMC）是指运用政府手段管理环境时增加一个污染企业所带来的政府管理总成本的增量，它包括由于污染企业增加而增加的环保机构运作成本、环境监测成本和收费成本等，大体上包括各级环保部门的日常支出（相当于“固定要素”）和对污染企业具体监管的实施费用（相当于“可变要素”）。随着企业数目的增加，维持环境保护部门运行的“固定要素”被分摊到各个企业，因此 MMC 先下降。随着污染企业数量增加，政府环境管理成本将加速增加，MMC 迅速上升。因此，MMC 曲线随着污染企业数量 Q 的增加而持续下降，然后再逐渐上升，即呈 U 型曲线。所谓治理环境的边际交易费用（MTC）是指运用市场手段管理环境时，污染企业增加所带来的企业间交易费用的增量。如果污染企业采用科斯方式谈判，当企业数量较少时，交易成本 MTC 不高。但随着污染厂商增加，相互间谈判、协调的成本会迅速增加，表现为 MTC 曲线快速上升，MMC、MTC 与企业数量 Q 的关系如图 8 -1 所示。

在图 8 -1 中，横轴代表污染企业的数量 Q，纵轴代表边际成本 MC。MMC 表示治理环境的边际管理成本曲线，MTC 表示治理环境的边际交易费用曲线。该图表示政府环境治理的边际管理成本（MMC）与企业市场谈判的边际交易费用（MTC）随污染企业数量（Q）的增加而变化的情况。

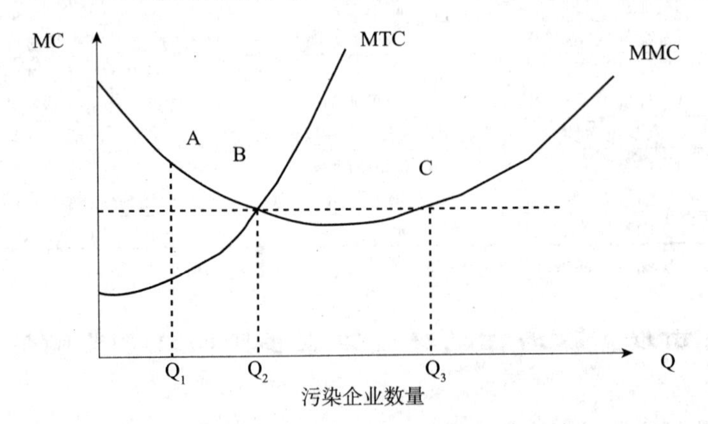

图 8 -1　环境治理中政府、市场分工边界示意

MMC 与 MTC 先交与 B 点（对应污染企业数量为 Q_2），它表示当污染企业数为 Q_2时，选择政府管制和市场交易手段都是可以的。因此，Q_2可以称作政府手段与市场手段的临界污染企业数。

当 $MTC < MMC$（$Q < Q_2$）时，选择市场手段的成本比较低。进一步分析

可以看到，在污染企业很少（$Q < Q_1$）时，采用排污权交易会增加成本，这时最佳选择是自愿协商。当 $Q_1 < Q < Q_2$ 时，则可以采用排污许可证交易方式。当然，这里自愿协商与许可证交易的边界是模糊的。

当 MTC > MMC（$Q > Q_2$）时，这时最优的管理手段是政府管制。

当污染企业数量超过 Q_3 以后（$Q > Q_3$），市场手段或政府管制手段都需要花费非常高的成本，意味市场与政府手段都失效。在这种情况下该怎样进行环境管理呢？应该进行制度创新，比如通过提高社会环境意识并鼓励公众参与环保等措施，我们留待下一章进行具体介绍。

第二节　政府、市场两分法及其批判

在经济学说史上，政府与市场的主导角色此消彼长：古典（亚当·斯密为代表）、新古典（马歇尔为代表）推崇市场机制→凯恩斯强调政府干预→经济滞涨时期新古典综合派（以弗里德曼、卢卡斯为代表）又重提市场→新凯恩斯主义政府干预的重新登台（图 8－2）。

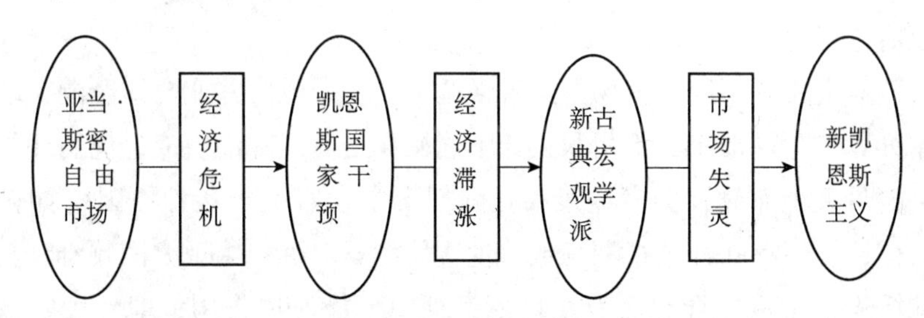

图 8－2　经济史中的政府与市场主要角色的演变

可见，在讨论政府与市场在经济体系中各自应扮演何种角色、应发挥何种作用时，学者们常常陷入二元对立的思维误区：政府与市场是非此即彼的对立面，要么政府，要么市场。在实践中，要么是在相对完善的政府和不完善或不充分的市场间进行选择，或者是在相对完善的市场和不完善的或不充分的政府之间进行选择（沃尔夫，1994）。

在环境管理领域对于污染等外部性问题的解决方面，也有要么政府（庇古税方案），要么市场（科斯谈判方案）的争论。我们认为，这种非此即彼的两分法有着共同的疏漏：将（此情形）现实状态与（彼情形）理想状态进行对比。

一、现实与理想的对比：市场主义和政府干预主义者共同的缺陷[①]

主张政府干预和强调市场作用分别代表了经济学的两种价值取向。前者强调了政府干预经济的必要性，而后者则继承了新古典经济学反对政府干预市场的自由主义精神。

我们先来分析政府干预主义者的思路逻辑：市场一定程度上能产生效率，但同时由于市场存在外部性、公共品、高的交易成本等缺陷而出现市场失灵；为了纠正市场失灵，政府干预是必需的。因此，在政府干预者眼中，现实中市场是脆弱并充满缺陷的，放任自流会导致低效率的结果；然而对于政府的干预，却不切实际地假定政府官员不仅全力代表公众的利益，而且政府有能力对市场做出理性的计算（即政府全知全能）以制定最优的政策实现社会最大化福利。这样，在政府干预主义者的视角中，市场是包含了各种摩擦存在失灵的，同时也是现实的市场；而政府是没有任何私利且全知全能的政府，同时也是理想中的政府。据此，我们可以把政府干预主义简单地概括为是现实市场与理想政府进行比较的理论。

与政府主义者不同，市场主义者强调了现实中政府并非全知全能，政府是由一系列具有不同动机、不同利益和不同操作层面的部门组成，他们往往追求个人利益最大化而非社会利益最大化。现实中政府由于各种原因（如客观方面投票悖论、不存在社会福利函数、现实信息不对称；主观方面政府官员追求私利使政策扭曲等）导致政府在环境管理中不能发挥作用，即环境领域中政府失灵（大体包括环境政策失灵和环境管理失灵两大类）。面对政府失灵这种情况，市场主义者主张政府应该尽量减少干预，主张最小的“守夜政府”，一切让“看不见的手”来调节，重新回归古典（显然，其对市场失灵问题采取鸵鸟式逃避态度）。因此，可以把市场主义者概括为对理想市场（优点）与现实政府（政府干预带来大量问题）进行比较的理论。

尽管政府干预主义与市场主义之间存在着根本的分歧，但这两种看似对立的主张背后实际上具有共同疏漏：将（此情形）现实状态与（彼情形）理想

---

① 本处主要参考：曹啸．管制经济学的演进——从传统理论到比较制度分析［J］．财政研究，2006（10）．

状态进行对比。具体就是，对政府干预主义者而言，其将理想状态下政府干预达到帕累托最优的状态与现实中市场失灵状况进行对比，并据此想当然地得出政府应当进行干预结论。对于市场主义者而言，则是将理想中自由竞争市场能实现帕累托最优的佳境与现实中政府干预往往引致市场效率扭曲的结果进行对比，并以此为根据而强调市场作用。这两学派在逻辑上具有显而易见的共同缺陷：一种方法缺乏现实的效率，就想当然认为其他方法会表现得更好[①]。因此，可取之道是将一种现实制度安排与另一种现实的制度安排进行比较，然后选择相对可行的制度，即进行制度比较分析（CIA），以下我们将具体论证。

二、比较制度分析视角下市场和政府的统一

在新制度经济学和信息经济学等经济理论基础上，产生了比较制度分析方法（comparative institutional analysis，CIA）。比较制度分析是一种识别替代性制度安排对各种利益变量的影响，并对这些制度安排进行相互比较的分析方法。比较制度分析主张用更加全面的视角来看待市场和政府，认识到市场是现实的，政府也是现实的。它摒弃了“社会最优”的概念，注重各种现实状态相比较，而不是与理论上最优的结论相比较。它不侧重于最优化配置，而是对各种制度安排中的潜在动机和由此产生的结果引起的协调成本感兴趣（Voigt & Engerer，2004）。拉丁（Howard Latain）指出，“处于一个次佳的状况时，最重要的问题在于何种管制表现得比较有效率，而非何者最能够达到理想中的效率”[②]。科斯（1937）、比肯巴赫（Bickenbach，2004）把市场和政府都视为合约以及对合约的治理结构。市场与政府之间效率的比较，应该是现实约束条件下有效制度方案（尽管显然是次优状态）进行比较。具体选择市场还是政府治理方案，关键在于具体约束条件下的实际效果。直接的政府管制并不必然带来比市场和企业解决问题更好的结果。但同样也不能认为这种政府行政管制不会导致经济效率的提高。实际上，对政策问题要得出满意的观点，就得进行耐心的研究，以确定市场、企业和政府是如何解决有害效应问题的。一旦把市场和政府规制都视为合约以及对合约的治理结构，那么市场（政府）在制度安排中也就不再是唯一的或“自然的”制度，而仅仅是能够节约交易费用的

---

① 科斯将这种不仔细思考而匆忙同时也是想当然地作结论的研究态度讥为“庇古传统”。

② 转引自姚新超．开放经济条件下环境政策研究．对外经济贸易大学博士论文，2003：146.

制度安排中的一种[①]。

比较制度理论和传统理论有关政府与市场的关系在逻辑起点、采用的分析方法和分析结果上存在着巨大的差别（见表8－2）。

表8－2　传统理论与比较制度理论关于政府与市场关系认识的对比

比较项目	传统理论	比较制度理论
逻辑起点	政府、市场对立的二分法	政府、市场的统一
基本假设	要么现实的市场，理想的政府 要么理想的市场，现实的政府	现实的市场、现实的政府
分析方法	实证结果与理论最优结果的比较；寻求社会最优	放弃社会最优目标；在现实制度和状态之间进行比较
分析结果	市场、政府之间相互替代关系	政府与市场之间互补；各有发挥作用的空间，而且可以同时发挥作用

三、重新解读科斯—庇古争论

庇古（Pigou，1932）与科斯（Coase，1960）分别从不同角度提出了解决环境负外部性问题的对策。我们以化工厂对周边居民的污染案例来说明这两种思路的差异。庇古理论认为化工厂污染了周边居民，政府应该出面对化工厂收税，使私人成本与社会成本相等，从而实现外部性的内部化。科斯对此提出了不同的看法：第一，损害具有相互性，周边居民效用增加实际上以化工厂收益减少为代价，当后者大于前者时，政府的这种管制就不一定合理了。第二，政府管制往往要耗费大量成本，当管制成本很大时，庇古方案不一定可取。为此，科斯从新的角度（产权角度）来认识外部性问题。科斯认为，外部性问题实质上是产权界定不清楚。只要产权清晰，相关主体会将该进行权利在市场上进行交易，外部性问题自然会得到解决。还是以化工厂例子来说，为什么会出现外部性问题呢，根源在于产权没有界定清楚。假设产权清晰，如将污染权利给化工厂（污染权给居民的情形可以做类似分析），面对这种情况，周边居民会找化工厂进行协商，要么给化工厂一笔钱要求其减少产量或关闭工厂（当然补偿费至少高于化工厂的损失），或者选择自己搬走。不管哪种情况，外部性问题可通过谈判方式得到解决。

可见，科斯把外部性看成产权界定不清晰问题，只要权利清晰界定，市场

① 贾丽虹．外部性发生机制与市场缺失关系新探［J］．学术研究，2003（4）．

自身能解决外部性问题，而无须政府干预。据此，一些学者认为科斯思路比庇古思路“先进”，甚至是对庇古方案的否定。我们认为这种认识实际上是对科斯思想的片面而肤浅的理解。我们知道，以科斯为代表的新制度经济学家与以庇古为代表的传统经济学者最大的不同在于其从现实条件（而不是从理想条件，更不从想象条件）出发来研究真实的世界。庇古政府干预的思路最大的问题就是没有考虑现实中政府行政管制往往需要耗费大量成本，“政府具有的权力可能使其以低于私人组织的成本来完成某些事情，但政府管理机器本身并不是无成本，甚至在有些情况下成本还非常高”，“基于这些考虑，直接的政府管制未必会带来比由市场和企业更好的解决问题的结果”①。显然，在管制成本较高的情况下，庇古政府管制思路是不可取的。同样，也不能从理想情况出发来想当然认为市场机制就好，因为现实中市场也是要花费成本的，但同样也不能认为这种政府行政管制不会导致经济效率的提高。尤其是像烟尘妨害这类案例中，由于涉及许多人，因而通过市场和企业解决问题的成本可能很高，如果市场成本非常高，那么庇古政府干预也就合理，所有解决的办法都需要一定成本，而且没有理由认为由于市场和企业不能很好地解决问题，因此政府管制就是必要的。由此，我们很容易得出结论：如果科斯谈判方案下的社会福利净损失小于庇古税收方案下的福利净损失，科斯的市场方案有效率。反之，则庇古税方案更为可取。因此，“问题是设计各种可行的安排，它们将纠正制度中某方面的缺陷而不引起其他方面更严重的损害”②，“当经济学家在比较不同的社会安排时，适当的做法是比较这些不同的安排所产生的社会总产品”③。

这里需要指出的是，科斯论述中存在一个小小缺陷，就是科斯只注意到了政府管制成本和市场运行成本，而对政府管制以及市场运行造成的社会福利净损失（deadweight loss）没有考虑。关于这两种情形下的福利净损失，我们还是就本书第二章农夫与牧民的例子来做说明。假设政府判决牧民放牧影响了农夫，决定对牧民征税，牧民边际利润线会由初始的 CD 会下移到 C′D′，市场将在新的地方 E 处达到均衡，如图 8－3 所示。对照图我们可以发现，政府对牧民征税，固然减少了其对农夫的损害，但同时牧民的收益出现了的减少，整个社会福利（产出）也减少了，福利损失量为 EE′H（图中阴影所示）。该损失

---

① Coase, R.. The Problem of Social Cost [J]. Journal of Law and Economics, 1960 (3): 36.
② Coase, R.. The Problem of Social Cost [J]. Journal of Law and Economics, 1960 (3): 38.
③ Coase, R.. The Problem of Social Cost [J]. Journal of Law and Economics, 1960 (3): 40.

就是政府干预使均衡偏离社会最优而出现的损失。同样，科斯的市场谈判方案中由于存在交易成本，它导致农夫、牧民边际收益下降，表现为对应的边际收益曲线下移到 A′B′C′D′，如图 8－4，新的均衡点为 E，这样交易成本摩擦着资源的合理配置并造成资源配置的效率损失，净损失大小具体如图中的阴影部分所示。

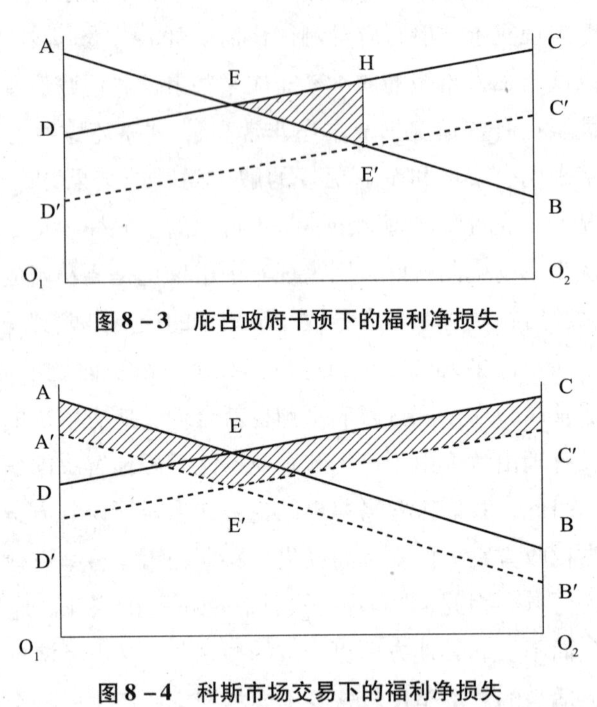

图 8－3　庇古政府干预下的福利净损失

图 8－4　科斯市场交易下的福利净损失

综上，科斯在分析社会成本中只考虑了政府干预成本与市场机制（交易成本）等较“明显”的成本，但疏漏了由此带来的净损失。因此，严格上讲，应该是政府干预的总社会成本（政府干预成本＋政府管干预带来的净损失）与市场机制总成本（市场交易成本＋市场扭曲带来净损失）之间的权衡比较。

第三节　市场与政府作为环境治理手段的组合

理论和实践表明，市场或政府单独无力解决环境问题，可行之道是市场与政府的有机结合。本节先从理论上论证“看不见的手”（市场）与“看得见的手”（政府）的协调与组合问题，然后具体就环境领域应该遵循“政府为主，市场为辅”的组合的观点进行论证。

一、基于市场失灵、政府失灵视角的市场与政府关系的认识

在经济学说史上，政府与市场的关系是贯穿、理解各种学说的主线。强调市场作用（市场主义者）的学派一般与对政府干预带来的消极的批判联系在一起[①]。同样，强调政府应该起主导作用的学派（政府主义者）则从市场失灵带来的效率损害方面进行论证[②]。由此我们似乎可以得出结论：人们对市场与政府的作用实际上是随对政府失灵与市场失灵的认识深化而递进的。

基于对市场失灵的认识，我们发现市场失灵理论实际上表明了市场机制自发调节难达到资源配置的最优化状态，指出了那只神奇的“看不见的手”的局限性，暗含了政府进行纠正的必要性。政府失灵则说明了用政府干预来弥补市场缺陷，也未必能使资源配置回到理想状态。这样，从市场失灵到政府失灵的认识，使人们打破了曾经存在的“斯密神话”和“政府神话”，使人们对资源配置方式的认识从“空中”回到“现实”。

市场失灵论指出了市场机制存在局限性以及政府干预的必要性[③]。而且由于政府的强制性职能，使它能做许多市场不能做的事件。一只经修补的“看不见的手”也许比纯粹的自由放任或无限制的官员的政治规则的制定的极端情况更有效率（萨缪尔森，1964）。而政府失灵论则告诉我们不能完全依靠政府去校正所有的市场缺陷，正像刘易斯（1956）指出的那样，政府失灵既可能是由于它们做得太少，也可能是由于它们做得太多。同样，政府失灵并不意味着我们可以在有效的市场与无效的政府之间选择。因此，明智的选择是寻求“看不见的手”和“看得见的手”相配合的途径，以便最大限度地减轻市场失灵和政府失灵带来的负面影响。

可见，市场与政府间的选择是复杂的，通常不是纯粹在市场与政府间的选

---

① 如亚当·斯密对重商主义国家干预的批判、新古典经济学派强调市场作用一定程度上以政府失灵为前提、反凯恩斯学派兴盛源于政府干预造成经济的滞涨。

② 如凯恩斯认为经典理论失效造成了经济危机、新凯恩斯学派认为自由市场存在工资粘性、信贷市场信息不对称等造成市场不能出清，从而带来效率损失。

③ 斯蒂格利茨（1988）实证研究表明，无论是统计数据还是具体事例，都不能证明政府效率比私营部门更低。

择，而经常是在这两者的不同组合间的选择以及资源配置的各种方式的不同程度上的选择。

二、政府与市场组合原则及组合形式

综上，我们认为政府与市场应该相互结合，取长补短。总的指导思想是：

（1）市场机制是迄今人类最有效率配置资源的方式（钱颖一，2002），因此，在现实中应充分发挥功能，优化资源配置的场合。表现为在市场能发挥作用的场合，市场应该起基础作用。市场失灵的领域，要创造市场运行条件，以尽量利用市场机制。

（2）政府干预经济的目标是优化资源配置状况。在市场机制不能有效配置资源的场合，政府应插手其间，但不是简单地替代市场（除非政府的干预可以产生比市场调节更好的效果），如果政府的干预扭曲了市场机制，降低了整个社会资源配置效率，那么应该减轻或取消干预。即“看得见的手”应顺应“看不见的手”的运行规律，才能实现效率[①]。

（3）在现实经济中，市场和政府的效率边界如何确定？我们用一句最简单的话来概括，凡是市场能做的事情，政府就不要介入。市场不能做的事情，我们也要看看其他非政府的安排能不能做（比如非营利的机构能不能做，宗教组织能不能做，慈善组织能不能做），如果都不能做才是政府该做的事情（盛洪，2005）。

（4）对于发展中国家来说，政府培育市场比干预市场更重要。如果一味地强调政府干预，有可能陷入“双重政府失灵”，即维护职能的缺损和调节功能的失效同时并存。世界银行在 1991 年的发展报告中提出了所谓“亲善市场的发展战略”（the market-friendly strategy），这是一个在处理市场与政府关系时有价值的见解。

总的来讲，市场与政府协同作用才能发挥最大效力。哪种形式相对起主导作用的角度看，政府与市场协同的形式大体包括以下两种：（1）市场为主，政府为辅：市场充分发挥作用，在市场失灵的地方政府适当干预，如图 8－5

① 拉尔（LalD）对某些实行控制政策的国家失败的例子对反市场机制、支持计划化、支持政府控制和干预的“国家控制教条”进行了猛烈的抨击。认为发展中国家存在严重的“政府失灵”，正是“看得见的脚（visible foot）”对“看不见的手（invisible hand）”的践踏应该对糟糕的经济绩效负责。

（a）；（2）政府为主，市场为辅：在市场相对无效（市场失灵）的领域，政府可以为主，但尽量在局部、环节上使用市场。如图 8－5（b）。当然，哪种形式处于相对的主导地位，取决于具体的现实条件。

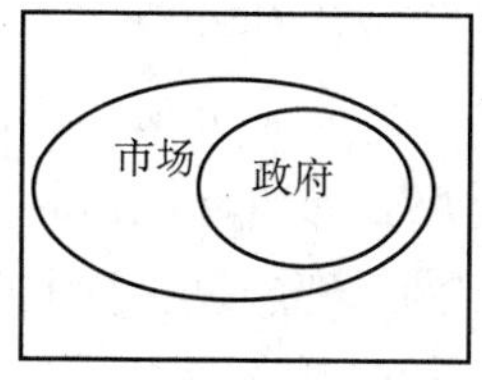

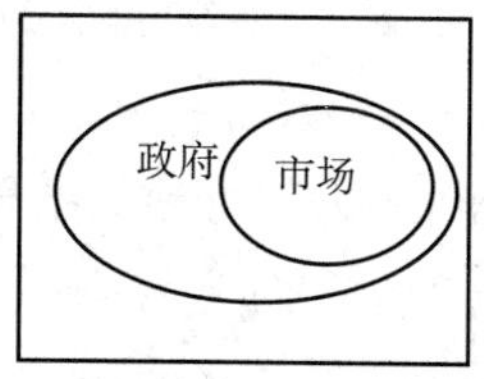

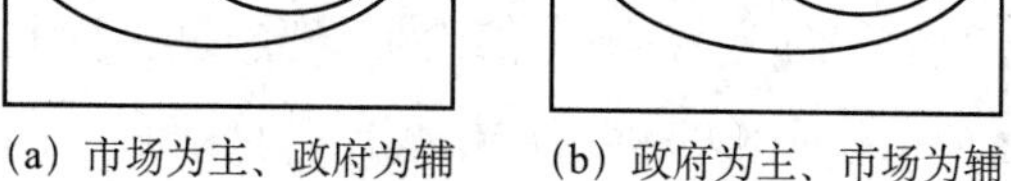
（a）市场为主、政府为辅　（b）政府为主、市场为辅

图 8－5　市场与政府有机组合

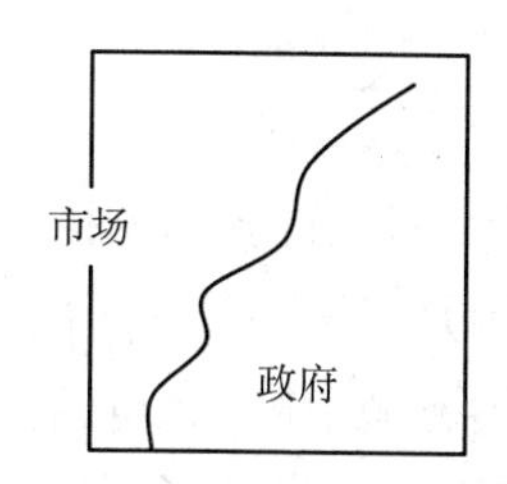

图 8－6　市场政府的机械组合

需要说明的是，为主为辅，只是相对的，在市场经济社会，市场机制与政府干预的选择并非一种“纯”的选择，而是一种‘度’的选择。是“你中有我，我中有你”，是相容调和的鸡尾酒，而非界限分明的“油与水”的机械的组合（图 8－6）。世界银行在 1997 年的发展报告《变革世界中的政府》中强调，市场与政府是相辅相成的，在为市场建立适宜的机构性基础中，国家是必不可少的。绝大多数成功的发展范例，不论是近期的还是历史上的，都是政府与市场形成合作关系[①]。当然，在现实中具体如何处理市场与政府的关系，以使其有效协作乃至相容为一体，不仅是一门科学，更是一门艺术。

三、环境治理“政府为主，市场为辅”

（一）环境管理“政府为主”

环境保护领域以政府为主导是基于以下考虑：

（1）传统市场失灵。一方面，由于环境保护活动、环境基础设施是具有非竞争性、非排他性的公共品，公共品供给悖论决定难以通过市场进行供给；另一方面，企业排污行为具有负外部性，市场一般无法解决此类外部性。同时，公众既是经济增长带来收入增加、物质产品丰富的受益者，也是企业环境污染的受害者。公众自我利益与整体利益、短期利益与长期利益存在冲突，以及环境治理上公众“搭便车”心理使集体行动困难，这些都需要政府进行干

① 世界银行．变革世界中的政府——1997 年世界发展报告［M］．北京：中国财政经济出版社，1997.

预与协调。

（2）环境问题的特殊性。环境污染具有潜伏性、滞后性以及不可逆的性（污染超过环境阈值后将不可恢复）的特点，而且环境污染一般具有还具有越界污染、国际性、代际转嫁性等特征，这些特征决定政府应该在环境管理中处于主导地位。对这种主导作用，世界银行将其总结为“经济靠市场，环保靠政府”，且被许多国家接受和采纳成为其行动的指导思想。导致环境污染的重要原因是市场失灵，环境保护是政府必须发挥中心作用的重要领域，同其他许多发展领域不同，政府的环境保护工作不应是逐渐放松规制，而应是不断强化规制①。

我国政府的环境保护中具体职能包括：第一，政府制定环境保护法律、法规和环境标准，实现对环境污染的硬性管理。第二，政府统一编制中长期环境规划和重大区域环境保护规划。第三，承担部分公益性强的环境基础设施建设，跨区域污染综合治理项目，保护生态环境和公共资源，实现环保的公益性目的和规模效应。推动科学技术进步。第四，制定经济政策手段，培育和扩大环保市场，引导企业参与环保市场的投资、建设和运营活动。第五，开展环境保护宣传教育，鼓励社会公众实现环境友好行为。

（二）环境领域充分运用市场机制的必要性

我国环境领域应该充分利用市场机制，其必要性主要体现在以下两个方面：

一方面，政府管理具有较大的弊端。第一，高的管理成本。我国技术水平落后、污染强度大的中小型企业的蓬勃发展，使得环境管理难度增大。第二，政府强制手段往往会因为过分强调环境效果而忽视了经济效率和公平，往往“一刀切”，损失效率。第三，政府财力有限，同时政府环境投资资金存在低效率使用问题。第四，政府直接管制下，企业缺乏治污激励和追求环境技术进步的动力。

另一方面，环境管理中利用市场机制有以下优点：其一，刺激企业治污主动性和积极性。环保领域市场机制通过经济利益来约束污染者的行为，使其在考虑自身经济利益的条件下主动满足政府所规定的环境要求，从而达到好的环

---

① 中国环境与发展国际合作委员会（CCICED）. 给中国政府的环境与发展政策建议［M］. 北京：中国环境科学出版社，2007.

境效果。其二，缓解政府资金压力长期以来受资金供给和投资体制双重制约，政府环保投资一直不能满足环境保护的需要。环保市场机制（如环境基础设施领域的公私合营机制，环境 BOT）的筹集资金功能必然能够发挥重要作用。其三，降低环境管理的行政成本。传统环境管理手段成本过高，执行命令——控制型的环境政策，需相应设置大量的机构，投入大量的资金和人力。相比之下，环境市场机制（如排污权交易、污染第三方治理等）主要利用经济杠杆，人力、资金的需求大大减少。

事实上，我国政府较早就认识到市场机制在环境保护中的重要作用，并制定了相应的政策措施。1992 年 8 月 10 日，经党中央、国务院批准的《中国环境与发展十大对策》中的第七大对策明确指出："随着经济体制改革的深入，市场机制在我国生活中的调节作用越来越强，各级政府应更多地运用经济手段来达到环境保护"。1994 年 3 月国务院通过的《中国 21 世纪议程》明确提出要"有效利用经济手段和市场机制"，促进可持续发展。在 2005 年，国务院发布的具体政策导向性的文件《国务院关于落实科学发展加强环境保护的决定》明确提出，要推行有利于环境保护的经济政策，建立健全有利于环境保护的价格、税收、信贷、贸易、土地和政府采购等政策体，要运用市场机制推进污染治理。2015 年《中共中央、国务院关于加快推进生态文明建设的意见》进一步提出，加快推行合同能源管理、节能低碳产品和有机产品认证；建立节能量、碳排放权交易制度，深化交易试点，推动建立全国碳排放权交易市场；积极推进环境污染第三方治理，引入社会力量投入环境污染治理。可以预期，随着我国市场经济体制的进一步完善，政府宏观经济管理能力和环境管理能力的进一步提升，环境市场机制将在环境政策中占据越来越重要的位置。

第九章

政府与市场之外：第三部门及三部门制衡

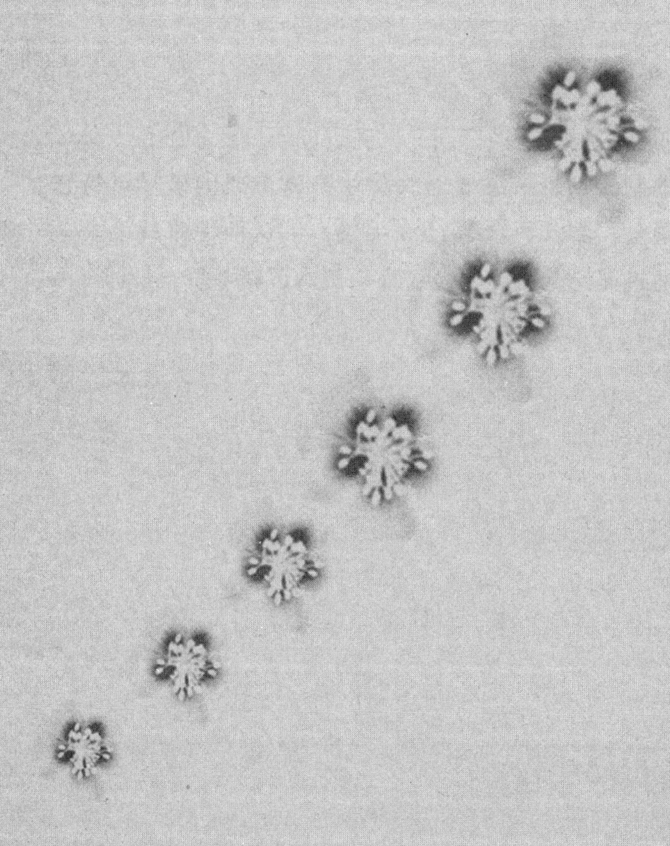

决定人类行为的两种最根本和最持久的力量：一是经济，二是宗教。

——马歇尔

为了抑制资本逻辑的横行霸道，实现向环境保护性生产体制乃至循环性生产体制转换，有必要对大量生产体造成的破坏进行法律制裁，并引入税金、课以罚金等经济手段，以这两手来保全环境。但是，如果不通过舆论、运动的力量来与资本逻辑斗争，任何一手都不能发挥作用。

——岩佐茂

由前面的分析，我们知道市场扩张、市场失灵等造成了环境污染，但市场的价格机制、竞争机制一定程度上能缓解环境污染问题。政府宏观政策（财政、区域、贸易、投融资等）以及微观环境管制亦对环境有重要影响。环境领域关于市场与政府关系普遍接受的观点是政府与市场应该取长补短，灵活组合应对环境污染（环境管理中“政府为主，市场为辅”的思想是该观点的具体体现）。然而，在环境管理的某些领域，如随地吐痰、乱扔垃圾、公众的浪费性消费等引起的环境问题，政府、市场及其组合都不能有效应对。面对这种情况，动员社会公众环境参与，加强环境教育提高公众环境意识等其他手段就非常必要。本章将着重探讨政府、市场之外改善环境质量的其他途径。

第一节　政府、市场双重失灵

政府、市场在环境治理领域能取得一定的效果，但也存在不足（失灵）。理论上讲政府与市场的结合有四种情况：政府、市场都有效；政府有效，市场无效；政府无效，市场有效；政府、市场均无效（即双重失灵）。以下我们研究政府、市场的组合情况，尤其对双重失灵情况进行研究。

一、政府、市场失灵及选择

由于环境领域的外部性（环境污染的负外部性与环境基础设施的正外部性）、信息不对称、高的交易成本等因素的存在，市场自身不能解决这些问题（市场无效）。但是，市场的价格机制、竞争机制等刺激企业节约资源利用、驱动企业从事绿色生产等机制，这些机制一定程度上有助于改善环境质量（即市场与环境存在兼容的一面）。可见，市场在环境治理领域存在有效与无效的情况。同样，政府环境管理一般能使环境污染得到有效遏制（政府有效）。但政府环境管理过程中通常伴随政府失灵（具体包括政府政策失灵和管理失灵两大类），往往导致环境进一步恶化（政府无效），即政府环境管理上也面临有效与无效的问题。

基于此，我们将政府与市场各自有效、无效的情况进行组合[①]，得到环境领域政府、市场组合的四种情况（见图9－1）。这样，我们从政府、市场作用效果维度可以将治理空间划分为四个区域：区域1政府有效，市场有效；区域2政府无效，市场有效；区域3政府无效，市场无效。区域4政府有效，市场无效。

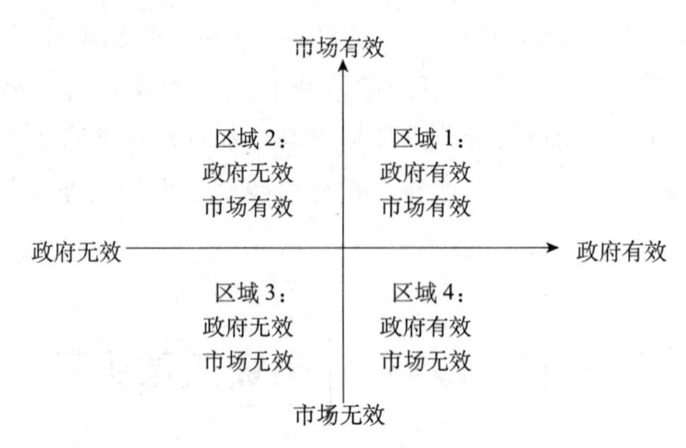

图9－1　政府、市场组合区域划分

相应地，政府与市场不同情形下具体选择如图9－2所示。

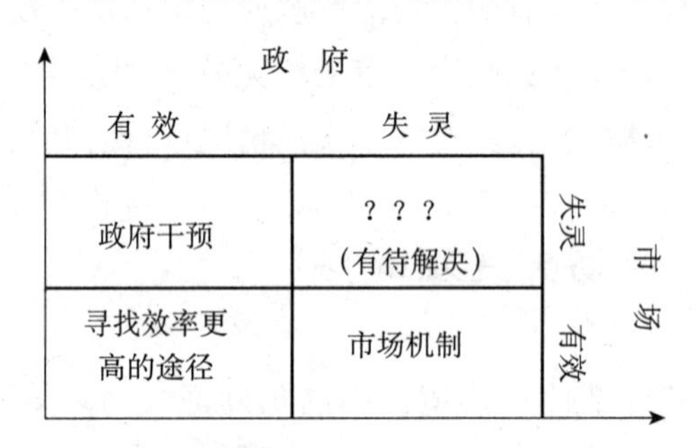

图9－2　解决环境问题政府、市场矩阵

区域1：政府与市场都有效。在这种情况下，我们应该综合考虑环境管理效果、效率、灵活性、公平性、社会可接受性等方面，从中选出最优治理方式，以实现“二优相权取其重”。

区域2：政府无效，市场有效。在这种情况下，应该以市场手段为主。当然政府进行适度管理是必要且必须的（如环境法律的颁布与执行，排污权交

---

① 需要说明的是，这里有效、无效只是相对划分。某种手段有效并不代表该手段没有缺点，只是表明其他手段相对效果更差；同样，一种手段无效也不代表完全不能发挥作用，只是表明该手段取得的效果较小。

易市场的建立与监管等）。

区域3：政府无效，市场无效，即政府、市场“双失灵”（如随地扔垃圾、公众奢侈性消费造成环境问题加剧等情形）。在这种情况下，市场“看不见的手”无法实现环境质量的改善，同时也很难通过政府“看得见的手”去实现这一任务。为此，应当在市场—政府思路之外找到其他途径来予以解决（这也正是本章着手研究的问题）。

区域4：政府有效，市场无效。在这种情况下，应该以政府管理为主。当然并不意味只靠政府，在很多方面也应辅以市场机制以实现最优的环境管理效果。

二、市场、政府双重失灵下环境治理思路的发展

在20世纪80年代以前，社会科学中关于市场与政府关系流行一种简单化的非此即彼的两分法范式：要么市场，要么政府。随着信息化、经济全球化的快速发展及带来的社会、经济结构的转型，传统市场、政府难以应对社会、经济问题，国际上出现所谓的治理危机。人们反思政府与市场的关系，对过去社会科学过分简单的“政府与市场”两分法范式产生强烈的不满，开始重新探索社会治理之道，这方面影响较大的理论有：

（1）新公共管理理论。该理论核心思想是政府借助私营部门管理效率来提升政府绩效。在公共品的提供上，将竞争机制引入政府公共管理服务领域，鼓励私人投资和运营公共服务行业。在缓解政府财政困难的同时，同时提高了政府公共服务的效率和质量。

（2）治理理论[①]。该理论认为，政府“垄断”公共事务是不可能也是不现实的。应将公共事务的管理权限和责任从传统政府垄断中解放出来，形成社会各单元（政府、企业、个人乃至国际社会）共治思想。

（3）多中心理论。多中心理论指出，政府治理或市场治理均不是公共事务治理的唯一有效解决方案，应当在政府与市场之外寻求新的路径。以埃莉

---

① “治理”（governance）一词可追溯的古希腊语的“掌舵”（steering）一词，原意主要指控制、指导或操纵。无论是传统还是辞书上的解释，都一度把“治理”看作“统治”（management）的同义词语。但近年来，治理的用法和内涵都发生了明显的改变，已经成为一个与“统治”含义截然不同的词。传统的统治或管理模式往往是政府自上而下通过发号施令对社会事务实行单一向度的管理，而治理则是一个上下互动的管理过程，主要通过合作、协商等方式对公共事务进行管理。参见：俞可平．全球化：全球治理［M］．北京：社会科学文献出版社，2003：5－8.

诺·奥斯特罗姆为代表的学者研究表明：人类社会大量的公共池塘资源问题在事实上并不是依赖国家也不是通过市场来解决，人们的自主治理往往是更为有效的解决公共事务的制度安排。“多中心”意味着有许多在形式上相互独立的决策中心，它们在竞争性关系中相互重视对方的存在，相互签订各种各样的合约，利用核心机制来解决冲突（奥斯特罗姆，2000）。

（4）第三部门理论。该理论认为，在政府与市场之外还存在着一个广阔的“第三域”（第三部门），包括各种非政府公共组织、非营利组织、民间慈善组织、志愿者组织、小区组织等，这些组织在公共事务治理方面都发挥着重要作用。

综合现有认识以及环境管理领域的特点，本书使用“第三部门（the third sector）”这个概念来描述市场、政府之外的其他主体以及对应的作用机理。所谓第三部门，指在第一部门或公部门（public sector），与第二部门或私部门（private sector）之外，既非政府单位、又非一般民营企业的事业单位之总称。即本书“第三部门”除了传统政府、企业之外的第三类主体（包括非营利组织、民间慈善组织、志愿者组织、小区组织等）[①]。

在环境保护领域，第三部门的主体主要包括社会公众，环境非政府组织、社区等。同时，与社会治理中三类主体（部门）相对应，各类主体在社会事务治理中分别执行不同的运行机制，具体为政府（调节）机制（也称第一种调整机制）、市场（调节）机制（第二种调整机制）以及社会（调节）机制（第三种调整机制）。所谓政府调节机制指它以行政手段（政府命令）为主要手段对经济社会事务进行调节。理想的政府调整机制是“善政”（governance）的，严明的法度、清廉的官员、较高的行政效率、公正的行政管理是其特征。市场调节机制指用市场“看不见的手”去调整人与人的关系和人与自然的关系。社会调整机制（第三种调整机制）指通过非政府组织、社区、公众以及社会舆论、社会道德和公众参与等非行政、非市场手段去调整人们的行为，从而达到环境治理的目标。因此，本书所指环境第三部门不仅仅指政府、企业之外的各种主体，更重要的是具有治理机制的含义。

---

① 之所以以“第三部门”来概括，以使与书名相契合，对应“政府—市场—社会机制”，也能自洽于本书的研究框架。这里还需要特别指出的是，有关第三部门是公共管理领域的概念，社会学里称为社会机制，经济学上更多地在非正式制度框架下进行分析。要驾驭含义相近但外延不尽相同的概念有一定难度，也非笔者能及。因此，本处对第三部门的界定及特性的概述也仅是一家之言，未必得当。同时，鉴于各学科关于第三部门研究还不成熟，过早限定其内涵反而会限制该概念的进一步发展。

第二节　第三部门参与环境治理

为了弥补和解决政府与市场在社会事务管理中造成的失灵问题，社会学者提出第三部门理论。第三部门理论主张政府、市场以及之外的主体（第三部门）来共同参与社会事务的治理。本节将从主体角度（社会公众、社区、环境非政府组织）来研究第三部门对环境的影响。

一、社会公众

社会公众环境参与指居民参与环境污染的预防和环境治理行为。随着环境问题的日益严峻以及公众收入水平、环境意识的提高，公众环境参与甚至是环境问题是否能切实改善的关键。美国、日本等西方国家的实践证明，没有居民的支持与参与，仅仅依靠国家的环境管理和企业的自律行为去治理环境污染将是管不胜管，防不胜防。对此，日本学者宫本宪一（1992）进行了总结并指出，环境管理如果没有当地居民的参与，净化河流、保护绿地、保护街区等都是不可想象的。也正因为如此，1992 年联合国里约环境发展大会更将“公众的广泛参与和社会团体的真正介入是实现可持续发展的重要条件之一”写入《21 世纪议程》。社会公众仅是监督、促进企业遵守各项污染防治法律法规、克服环境保护领域“市场缺陷和失灵”的重要力量，而且在减轻或消除政府决策失误所造成的严重环境后果、克服环境保护领域“政府缺陷和失灵”现象方面更是发挥着不可替代的作用。在西方国家，公众通过舆论声讨、示威游行、请愿等方式，表达对大气污染、噪声、垃圾、水污染等方面环境问题的强烈排斥，迫使政府的环境决策和治理行为建立在公众的意愿之上。在我国，有学者通过截取 20 世纪末以来的全国公众环境意识调查材料发现：过去 10 年，我国公众环境意识的总体水平呈上升趋势，公众的环保参与水平有所提高，公众对环保工作的满意度、环保行为的关注度和参与度、环境问题产生的根源等都有了较为深入的认知。如公众在消费过程中越是趋向于选择那些“绿色产品”，愈来愈重视通过在环境公共事件中的集体主张来影响大规模环境事件的处置。近年来，围绕怒江建坝、圆明园湖底防渗工程、厦门 PX 事件、血铅事件等环境公共事件的讨论，都可以看到公众环境意识的觉醒以及由环境意识引导的环境保护集体行为的自我整合力和组织能力。

公众参与环境管理具有以下优势：其一，公众维护自身的环境权益有利于抵制现实中不断出现的环境污染和破坏的侵权行为，从而抑制环境质量进一步恶化。其二，公众参与环境保护的行为可以在社会上形成良好的社会氛围和舆论声势，对企业和政府的污染行为形成压力，从而推动环境保护的发展。其三，公众环境参与使环境政策更加符合民意、民情，使环境政策在实施中遇到的阻力减少。一些研究结论也表明，公众参与对环境质量改善有重要作用。世界银行（1997）运用非洲、亚洲和拉丁美洲 49 个国家 121 个乡村供水项目的数据，测定了公众参与和项目业绩之间的关系。结果表明：在 49 个参与程度较低的项目中，只有 8% 是成功的；而在 42 个受益者高度参与的项目中，64% 都是成功的[①]。达斯古普塔（1997）、阿夫莎（Afsah，1996）等的实证研究也表明，公众环境参与是环境质量改善的重要因素。

公众参与环保大致包括三种类别：其一，公众直接与污染者谈判或对簿公堂。其二，公众通过向政府提供信息和施加压力，通过政治途径向污染者表达自己的利益诉求。其三，随着公民社会发展和成熟，环境非政府组织发展迅速，成为公众参与环保的一种重要的途径。近年来，我国制定了大量政策法规，鼓励公众积极参与环境管理（见表 9 - 1）。

表 9 - 1　　我国关于公众参与环境的政策法规

时间	名称	内容
1993 年 6 月	《关于加强国际金融组织贷款建设项目环境影响工作的通知》	明确了公众参与是《环境影响评价报告书》的重要内容；提出了环境工作中公众参与的方式和途径
2002 年 8 月	《关于进一步加强环境信访工作的通知》	建立并完善行政领导责任制和信访月报制度，加强了信息反馈和信访案件的督办
2003 年 9 月	《环境影响评价审查专家库管理办法》	规定入库专家应具备的途径，明确了专家挑选的随机机制，并提出了专家的动态管理办法
2006 年 7 月	《环境影响评价公众参与暂行办法》	明确了公众参与环评的权利，规定了参与环评的范围、程序、方式和期限，保障公众环境知情权、调动各利益方参与环保决策的积极性，奠定了我国公众参与环境政策法制化的基础
2015 年 9 月	《环境保护公众参与办法》	保障公民、法人和其他组织获取环境信息、参与和监督环境保护的权利，畅通参与渠道，促进环境保护公众参与依法有序发展

资料来源：作者收集、整理。

① World Bank. Striking Balance the Environmental Challenge of Development. Washington. D. C. Press of UN University，1989.

二、环境非政府组织（ENGO）

非政府组织（non-governmental organization，NGO）指在地方、国家或国际级别上建立起来的，以促进经济发展与社会进步为目的非营利性的、自愿公民组织。环境 NGO 是以环境保护为主旨，不以营利为目的，不具有行政权力并为社会提供环境公益性服务的民间组织。它除了具有组织性、民间性、公益性、自治性、志愿性、非营利性、合法性、非政党性等特征之外，还有其特殊属性，即以环境保护为主要活动范围。

由于环境 NGO 具有不同于政府组织的特性，因此在环境保护工作中常常发挥着政府组织所不具有的作用，有效弥补了政府工作的薄弱环节。环境 NGO 在环境保护活动中的作用主要体现在以下几个方面：

（1）维护社会和公众的环境权益。环保民间组织在维护社会和公众环境权益方面发挥了积极作用，有力地推动了政府把环境知情权、参与权、监督权和享用权真正还给公众，将公众对“四权”的真实意见反馈给政府。

（2）参与政府环境政策的制定与执行的监督。环境 NGO 对有重大社会影响的环境问题进行实际调查、分析评价，向政府组织提出建议，从而推动政府决策的科学化。同时运用自身的民间基础、专业知识以及沟通渠道，对国家环境政策的实施发挥促进者和监督者角色。

（3）提高公众的环境保护意识。通过积极向社会公众提供最新的环境信息、传播环境保护的先进理念，通过发放宣传品、举办讲座、组织培训、出版环保书籍，以及开展环保公益活动等，采用多渠道、多方式向社会和公众宣传、传播环保理念，提高保护环境责任意识。

20 世纪 60 ~70 年代，环境 NGO 只是在北美和西欧等国家发展。90 年代初，环境 NGO 在世界范围内开始发展起来。1998 年，美国就大约有 1 万多个各种各样的非政府环保组织，其中 10 个最大组织的成员达 720 多万人。1999 年，日本全国的环保 NGO 数量在 1.5 万个左右。一般认为，我国真正意义上的环境 NGO 产生于 20 世纪 90 年代，以 1994 年 3 月在北京成立的“自然之友”为标志。此后，各地的民间环保组织如雨后春笋般破土而出，构成了当今中国一定数量、初具规模、兼具特色和潜力的“民间环保群”。由中华环保联合会发起、中国青年报社会调查中心承办的“中国民间环保组织现状调查”显示，到 2005 年 9 月 29 日，国内能够准确联系到的环境 NGO 已有 2500 多家。

三、社区

这里所指的“社区”不是单纯地指一个居民小区，而是在行政区划基础上由一个或几个有相似社会、经济、环境特征的相邻区域组成的社区。社区最重要的特点就是社区居民对社区中的公共品、公共服务具有较强的“共享性”，这种共享的内容比较广泛，不仅仅指物质利益，如社区基础设施、社区环境等公共品或服务，还包含更多非物质利益，比如价值观念、习俗文化、生活方式等①。

社区治理位于国家治理与私人治理两个极端间的中间状态，正是这种中间状态有效弥补了国家与私人两个极端治理模式的不足。一方面，当一个社区通过合作机制自成一体时，他们便可以以一个统一的拥有者的身份使“公地式”的生态环境产权明晰；另一方面，社区达成高度一体化后，可使社区治理生态资源时的激励强度最接近于私人治理。共同的未来利益、文化价值、社会纽带和民间权威使社区成员间的合作成为可能，从而避免“公地悲剧”的产生。具体来讲社区在环境治理方面有以下作用：

（1）社区自治组织建设、社区公共服务、居民参与机制以及民间中介组织的培育，增强了居民对社区产生认同感、归属感、亲和力。社区信任增强了公民参与社会事务的凝聚力与向心力，使公共事务的开展能够取得“一呼百应”的效果。同时，社区信任机制的存在，可以大大减少摩擦与冲突，降低社会运行的成本，从而提高治理绩效。

（2）社区是化解矛盾、平衡各方利益的重要方法。社区公众可以通过沟通和对话机制，化解矛盾，平衡各方利益，调节人与人之间、人与自然之间的关系。通过社区交流对话机制，明确环境问题产生的主要责任方，通过公众施加压力促使企业将环境成本内部化。

（3）环境监督作用。正如世界银行的最新政策研究报告《绿色工业：社区、市场和政府的新作用》所指出的，越来越多的发展中国家正在通过社区、

---

① 1955 年美国学者 G. A. 希莱里认为可以从地理要素（区域）、经济要素（经济生活）、社会要素（社会交往）以及社会心理要素（共同纽带中的认同意识和相同价值观念）的结合上来把握社区这一概念，即把社区视为生活在同一地理区域内、具有共同意识和共同利益的社会群体。世界卫生组织（1974）界定社区（community）是一固定的地理区域范围内的社会团体，其成员有着共同的兴趣，彼此认识且互相来往，行使社会功能，创造社会规范，形成特有的价值体系。可见，社区主要因素包括：社会互动、社区认同（如“归属感”及“社区情结”）。

股市和新闻媒体的力量来监督企业污染气体和污水的排放，从而大幅度减少了工业污染。

（4）社区公众对话是信息公开的重要途径。由于社区公众对话形成了政府、企业和公众三方沟通的机制，在很大程度上能保证公众的知情权，有效促进环境信息公开。对企业而言，企业可以对居民宣传企业为改善环境所做的工作和努力，争取公众的理解，减少相关的冲突。对公众而言，可以从政府、企业手中获得大量的与社会公共生活相关的信息。

正因为如此，1972 年《人类环境宣言》就强调社区参与治理的重要性，“在政府和市场提供一个追求自我利益的正式的制度体系的时候，社区与 NGO 则为人民提供非正式的将生活空间、非物质性的价值逻辑与治理手段结合起来的社会自身的场所”。1990 年联合国颁布《21 世纪议程》指出，政府应加强地方和社团组织，支持以社团为动力的做法，以期达到持续增长、社会发展的目的。

第三节　三种调节机制及三部门制衡

上节我们从主体角度研究了第三部门对环境治理的参与。本节我们将主要从机制的角度来分析第三部门。

一、环境保护的三种调节机制

我们知道，由于环境污染的负外部性、环境保护的正外部性、环境资源公共性等，造成市场失灵，意味市场不能有效配置环境资源。由此，自然让人想到政府干预以纠正市场失灵。长期以来环境保护被看作政府的事，并形成了所谓“发展经济靠市场，保护环境靠政府”的观点。这样，政府干预成为环境保护的第一种机制。然而，现实中由于信息不完全、公共决策的局限性、寻租活动的危害等使政府在环境管理中同样面临政府失败的危险，政府对“市场失灵”的领域进行管理未必就“政府有效”。科斯定理揭示市场本身在一定条件下能够实现外部效应的内部化，而无须政府进行干预。同时，实践中在环境保护领域市场机制被广泛采用。由此，市场机制成为环境保护的第二种机制。

随着环境问题从社会边缘问题上升为中心问题，人们发现传统的政府与市场机制越来越难以应对日渐复杂的环境问题。在市场机制和政府机制难以发挥作用（无效或失灵）的情况下，人们引入公众参与、环境 NGO、社区等第三种社会力量参与环境管理，通过社会治理、政治参与、监督批评，对政府、企业行为构成了有力的制约与监督，形成了与政府相竞争甚至相抗衡的力量，从而大大改善环境质量。这种强调社会力量广泛参与环境管理的机制就是环境保护的第三种机制。特别指出，与西方发达国家相比，我国并不存在严格意义上的公民社会，“社会”常处于“缺席”状态，弱势群体的合法权益也常常无法得到有效的维护。在很多情况下，环境治理成为地方政府平衡“维稳”与 GDP 二者关系的权宜之计，从而陷入“污染治理→继续污染→继续治理”的循环怪圈。当前我国的环境抗争抑或治理陷入了一个看似无解的困境，其根源不在于发展主义而在“社会”的缺席。在此，我们想强调的是，一个健康和谐的社会必然是社会系统协调运转的社会，一个良性运行的现代社会必然是国家、市场与“社会”均衡发展的社会，否则无论是环境抗争抑或治理都将继续付出更为惨重的代价。总之，第三种调节机制将非政府的社会力量作为调整的主体，将民间环保组织和社会大众置于基础性地位，将调整的重点放在具体的环境冲突的化解。实践证明，发展环境保护事业、调整好人与自然的关系必须依靠公众和社会团体的支持参与。

我们将环境保护的三种机制综合于图 9－3。在此基础上我们得出两个结论：第一，环境问题的解决远非人们所认为的政府、市场以及政府市场的组合就能解决，在一些环境治理领域必须靠第三部门的社会调节机制才能有效解决。第二，环境领域的这三种机制（政府机制、市场机制、社会机制）并不是单独发挥作用，它们通过协作实现良性互动能更好地实现环境治理目标。

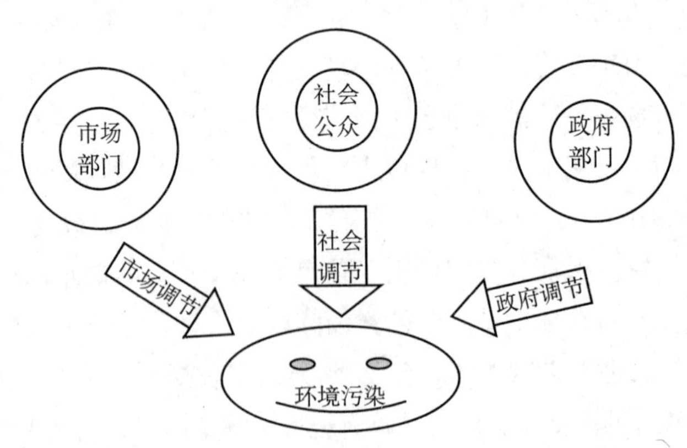

图 9－3　环境保护的三个部门及三种调节机制

这种环境合作治理是以政府为主导，但这并不意味着在框架内仅仅存在“权威—依附”型或“命令—服从”型的垂直型合作关系，它还内含了“民主—平等”型或“协商—对话”型的横向性合作关系。对于那些法律规定的、需要政府公权力强力推行的环境治理手段——如排污收费、环境侵权行为制裁等，应当坚持以垂直性合作治理为主，私人与非政府组织仅具有辅助性功能；而对那些非正式或市场化的环境治理手段——如排污交易和环境规划等，则需要交给市场或社会组织来承担，政府则主要起到保驾护航作用。

环境保护需要三部门协作、三种机制调节已形成广泛共识。1992 年联合国环境与发展大会通过的《里约宣言》第 10 条宣布：“当地环境问题只有在所有有关公众的参与下才能得到最好解决……各国应广泛传播信息，促进和鼓励公众知情和参与”。我国专家曲格平（2005）呼吁公众、产业界和政府三种环境保护社会力量良性互动，形成政府管制、市场调节和社会调节相结合的环境保护综合机制。2015 年《中共中央国务院关于加快推进生态文明建设的意见》也指出要提高全民生态文明意识；积极培育生态文化、生态道德，使生态文明成为社会主流价值观；把生态文明教育作为素质教育的重要内容，纳入国民教育体系和干部教育培训体系；通过典型示范、展览展示、岗位创建等形式，广泛动员全民参与生态文明建设。提高公众节约意识、环保意识、生态意识，形成人人、事事、时时崇尚生态文明的社会氛围。同时，鼓励公众积极参与，完善公众参与制度，及时准确披露各类环境信息，扩大公开范围，保障公众知情权，维护公众环境权益，健全举报、听证、舆论和公众监督等制度，构建全民参与的社会行动体系，在建设项目立项、实施、后评价等环节，有序增强公众参与程度，引导生态文明建设领域各类社会组织健康有序发展，发挥民间组织和志愿者的积极作用①。

可见，环境保护第三部门的引入，不仅仅只是环境治理作用部门的改变，重要的是治理机制的变化。当然，这些部门以及相应的作用机制间是相互制衡和促进的关系，以下将就此方面进行进一步分析。

二、三部门（政府、市场、社会）之间的合作与制衡

（一）公众与企业间的合作与制衡

（1）公众约束企业（Ⅰ）。具体包括：一是参与约束，公众通过环境参与直接阻止企业的排污行为；二是市场约束，公众购买绿色产品、银行实施绿色

---

① 中共中央国务院关于加快推进生态文明建设的意见（2015 年 4 月 25 日）. http：//politics.people. com. cn/n/2015/0506/c1001 –26953754. html.

信贷政策等约束企业；三是监督约束，消费者、投资者、股东、供应商、社区组织等对企业的压力越来越大。如果消费者、社区团体或投资者关注企业的排污行为，社区团体向企业施加更高的削污压力，它将促使企业在环境上有更好表现（Cohen & Konar，1995）。

（2）企业约束公众（Ⅱ）。这种约束表现在以下方面：第一，企业提供绿色产品，改变公众消费内容；第二，企业提供更多低环境损害的服务或产品，满足公众高层次需求；第三，企业通过推行清洁生产、环境管理质量认证体系，倡导企业社会环境责任有助于提升社会环境氛围，从而潜移默化影响并提升消费者环保意识。

（二）企业与政府间合作与制衡

（1）政府约束企业（Ⅲ）。如前所分析的，政府有多种手段对企业进行环境管理，包括法律法规约束、政府行政手段管制等，政府还通过激励性的经济手段对企业污染排放进行约束和激励。

（2）企业影响政府（Ⅳ）。在环境领域，企业对政府政策亦产生影响。这种作用对环境的影响可以是消极的，也可以是积极的。前者如企业在环境管制方面寻租政府官员，或给政府施压以求降低环境标准和要求。后者表现为一些进行清洁生产、发展循环经济以及严格环境标准的绿色企业呼吁（倒逼）政府对这些行业的扶持，促进政府各项政策的绿化。

（三）公众与政府间合作与制衡

（1）政府引导、保障公众环保行为并进行环境教育（Ⅴ）。一方面，政府通过立法保障公众环境私权（安宁权、不受污染权、求偿权等）和环境知情权，监督权、参与权等环境公权，以确保公众环境权的实现。同时在社会范围大力进行环境宣传教育工作，提高社会公众的环境意识，从而有助于环境质量的根本改善。

（2）公众监督政府（Ⅵ）。公众在环境方面可以对政府立法、执法监督（如环境听证，环境法律法规的投票表决），同时公众通过媒体投诉、环境信访、司法诉讼对政府环境违规行为进行约束。达斯古普塔和惠勒（1997）在对中国公众参与环保的研究中指出，公众在向政府环境管理部门上访或信访的过程中给地方政府对环境违规行为的整治施加了压力。

（3）政府与非政府组织的合作。政府在环境治理中市场机制和行政机制失灵问题将会导致环境治理缺乏效率和效能。要克服这个问题，首先就是政府为非政府组织提供制度上和政策上的支持，以使它们能与政府在环境保护领域展开积极合作。其次，加强政府与公众的合作。社会个体的环境公民身份不仅意味着享有关于环境的权利，同事还意味着应对环境承担积极的义务。具体而言，公民的参与治理包括对环境立法、环境执法、环境司法等环境法治实践各个环节的参与。

以政府为主导的环境公共治理模式，通过建构一种政府与非政府组织、私人之间的合作关系，事实上是利用非政府组织的环境专业知识和宣传作用以及私人对政府行为的监督，来弥补政府在环境治理中的失灵，提高政府环境公共产品供给的水平。

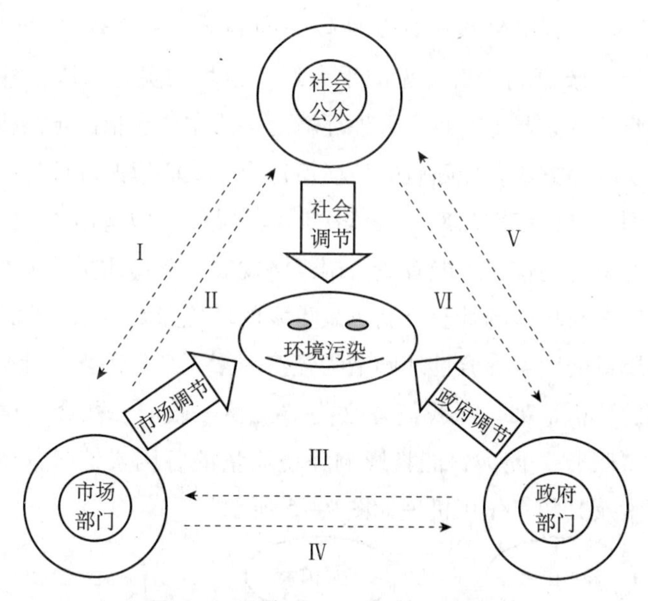

图 9－4　三部门之间的合作与制衡

可见，政府、市场、社会三种机制各有其特点和缺点，各有其适用范围和方式，并且相互依赖、相互补充，从而有助于环境管理逐步从“政府直控”向“社会制衡”转变。政府与企业所构成的“二元”结构往往要么是“对立”，要么是“妥协”，表现为不稳定。作为第三种力量，第三部门成为监督政府和企业的社会力量，形成环境管理的“三元结构”，这是一种更加稳定的结构。在某种意义上，公民是基本的社会推动力量，因而公众、环境非政府组织积极参与环境治理具有丰富的宪政和法治意义。在环境共同治理框架内，政府应当引导公众和环境非政府组织广泛参与、依法参与、有序参与、高效参与环境事务。环境公共治理的理想状态应当是以民主、法治、科学、合作、平衡、成效、监督、救济等原则指导下的环境立法、执法、司法、监督、救济等诸环节的普遍共治。

第四节　影响环境质量的“经济—政府—社会”分析框架

污染排放是经济生产的伴生物，因此经济因素是理解环境问题的主线。经济发展伴随产业结构、经济规模、技术水平、对外开放等发生变化，进而对环境质量产生影响。环境领域是外部性较强的领域，外部性导致市场机制梗阻（即市场失灵），政府利用看得见的手去纠正市场失灵，采取各种措施对环境进行管理就非常有必要了。政府管理环境的手段主要包括制定法律法规、行政手段、经济手段等方式。伴随政府环境治理力不从心以及环境进一步恶化，人们逐渐认识到，仅仅依靠政府无法解决环境问题，大力动员包括政府、企业、公众等社会力量协同作用才能有效协调经济发展与环境质量的关系，充分调动并保障各主体参与环保的社会机制也是重要的环境影响因素。由此，我们可以把影响环境质量的因素综合性地归纳为经济因素、政府因素、社会因素，并形成一个系统的分析框架——我们称之为“经济—政府—社会”框架。该框架具有强大的“吸收”能力，能将影响环境质量的各因素纳入其中。影响环境质量的各要素及其相互作用机理如图 9 -5 所示。

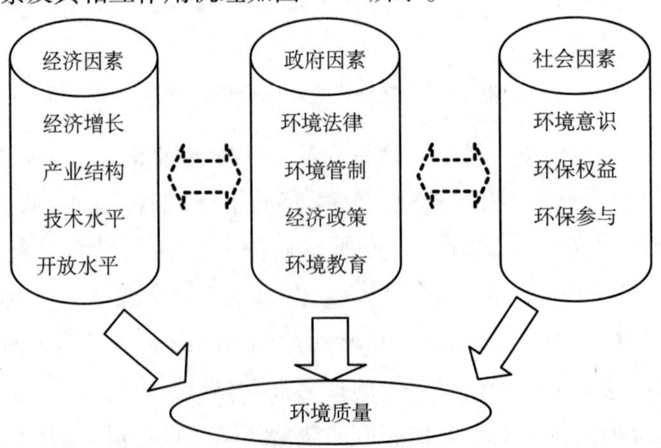

图 9 -5　影响环境质量的“经济—政府—社会”分析框架

一、环境问题的“经济—政府—社会”分析框架

（一）模型建立

（1）经济、社会等因素对环境的影响。影响环境质量的因素非常多，除收入外，还涉及经济规模、经济结构、技术水平、贸易、政治体制、环境意识等众多因素。结合“经济—政府—社会”机制的分析框架，将影响环境质量的模型设定如下：

$$\ln(E_t)=\alpha_t+\beta_1\ln(Y_t)+\beta_2\ln(S_t)+\beta_3\ln(T_t)+\varphi_i\ln(X_t)+\varepsilon_t \qquad (9-1)$$

这里 E_t 代表环境质量，Y_t、S_t，T_t 分别代表经济因素中的产出水平、产业结构、技术水平。X_t 代表影响环境质量的控制变量，包括政府因素中的环境管制（R）、环保投资（I）以及社会因素中的公众环境意识（Edu）、环境参与（Le）等。

（2）环境对经济的反作用。传统理论中生产要素主要包括物质资本（K）、人力资本（H）、劳动力（L），环境资源等被认为是取之不竭的而未予考虑。事实上，经济与环境构成相互影响的大系统：经济增长会影响环境质量，而环境（恶化）反过来也会制约甚至阻碍经济增长。因此，我们把环境（E）作为一种要素写进经济模型。考虑环境因素后的产出方程为：

$$Y=f(K,L,H,E) \qquad (9-2)$$

经济—环境是相互作用、相互反馈的系统，将式（9-1）、式（9-2）联立建构方程系统，该系统刻画了经济与环境双向反馈关系，从而避免了已有研究中经济对环境单向影响的缺陷。

（二）变量说明与数据来源

（1）解释变量。产出方程中解释变量 K、H 分别表示资本存量和人力资本水平，核算方法分别参照张军、陈钊（2004），劳动力 L 来自中国统计年鉴各期。

污染方程中解释变量指标选取如表 9-2 所示。其中，选取国内人均生产总值代表经济规模，第二产业占国内总产值的比重代表工业结构，选取单位产值能源消耗表征技术水平；选取排污收费总额代表环境规制水平；用公众平均受教育年限来表征公众环境意识，公众向各级环保部门来信来访数量代表公众

环保参与水平。以上变量数据来源于《中国统计年鉴》相应各期，涉及价格因素一律以1999年为基期进行折算。

表9-2　　解释变量的定义

因素类型	变量名	符号	表征指标
经济因素	经济规模	Y	各年度GDP表示（1999年价格折算）
	产业结构	S	第二产业产值占GDP比例
	技术水平	T	单位产值能源消耗（吨标准煤/亿元）
政府因素	环境管制	R	排污收费总额（1999年价格折算）
	环保投资	I	工业污染治理年投资额（1999年价格折算）
社会因素	环境意识	Edu	公众人均受教育年限
	环保参与	Le	公众向各级环保部门的来信来访量

（2）被解释变量（环境污染指标）依旧采用基于熵值法计算综合指标，计算思路及过程见本书第五章第五节。这里直接使用具体结果，如表9-3所示。

表9-3　　基于熵值计算的环境污染指数

年份	1988	1989	1990	1991	1992	1993	1994	1995	1996	1997
污染指数	0.0337	0.0336	0.0257	0.0218	0.0232	0.0250	0.0229	0.0203	0.0234	0.0387
年份	1998	1999	2000	2001	2002	2003	2004	2005	2006	2007
污染指数	0.0355	0.0351	0.0288	0.0289	0.03227	0.0351	0.0418	0.0436	0.0525	
年份	2008	2009	2010	2011	2012	2013	2014			
污染指数	0.0331	0.0311	0.0297	0.0269	0.0315	0.0301	0.0298			

二、计量结果及经济含义

广义矩估计方法（GMM）是将准则函数定义为工具变量与扰动项的相关函数，使其最小化得到参数的估计值。GMM方法允许随机扰动项存在异方差和自相关，而且不需要知道随机扰动项的确切分布，所得到的参数估计量比其他参数估计方法更合乎实际、更稳健。表9-4是运用我国1988~2006年相关数据由Eviews软件计量的结果。以下主要就影响污染排放的因素进行分析。

表9-4　　污染方程、产出方程的估计结果

污染水平LN（E）		产出水平LN（Y）	
LN（Y）	1.78（2.82）**	LN（K）	0.41（2.61）**
LN（S）	8.71（4.31）*	LN（H）	3.16（3.48）**
LN（T）	-0.28（-1.96）***	LN（L）	3.26（3.53）**
		LN（E）	-0.03（-1.87）***
LN（I）	-0.17（-2.34）**		

续表

污染水平 LN（*E*）		产出水平 LN（*Y*）
LN（*R*）	-0.23（-1.27）	
LN（*Le*）	-1.24（-6.74）*	
LN（*Edu*）	-4.29（-0.68）	
Adj - R^2	0.74	0.99
D.W	1.91	1.86

注：括号内为 t 统计值。其中 *、**、*** 分别表示 1%，5%，10% 显著水平。

（一）经济因素

（1）经济规模（Y）：在 5% 的显著性水平下，经济规模与污染排放高度正相关，符合理论预期。具体表现为收入每增加 1%，污染排放增加 1.78 个百分点。这种环境随经济总量同步恶化的关系与近年来我国各地以高投入高消耗片面追求总量、追求速度的粗放式增长的政策取向直接相关。

（2）经济结构（S）：模拟结果显示，以第二产业比重为变量的产业结构与环境污染排放之间存在正相关关系。具体表现为，第二产业结构提高 1%，带来环境污染增加 8.71 个百分点。可见，在产业结构调整中进行降低第二产业比重、提高信息服务业为代表的第三产业的结构调整是改善环境质量的重要途径。

（3）技术水平（T）：以万元 GDP 能源消费量代表的技术进步对污染物排放有显著的控制作用，符合理论预期。从模拟结果看，技术进步每提高 1%，导致环境污染水平下降 0.28 个百分点，该结论与格罗斯曼和克鲁格强调技术进步效应对环境质量正面影响的结论一致。模型的弹性系数较小，表明技术进步在提高环境质量方面存在较大的改进空间。

（二）政府因素

（1）政府环境管制（R）：实证结果表明，环境规制强度与污染排放之间存在负相关关系。系数没有通过显著性检验，表明当前政府环境规制效果显著。造成效力低下的一个重要原因在于各级政府官员处在“晋升锦标赛”体制之中，为了保持或提高自己的显性业绩（GDP 增长率、财政收入等），各级地方政府放松环境规制以增强 GDP。

（2）政府环保投资（I）：模型显示，环保投资与环境污染排放之间存在负相关关系，符合理论预期。具体结果为：环境投资每提高 1%，导致污染排放下降0.17%。弹性系数较小，表明政府投资对促进环境质量改善方面效果不够大。发达国家经验表明，要控制环境恶化趋势，环保投资应占GDP的1%~1.5%。我国环保投资大多年份不足1%，与此相比较还存在较大差距。

（三）社会因素

（1）环境意识（Edu）：以受教育年限为代表的环境意识对环境影响没有通过统计检验，不具有显著性，表明公众环境意识提高对质量的改善没有发挥作用。可能有两方面原因：一是公众受教育水平并不能很好地反映公众环境意识（尤其是消费过程中的环境意识，受教育水平可能是负向影响）。二是从环保意识转化为实际参与行动，取决于决策结构、信息结构和利益结构等外部安排。

（2）公众环保参与（Le）：在10%的水平上，公众参与能减少环境污染。从弹性系数上看，公众环保参与每提高1%，将导致环境污染水平下降1.24个百分点。

三、结论

综合以上研究得到以下结论：第一，影响环境质量因素众多，这些因素可以纳入“经济—政府—社会”的分析框架；第二，基于上述分析框架建立联立方程，并以我国1988~2006年数据进行计量分析，结果表明：经济每增长1%，基于规模效应导致污染排放增加1.78%；同时经济增长伴随经济结构的变化以及技术水平提高，相应的结构效应和技术效应使污染排放分别减少8.71%和0.28%。从政府因素看，政府环保管制力度、环保资金投入对环境质量有积极影响，弹性分别为0.23和0.17；从社会因素看，公众环保参与对环境质量改善有显著作用，公众环境意识尚未转化为环保行动。

该结论具有重要的政策含义，可从以下方面入手来提高环境质量：

（1）经济方面：加快产业结构调整，促进产业布局优化。同时，形成有利于发挥科学技术作用以降低能源资源消耗、减少环境污染的制度环境。

（2）政府方面：加强政府环境监管以及增加政府环保投入，加大环境宣传教育力度，拓展社会公众参与环保渠道等政策举措。

（3）从社会因素看，提高公众环保意识，鼓励公众参与环保，倡导节约能源资源的生产方式和消费方式等，以改善环境质量。

（4）环境质量的提高最终要依赖制度创新来实现，建构“政府—市场—社会”三角制衡的环境管理机制是提高环境质量的必然道路。

第十章

政府与市场相结合的环境制度创新探索：环境容量权制度的构建

理论是灰色的，生活之树常青。

——歌德

我们今天面临的严峻问题，不能用当初问题产生时的思维方式来解决。

——爱因斯坦

改革开放以来，我国经济快速发展，带来丰富物质产品的同时，也产生了严重的环境污染问题。引用我国政府对环境问题官方描述："……发达国家上百年工业化过程中分阶段出现的环境问题，在我国近20多年来集中出现，并且呈现结构型、复合型、压缩型的特点。主要污染物排放量超过环境承载能力，流经城市的河段普遍受到污染，许多城市空气污染严重。环境污染和生态破坏造成了巨大经济损失，危害群众健康，影响社会稳定和环境安全……"①。国际机构世界银行在《2020年的中国》研究报告中也指出，在过去的20年中，中国经济的快速增长、城市化和工业化，使中国加入了世界上空气污染和水质污染最严重的国家之列，将来，如果不改善人们生存的环境，实现中国雄心勃勃的增长目标只是一个空洞的胜利②。我国政府对环境问题高度重视，先后出台大量的环境法律法规、加大环境投资、加强环境管理，环保工作取得初步成效，但总体而言全国环境形势依旧严峻。因此，必须进行制度创新，找到一种适合我国国情的，既能充分调动各社会主体（尤其是各级地方政府）参与环境保护的积极性又能使环境质量得到切实改善的制度。在充分认识政府市场特点的基础上，本章我们提出建立环境容量权制度的设想。该制度既发挥政府积极性又发挥市场效率，同时也符合我国国情，相信该制度的实施会推进我国环境质量的改善。

第一节　环境容量权制度的一般理论分析

环境容量（environmental capacity，EC）是一个生物化学概念，学者们从不同的角度给出了略有差异的定义。矢野雄幸（1977）认为环境容量是在一定范围内，环境所能承纳的最大污染物负荷总量；联合国海洋污染专家小组（GESAMP，1986）则将其定义为在不造成环境不可承受的影响前提下，环境所能容纳某污染物的能力，这一定义得到了国际上的普遍认可。由于总量控制对遏制环境恶化的极端重要性，大量学者对环境容量进行了研究，以通过基于环境容量的总量控制来治理日益恶化的环境问题。这方面的研究主要集中于环境工程学科从技术角度对环境容量值的测度、分配及相应管控等。我们认为，

① 国务院．国务院关于落实科学发展加强环境保护的决定．2005.

② 世界银行：2020年的中国［M］．中国财政经济出版社，2010.

环境容量既是一种资源，也是一种权利（产权）。而产权不仅仅是“物”，更在于物背后的各种权利，权利不同配置、使用对资源配置效率具有重大影响（科斯，1960）。

一、环境容量与环境容量产权理论

环境容量的减少，表现为某一地区在一定时期（例如一年）内的污染排放量超过环境的自净能力。当有害物质超过环境的承载极限时，环境容量为零，表明该环境已无法再容纳有害物质，从而形成环境污染问题。同时，自然环境对不同类型污染排放物的纳污能力是不同的，因而衍生出各类环境污染问题，包括水环境污染、大气污染、土壤污染等，而水环境污染又可分为氨氮、总磷、BOD、COD 超标等不同类型。更为严重的是，环境容量的破坏在一定程度上是不可逆的，或者虽可恢复，但需要花费巨大代价且过程漫长，如英国泰晤士河污染治理就是一个典型的例子。

环境污染表现为人类活动污染排放超过环境自净能力。因此，“环境问题”并非“天然”存在，而是经济活动发展到一定阶段的产物，是一个历史的过程。在人类经济发展水平较低时期，人类活动对环境影响非常有限，人类可以自由使用环境容量（即鲍尔丁所描述“牛仔经济”状态）。到了近代，尤其是工业革命以来，人类技术突飞猛进的发展，人们对环境资源的利用已超越或接近环境承载力的边缘，环境资源的稀缺性正在迅速显现。此时，环境容量如果继续免费使用，作为完全理性的排污厂商只考虑如何扩大产量来增加收入和利润，完全不考虑整个环境的污染和退化，势必导致环境容量过度使用而超过其最大承载力（carrying capacity），出现所谓的哈丁“公地悲剧”。面对这种困境，政府必须出面划定环境容量红线，并以法律形式将环境容量权分配给相关经济主体，确保人类对环境资源的利用在环境容量阈值之内。因此，环境容量产权的界定就变得非常必要了。

总之，环境容量产权形成的根本动力，在于因人口增加和经济增长加大了环境容量的消耗，使环境容量的稀缺程度提高，相对价格上升，从而加剧了环境容量的竞争性使用，产生了对环境容量使用过程中进行排他性产权界定的需求。而且随着环境容量稀缺性的不断增加和相对价格的进一步提高，也就增加了建立排他性产权的收益。当环境容量稀缺性发展到一定程度，对其建立排他性产权的收益就可能高于成本，从而推动着环境容量产权的明晰与交易制度的形成。因此，严格地说，需要做出产权界定的只有在生态环境系统与经济系统相交界的地方，也就是图 10 - 1 中的环境容量部分。

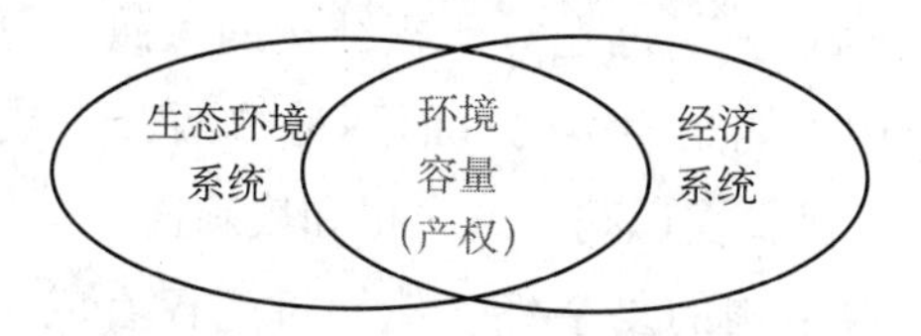

图 10 - 1　环境容量及环境容量产权

可见，环境容量产权是在环境危机日益严重，环境容量日益稀缺的背景下产生的。与传统物权的客体都体现为“具体的实物”不同，环境容量产权属于一种特殊的物权，其客体是环境容量（environment capacity），系“无体物”，其“有形”只有通过允许环境中排放限定数量的污染物来反向表征和显示。环境容量产权为环境容量的物质性与社会性之间架了桥梁，使人们可从环境工程、环境化学等“技术”层面来认识和解决环境问题，同时从产权视角对环境污染问题从社会、制度层面进行深刻反思，并制定相应的政策。同时，越来越多的学者认识到，环境治理不仅是技术问题，更是制度问题，借用吴敬琏老先生（1996）的话，在环境治理方面，同样也是“制度重于技术”。

二、产权科层理论

产权的内涵极其丰富，从不同的视角和维度可以给产权作不同的定义。费希尔（I. Fisher）认为，产权是享有财富的收益并且同时承担与这一收益相关的成本的自由或者所获得的许可，产权不是有形的东西或事情，产权不是物品，而是抽象的社会关系①。德姆塞茨的产权定义比较经典：产权包括一个人或者他人受益或受损的权利。产权的一个主要功能是引导人们实现将外部性较大的内在化的激励②。

西方资源产权理论大体经历了三个阶段③：20 世纪 70 年代以前私有产权

① I. Fisher. Some Implications of Property Rights Transaction Costs, Economics and Social Institutions. Boston：M. Nijhoff，1979.

② Demsetz，Harold. Toward a Theory of Property Right.［J］. American Economic Review. 1967，no. 2：269 - 347.

③ 此处主要参考王亚华．资源的产权制度科层理论及其应用［J］．公共管理评论（第五卷），131 - 135.

和共有产权的“两分法”。70～80年代对产权结构的进一步细分，提出了产权的“四分法”，区分了国有产权、私有产权、共有产权和开放利用四种产权类型。其实，产权的“四分法”也是对产权结构的大致划分。更多的学者认识到，现实中的产权结构可能是连续的，而不是“两分”或“四分”这样离散的。进入20世纪90年代，埃德勒·施拉格和埃莉诺·奥斯特罗姆等许多学者更加深刻地认识到产权结构的复杂性。他们将产权看成一组权利，包括进入权、提取权、管理权、排他权和转让权五种权利。各参与者往往只拥有权利束的部分内容。根据拥有权利束的不同，可将参与者划分为四类，如表10－1所示，拥有所有权利内容的参与者是所有者（owner），拥有其他三种权利但不拥有转让权的参与者是业主（proprietor），只拥有管理权、进入权和提取权的参与者是索取者（claimant），只有进入权和提取权的是授权用户（authorized user）。随后他们在《公共事物的治理之道》（1990）中就公共池塘资源的使用问题进行了多层次分析，提出了决定产权各个层次的相关规则，并指出各层次的规则之间具有嵌套性，下一层次的行动规则，总是受制于更高层次的规则，所有层次共同构成“嵌套性制度系统”。

表10－1　斯拉格和奥斯特罗姆对共有产权的划分

权利束	产权类型			
	所有者	业主	索取者	授权用户
进入权和提取权	√	√	√	√
管理权	√	√	√	
排他权	√	√		
转让权	√			

澳大利亚的瑞·查林在奥斯特罗姆工作的基础上，提出了“制度科层概念模型”，其主要思想如下：第一，将持有权利的资源决策制定实体的性质作为划分产权类型的依据。查林认为，对资源利用行使选择权的个体或团体就是决策实体，就是产权的持有者。例如，环境容量从法律上属于国家，但各省、地、市等环境管理机构有权将环境容量以排污许可证等形式分配给企业主体，而相应的各级政府以及企业均有环境容量的配置与使用的决策权。从这个意义上言，当地环境管理机构和企业都是环境容量的决策实体，因而都是事实上的产权持有者。第二，对环境容量等自然资源来说，产权具有多层次性。从宏观的中央政府到微观的企业之间可能会有许多决策层。每一层的团体拥有自己的资源管理目标，并做出不同的决策，所有的产权层次构成了一个“产权科层”（a property-right hierarchy）。这样，同样的决策在某些层面进行，带来的收益

明显不同。显然，现实中决策赋予产权科层结构中“最珍惜该权利或能使权利价值实现最大用途”（即科斯思想在法律中延伸的“波斯纳定理”）的科层，无疑更能实现资源最优配置。第三，在每一个产权层次上，都存在赋权体系、初始分配和再分配制度。赋权体系包括产出配额、投入配额。初始分配机制是指科层结构中产权的初始配置，通常由政府通过行政方法加以确定。再分配机制是科层结构中各产权主体对所支配产权进行再配置，通常包括行政或市场两种分配方法。

三、资源（环境）配置理论

（1）环境容量的计划配置。所谓计划配置，是指计划机制占主体地位的资源配置方式。计划部门根据社会需要，以计划配额、行政命令来统管资源和分配资源。一般表现为各级政府将所分配的有限环境容量在各企业进行合理分配，从而实现环境容量配置的最大整体效益。可用数学语言描述如下：假设 Q_0 表示环境总容量，q_i 表示企业 i 分配到的环境容量，$R(q_i)$ 为企业利用环境容量所带来的净收益。社会计划者将既定环境容量配置产生最大整体效益的问题表示为：

$$W = \mathrm{Max}\sum_i R(i)$$

$$s.t\sum q_i = Q_0$$

其中 W 为社会总收益，假设其为企业利润 $R(q_i)$ 的加总。根据最大值的一阶条件，有：$MR_i = MR_j$，表示如果政府将总环境容量 Q_0 分给辖区 n 个企业，只要满足分配给任意企业的环境容量 q_i 带来的边际收益相等，则实现环境容量总量带来社会利益的最大化。当然，以上政府“计划效率”的实现需要满足一些条件：第一，政府没有私利，是寻求社会利益最大化的“仁慈”的政府。第二，政府对社会各个企业利用环境容量所带来的收益 $R(q_i)$ 要非常了解，这需要对企业环境容量带来的产出、产品市场价格、企业生产成本等完全了解。而事实上，计划者面对的是成千上万的企业，不可能对各企业生产、销售、成本及使用环境容量的效率等情况完全了解。这也是哈耶克批判计划经济由于巨量的信息成本而必将陷入困境，即走上了一条“通向奴役的道路”。

（2）环境容量的市场配置。市场配置资源指的是经济运行过程中，市场机制根据市场需求与供给的变动引起价格变动从而实现对资源的分配。其中，供求机制作用决定了资源配置的流向；价格机制运行决定了资源配置的流量；竞争机制决定资源利用率。福利经济学已经证明，在信息充分、完全竞争、零交易成本等理想条件下，市场这只“看不见的手”可实现资源最优配置的社会帕累托最优状态。假设环境容量价格为$\bar{p}$（$\bar{p}$由社会总供求内生决定），企业购买（使用）$q_i(\bar{p})$的环境容量，所得利润为：

$$\pi_i = R_i(q_i(\bar{p})) - \bar{p}q_i$$

企业利润最大化条件为$\frac{\partial \pi_i}{\partial q} = MR_i - \bar{p} = 0$，即$MR_i = \bar{p}$。由此，所以企业（社会）利润最大化条件应该是各企业使用环境容量这种生产要素带来的边际收益与环境容量价格$\bar{p}$相等，也即：$MR_i = \bar{p} = MR_j$。这里，关键的是要找到市场上环境容量出清时均衡价格$\bar{p}$，该价格应满足出清条件：$q_1(\bar{p}) + q_2(\bar{p}) + \cdots + q_i(\bar{p}) = \sum q_i = Q_0$。由瓦尔拉斯“拍卖人”思想，在理想情况下，尤其是交易成本为零、信息充分的情况下，“拍卖人”与众多“竞标人”就价格p不断“试错”调整，最终收敛于市场出清的社会均衡价格$\bar{p}$。

在市场机制下，各企业根据自身利益最大化条件$MR_i = \bar{p}$进行的决策，将会实现社会资源如环境容量等配置最优化，按这种方法确定环境容量分配的方式称为环境资源的市场分配机制。而企业总需量与社会总供给量达到平衡的$\bar{p}$称为均衡价格系统。这种分配机制由环境资源市场向企业传递资源稀缺性信息，价格越高，企业使用相同量环境容量的支付越大，企业就会自动减少使用量，从而达到有效配置环境容量的目的。显然，现实中并不存在“瓦尔拉斯拍卖人”，环境容量市场建立以及运行必然存在信息搜寻、谈判协商、签订合约、监督等所谓交易成本。在这些环节中，无论哪个环节的成本过高，都可能导致交易效率大幅下降，甚至交易无法达成。这也是现实中市场效率无法实现的重要原因。

（3）资源“计划＋市场”混合配置。经济学理论已经证明（萨缪尔逊，1964；Arrow，1972），在信息充分、完全竞争、零交易成本等理想条件下，无论是市场配置还是政府计划配置，都能实现资源最优配置目标。即理想情况下资源市场配置与计划配置是等价的，实现资源配置的“计划效率”与“市场效率”。

我们用以下单图形（图 10－2）来直观说明该思想：假设社会环境容量为Q_0，可以通过计划或市场方式分配给两企业。不妨设企业甲使用量为q，则企

业乙使用量为 Q_0-q。企业甲、乙使用环境容量带来的收益分别为 $R_1=F_1(q)$，$R_2=F_2(Q_0-q)$，它们满足正常的生产函数如具有边际产量递减等性质。据此，我们可求得企业甲、乙企业使用环境容量所带来的边际收益为 MR_1、MR_2，对应曲线为 AB、CD（注意，类似于埃奇沃思盒的分析，我们将乙使用环境容量的起点放在右边，以使甲、乙边际收益线处于同一图形中），并相交于点 E（所对应环境容量为 q^*）。假设环境容量由政府计划进行配置，显然分别分配给甲 q^*、乙（Q_0-q^*）能够实现总资源最大效益。可以证明，在自由市场条件下，只要产权明确，如将环境容量 Q_0 产权分配给甲（初始产权分配给乙分析思路一样），也会得到没有差异的社会福利最大化结果。简要阐释如下：甲自己使用 Q_0 带来的总收益为 AO_1O_2B，在超过 q^* 后，出现 CE > BE，即剩下环境容量（Q_0-q^*）给乙使用可带来更大社会收益，总体增加的收益为 ECB。该剩余为潜在收益，意味甲将其使用效率较低的环境容量让渡给乙，只要乙给的价格不低于甲所应得的 BO_2q^*E（当然如果高于此交易会更容易达成）。由于交易成本为零，意味甲乙可以无休止讨价还价。可以推测，他们最终会在环境边际收益线的交点 E 达成一致（此时他们实现并分配交易剩余，实现帕累托改进），从而使环境容量与计划配置达到同样的结果：都同样实现社会资源最优配置（即理想条件下“计划效率”与“市场效率”是等价的）。

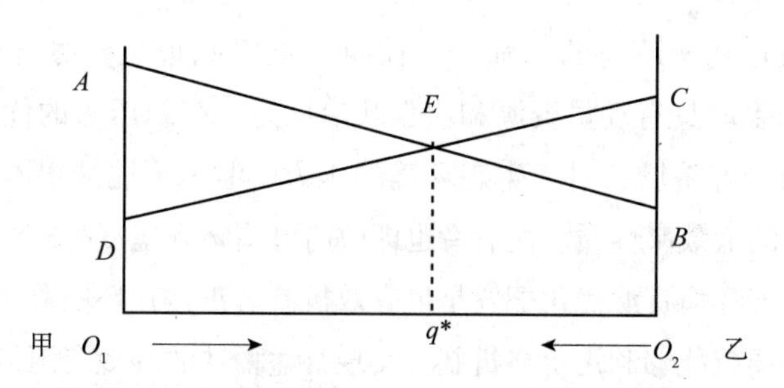

图 10－2　资源配置的市场效率与计划效率等价性

但在现实世界里，信息是不对称的，处处存在着交易费用。在资源市场配置的模型中，由于存在交易费用，表现为甲、乙的边际收益线由理想市场下的 AB、CD 下移到现实世界中的 $A'B'$、$C'D'$，理想世界最优点 E 下移到现实世界的 E' 点，带来面积为 $AA'E'D'DEA$（如图 10－3）的损失。同样，由于现实中信息不充分以及官员“经济人”特性可能被利益集团“俘获”，进而往往在错误的地方——偏离最优配置的地方（如 E' 处）进行配置资源，最终带来社会

效益损失 $EE'C'CE$（如图 7 －4 阴影所示）。可见，计划与市场作为资源配置的两种基本方式，在理想情况下均能同样实现社会产出最大化，即分别实现“计划效率”与“市场效率”。在现实世界里，单独的市场或计划方式无法实现理想中的效率，扬长避短地将二者有机结合是较为现实的选择。

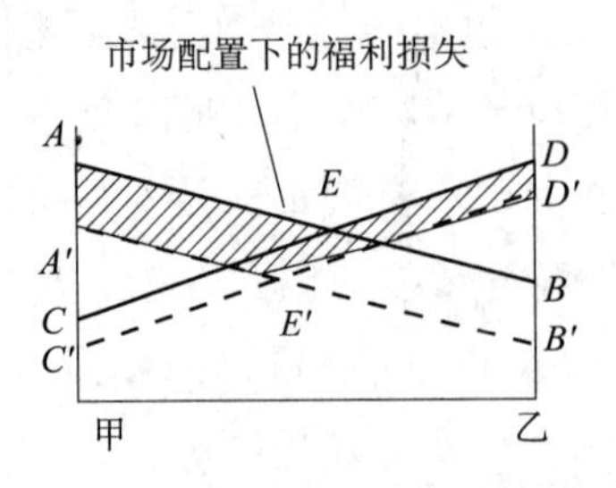

图 10 －3　资源市场配置下福利损失

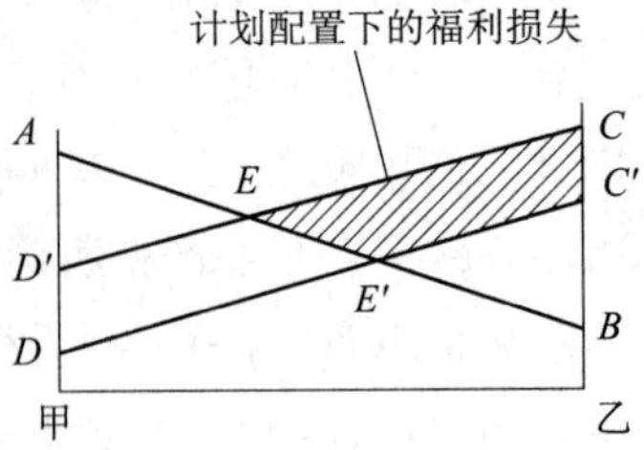

计划配置下的福利损失
A
D'
D
E
E'
C
C'
B
甲
乙

图 10 －4　资源计划配置下福利损失

人们讨论政府与市场在经济体系中各自应扮演何种角色、应发挥何种作用时，常常陷入二元对立的思维误区：政府与市场是非此即彼的对立面，要么选择政府，要么选择市场。在实践中，要么是在相对完善的政府和不完善或不充分的市场间进行选择，或者是在相对完善的市场和不完善的或不充分的政府之间进行选择（沃尔夫，1994）。同样，在环境经济学界对环境资源应如何优化配置的讨论，存在两种观点：一种是国家干预，一种是市场交易。事实上，主张完全的国家干预与主张完全的市场交易，都不能实现环境资源真正的优化配置。前者一般是基于政府的“命令—控制”型管制理论。尽管这种行政性的生态环境治理手段具有动员资源和增强政治压力与组织压力的优势作用，在一定程度上会减轻经济增长对于生态环境的压力，但是不能从根本上改变对生态环境资源配置的低效率性质。而后者也即政府可明晰环境资源的产权，然后通过市场交易来实现环境资源优化配置是最有效机制。正是在环境资源产权界定清晰的情况下，市场就能够利用价格机制，实现日益稀缺的环境资源最优配置。

第二节　环境容量权制度的思路及运作

根据前面的认识，废水、废气等污染物排放是典型的外部性问题，需要政府主导治理，同时也积极利用市场进行矫正，即所谓“政府为主，市场为辅”。但遗憾的是，现实中政府与市场该如何协作以达到最优环境效果的问题，大多只停留在理论层面，较少有在实践中能具体操作的方案。本章我们以环境容量为核心概念，进而建议建立环境容量权制度。该制度充分发挥政府与市场长处，将“政府为主，市场为辅”的理论落实到可操作的实践层面。

环境容量产权具有激励、约束相关主体运用各种手段合理、高效利用环境容量资源，实现资源有效配置的功能。本节将具体研究环境容量权如何实现效率配置。

一、环境容量权制度的思路

环境容量权制度的总体思路是：国家组织专门力量测算某区域或大尺度流域的环境容量；然后根据环境容量的总体以及各省市具体情况，将环境容量（如 SO_2、COD、氨氮、总磷等具体指标）分解到各省（各省为基本考核单位，负总责），各省将环境容量分配到市，各市再分配到各县、乡政府（同时各级政府将环境容量指标落实到各级辖区企业），从而实现环境容量权在政府层面和企业层面的明确界定。根据查林（2004）的产权科层理论，环境产权被不同层次的主体分别持有进而镶嵌而成“产权科层体系”。各权利主体在产权的激励下会积极寻求包括市场、行政手段在内的各种手段，以实现其所属环境容量的产出最大（即环境容量实现最优配置），从而实现以最小的成本达到减少污染排放的目的。具体来讲，对政府而言，各级政府可以采用行政、法律等强制手段（如对污染严重的企业实施关停并等手段）或采用经济手段（如主动调整产业结构，或引导性的财税政策等）来实现环境容量权的最优配置。对企业而言，进行技术创新或市场交易以实现环境容量权的高效使用是最优选择（见图 10－5）。

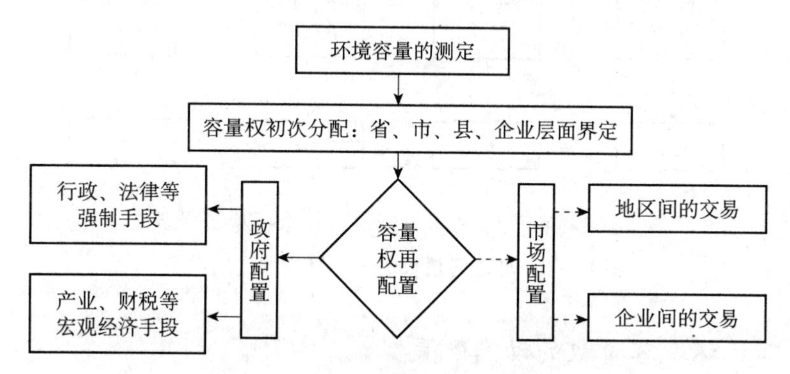

图 10－5　环境容量权制度的总体构架

二、环境容量权制度的运作

根据环境容量权制度的基本思路，该制度大体包括两步：首先是环境容量权（政府层面以及企业层面）的界定，在此基础上，各权利主体（政府、企业）运用各种手段以实现权利的最优配置（从而实现环境质量改善）。以下我们分别就这两方面进行论述。

（一）环境容量权的界定及初始配置

环境容量权的界定具体包括政府层面（第一层次）和企业层面（第二层次）的界定。中央政府确定某类污染物全国总排容量，在综合考虑各省环境质量状况、环境容量、经济发展水平等状况后，按区别对待的原则确定各省的环境容量。基于同样的原则，各省将各自取得的排放容量层层分解，落实到市、县、乡政府，从而实现环境容量权在各级政府层面的界定（第一层次的界定）。环境容量资源产权在政府层面的界定只是机制的第一步，环境容量最终必然落实到各企业，因此，省、市、县、乡各级政府将环境容量指标落实到各级辖区企业，从而实现第二层次的界定。两个层面的界定如图 10－6 所示。

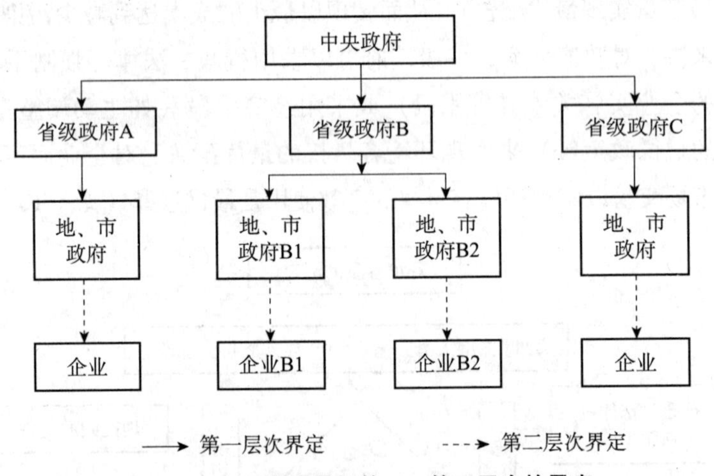

图 10－6　环境容量权第一、第二层次的界定

（二）环境容量权的动态配置

环境容量权在各主体（政府、企业）界定清晰后，产权的内在功能将驱动各权利主体（政府、企业）运用各种手段使权利最高效地使用，以实现环境容量权的最优配置。企业间通过排污权交易进行市场配置环境容量的原理和过程我们在前面（第二章的第四节）已做充分论述，不再重复论述。这里我们将只就政府如何配置环境容量权进行探讨。

各级政府（省、市、县、乡）拥有范围不一但相对明晰的环境产权（环境容量权）。产权的约束功能限定各级政府不得突破使用环境容量，从而保证环境质量不会进一步恶化。同时产权的激励功能激励各级政府最高效率地使用这些既定的资源（即实现容量权最优配置），从而实现既定容量下利益最大化。各级政府具体可以采用哪些手段，以实现环境容量的最优配置呢？我们认为，各级政府可以制定法律法规、以行政管理以及经济手段等来实现资源最优配置。

（1）法律法规。为了节省环境容量，各级政府制定地方性法规来进行支持和鼓励高产出、低消耗、低排放产业的发展。相反，对高消耗、高污染、高排放（“三高”）的企业、行业则限制其发展①。

（2）行政手段。各级政府为了提高环境容量的使用效率可采用行政的强制手段对辖区环境容量低效使用的企业、行业采取强制安装治理设施、强制要求技术改进甚至直接予以取缔等（如对辖区高排放企业直接实施“关停并转”）等措施，以腾出环境容量。

（3）经济手段。政府采取各种经济的手段，如政府通过制定财政、税收、金融、价格等手段去诱导企业进行（产业）结构调整、刺激企业进行技术（生产以及治污技术）创新等行为，从而有助于环境容量最优利用。

这里，特别需要指出的是，政府还可以使用排污权交易的手段以实现环境容量的最优配置。由前面分析知，企业间排污权交易缘于企业间的治污成本以及容量禀赋不同。同样，不同地区的政府治污成本以及环境容量禀赋存在差异，这无疑是政府间进行排污权交易的基础。在这种情形下，一些环境管理得力的地区（政府）可能会积累大量环境容量的余量，一些地区由于管理不力或发展需要以致环境容量出现短缺，在这种情况下，两地政府进行环境容量权交易，将达到三方共赢的效果（双方政府以及环境）。政府行政、经济手段以

---

① 例如，我国各级地方政府通过积极落实国家清洁生产条例、制定节能减排法规、发展循环经济的举措等来助推本地环境容量的最优利用，这实际上也是政府通过法律法规助推环境容量高效利用的一种手段。

及市场手段配置如图 10－7 所示。

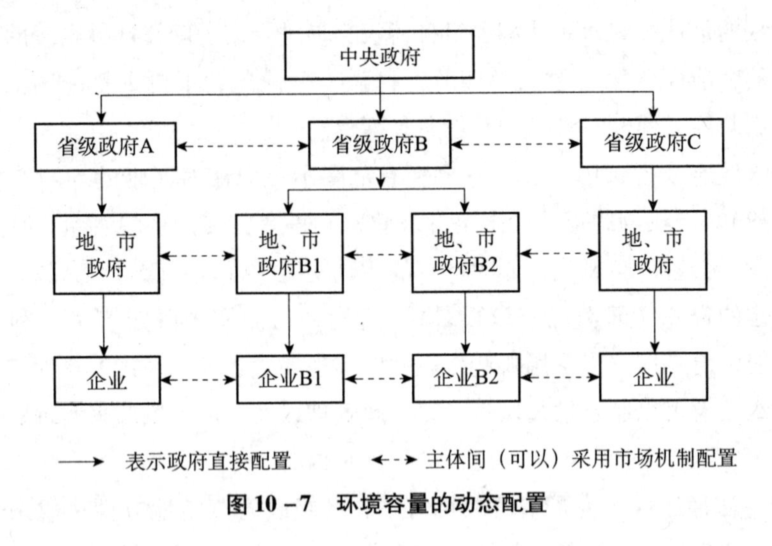

图 10－7　环境容量的动态配置

第三节　环境容量权制度在我国推行的可行性

一、环境容量权制度的特点及优点

前面我们就环境容量权制度的原理以及运行机理做了论述，以下我们就该制度的特点及优点予以说明。

（一）环境容量权制度的特点

（1）该制度赋予政府环境产权，明晰的产权驱使政府积极主动地运用法律法规、行政等手段去实现环境容量的高效率利用，从而体现政府在环境领域的“计划配置效率”①。政府环境容量的配置效率体现在以下方面：第一，政府通过制定地方性法律、法规，如清洁生产条例、循环经济政策、节能减排战略等举措促进本地区环境容量的最优利用；第二，政府运用行政手段要求污染

① 在理想情况下，计划配置与市场配置都会达到帕累托最优效果。但现实中由于信息、交易成本等限制，主流看法是市场比计划有效（如哈耶克等）。本处我们则认为，尽管计划配置资源存在缺陷，但计划的事先性、统筹性、强力推行性在一定程度上更能确保“一般均衡”的实现（我们称为“计划优势”）。

严重的（环境容量占用大）、环境容量使用效率低的企业强制治理甚至予以关停；第三，政府主动采取措施进行产业结构调整，如降低环境容量消耗高的行业的发展，而大力培植低容量消耗行业的发展；第四，政府还可以采用财政、税收、金融、价格等经济手段去诱导企业减少排放。

（2）该制度赋予企业以及政府环境容量权产权，拥有明确产权的主体会通过“看不见的手”进行市场交易（即排污交易），从而实现“市场配置效率”。环境容量的市场配置效率主要体现在两个方面：第一，企业间的排污权交易，表现为企业间通过市场交易实现容量权的市场配置效率；第二，政府间的排污权交易。如前所分析的，不同地区的政府在平均治污成本方面存在势差或及初始环境容量禀赋存在差异，政府间进行环境容量权交易，可以实现环境容量配置效率的改进。

（3）实现政府与市场的完美结合。本书秉持的理念：政府与市场取长补短，协调配合是解决环境问题的关键。环境容量权制度既充分发挥了政府环境管理的“计划优势”，又充分利用了市场实现资源配置帕累托最优的“市场优势”，在实践上实现了环境管理领域市场与政府的完美结合。

（二）环境容量权制度的优点

评价环境政策效果有很多标准①，这里，我们主要从效果、实施成本、效率、激励性、灵活性等方面来论证环境容量权制度的优点。

（1）效果。中央政府根据全国污染现状、发展水平和环境有效承载力核定全国总的环境容量，并严格分配到各省（各省再逐级分解到下级政府），这样，污染总量能够严格得到控制。而且，随着各省、市适应该制度水平的提高，中央政府还可以逐渐缩紧总量指标，从而使环境质量得到持续改善。

（2）实施（执行）成本。环境容量权被明确授予各级政府，各级政府由先前被动、消极执行中央环境政策到主动、积极寻求环境的改善的转变，从而最大限度实现中央与地方政府的激励相容，这显然大大降低政策的执行成本。同时在对企业环境管理方面，政府不用干涉、监督企业污染治理状况，一切由市场自由运作，进而带来管理成本节约，等等。

---

① 巴德（J. Ph. Barde，1994）认为评价环境政策标准有：环境有效性、经济效率、刺激、灵活性、执行成本、政治上的可接受性等。经合组织（OECD，1994）环境政策评价标准有：有效性、经济效率、管理与执行成本、动态影响等。我国姚志勇（2004）等认为对环境政策评价标准为：效果、效率、公平、适应性。

（3）效率。如上节所分析，环境容量权制度带来两方面的效率：第一，该制度实现政府配置资源的“计划效率”；第二，该制度同时充分利用市场，从而实现“市场效率”。这样，社会以最低成本实现了污染物的削减（环境资源的优化配置）。

（4）激励性。该制度对主体的激励表现在两个方面：第一，对各级政府的激励。环境容量权明确界定给各级政府，环境问题由以前政府的负担变成政府可以支配的资源，在利益驱使下会想方设法实现资源最大价值，从而激励各级政府主动关停辖区高环境容量消耗的“三高”企业，积极进行产业结构调整，推进清洁生产，助推循环经济等。第二，环境容量权在企业层面界定清晰，会激励企业通过各种手段（如刺激企业内改进生产、治污技术，或外进行排污权交易等）谋求资源的最大配置效益。

（5）灵活性。中央政府可以根据国际（如国际环境压力、气候谈判形势）、国内（环境污染状况、社会环境需求等）情况对全国环境总容量进行调整（表现为逐年收紧环境容量指标，使环境质量在控制的基础上逐渐得到改善）。同时各级政府根据本地区环境状况、生产力水平等也可以灵活采取多种手段（法律法规、行政、经济）来实现容量最优配置。

二、环境容量权制度在我国的特殊优点及施行的可行性

与传统排污权交易制度相比较，环境容量权制度突出的特点在于政府成为环境容量权配置的主体①。我国现正处于经济转型时期，一方面市场经济体制初步形成，另一方面受计划惯性的影响，政府对经济具有强的控制力，以上无疑保证了环境容量权制度能在我国的运行。

（一）我国实施环境容量权制度的特殊作用

如前所述，环境容量权制度具有实施效果、实施成本、效率、激励性、灵活性等优点。对我国而言，环境容量权制度的实施在以下方面更具特殊作用：

其一，该制度巧妙地将政府环境“攫取之手”转化为环境管理“推动之

① 一定程度上可以这样讲，政府对经济影响的强弱是该制度能否取得效果的关键。美国等发达国家由于政府“控制”经济能力较弱，较难进行容量权的政府配置（相反，由于市场完善，企业间的排污权交易相对应该比较发达）。我国政府在经济生活中比较“强势”，有能力进行容量权的政府配置（相应地，企业间排污权交易不太发达）。

手”。如本书第六章指出的，在GDP考核体系以及财政分权制度下，地方政府存在追求经济发展放任辖区环境污染的冲动，往往被动、消极执行中央政府的环境政策，导致我国环境管理政策失灵。而在环境容量权制度下，各级地方政府积极主动运用各种手段以使辖区环境容量实现最优配置，由先前“要我治污”向“我要治污”转变。各级政府由先前被动、消极执行中央环境政策转变为主动、积极寻求环境的改善，从而最大限度实现中央与地方政府的激励相容，进而大大降低环境政策的执行成本。在环境容量权交易制度下，市场发挥了决定性作用，带来管理成本的节约。此外，容量权制度可与现行的排污权许可证制度有效契合，并能更充分地发挥排污权许可证制度的作用。现行排污权许可证制度，是以企业环评报告为依据来确定排污权许可配额的。这样确定的排污权许可配额数量是孤立与零散的，无法合理反映一个地区总的最大允许排污量。而实行环境容量权制度，在科学核算一个地区总的环境容量的情况下，根据各企业的具体情况再以排污权许可证的形式将环境容量配额分配给企业，可以避免目前在地区层面企业排污权许可配额孤立与零散的问题，从而更好地发挥排污权许可证制度的作用，同时，也可使环境容量权制度与现行制度直接挂钩，大大降低环境容量权制度的执行成本。

其二，该制度能硬化环境软约束。环境容量权制度下对地方政府经济考核由先前没有环境约束的GDP指标考核转化为环境容量约束下GDP考核。该指标注重经济发展水平，同时也有严格的环境约束指标（各级政府不得超过环境容量红线，否则一票否决），从而大大抑制地方政府盲目追求GDP而放任环境污染的倾向。在环境容量权制度下，省级政府为了确保环境容量指标不突破，必然严厉要求各级政府管制总量，依此逐级硬化约束至县、乡政府，也就是政府间的环境软约束（即环境软约束形态Ⅱ）将弱化直至消除。同样，各级政府为了保证环境容量不突破，一定严格要求辖区企业严控在容量权许可之内，这样，政府与辖区企业之间环境软约束（环境软约束形态Ⅲ）逐步会趋向于消除。

（二）我国实施环境容量权制度的可行性

环境容量权制度在我国不仅具有以上诸多优点，而且该制度适合我国国情，具有强的可运行性。主要表现如下：

（1）一方面环境恶化倒逼各级政府必须重视环境问题；另一方面随着科学发展观深入人心，社会公众、企业以及政府更加主动地改善环境。这无疑是环境容量权制度在我国推行的有利的社会、政治条件。

（2）激励相容。如上节所分析，在环境容量权制度下，由于各级政府具有明确的环境产权，将激励地方政府充分利用各种手段高效运用环境容量，从而实现中央—地方政府以及各级政府间的激励相容，实现经济、环境的双赢。

（3）中央政府在刚开始环境容量权的分配时，分配给各省级政府分配的环境容量不能低于该地区的当前水平（容量初次分配的历史原则），这样地方政府至少不会阻碍该制度的推行①。可见，该制度的推行不损害各地区以及各级官员当前利益，是具有帕累托改进性质的制度变迁，因此推行过程中不会遭受阻碍。

（4）与现有制度结合。我国现行环境管理制度有很多规章有助于环境容量权制度的建设和推行。例如我国环境管理“八项制度”中的“三同时”制度、环境影响评价制度、排污收费制度、城市环境综合整治定量考核制度、环境保护目标责任制度、排污申报登记和排污许可证制度、限期治理制度等，这些都有助于环境容量权制度的推行。

第四节　环境容量权制度的一个具体应用：以杭州湾水污染治理为例

前文我们就环境容量权制度的理论基础、运作、优点及可操作性等方面进行了较深入的论证。特别指出该制度可以有效硬化政府环境软约束，能较好实现环境容量配置的“计划效率”与“市场效率”有机结合。且符合我国“强政府”国情，在我国有较强的现实可执行性。本节转向理论的应用，并将重点以杭州湾为例，说明环境容量权制度如何具体应用于杭州湾水污染的治理②。

一、杭州湾水污染状况及治理对策简介

杭州湾是浙江母亲河钱塘江的入海口，杭州湾两岸区域是浙江经济社会发

---

① 笔者认为，我国中央政府颁布的许多环境政策之所以没能取得理想的效果，其重要原因之一在于这些政策损害了地方政府（至少是当前的）利益，利益受损的地方政府一般会消极执行（甚至抵制）中央政策，从而政策实施效果大打折扣。

② 该部分主要引用课题组成员唐铁球相关成果，特此说明。并表示感谢！

展的核心地区。然而，近年来杭州湾海域水环境持续恶化，已经成为制约经济社会可持续发展的重要“瓶颈”。据《浙江省海洋环境公报》（2011）显示，杭州湾全部海域为劣四类海水［根据国家标准(GB3097－1997)，劣四类为最差的海水水质］，与2009年相比，污染状况又有所加重。另据《中国海洋环境公报》（2011）显示，2006～2010年，全国重点监控的12个河口和海湾地区中，杭州湾均为“不健康”海湾。《2009年东海区海洋环境公报》显示，东海区海洋23%海域严重污染，这些严重污染区域主要集中在长江口、杭州湾、浙江的舟山群岛和乐清湾等海域；从海洋部门对144个入海排污口的监测来看，有82.6%超标排放，其中浙江省超标率达100%；在东海区近岸的5个生态监控区中，杭州湾处于不健康状态。2013年7月，据央视网《杭州湾化工污染调查：污水直排大海致鱼虾灭绝》的报道，随着杭州湾沿岸的工业大开发，有200多家化工企业云集在杭州湾周边，杭州湾正在成为一个巨大的排污地。

现有研究提出理顺海湾水污染防治的管理体制，解决目前存在的“环保部门不下海，海洋部门不上岸”的体制障碍等管理体制创新；或设计杭州湾水污染补偿机制的实施方案，解决陆域污染的“外部性内部化”问题；也有学者提出将钱塘江水优化杭嘉绍平原河网水质水利技术应用于杭州湾海水污染防治等措施方案。但笔者认为，以上对策建议固然“正确”，然大多强调政府应该如何，而对现实中具有鲜明“经济人”特性的政府官员是否有动力、有能力去执行较少考虑（蔡昉，2008），而事实上“把激励搞对”，对制度取得效果至关重要。基于此，本书提出构建环境容量权制度的设想。该制度能有效破除政府环境软约束，能有效实现资源配置计划效率、市场效率，同时具有激励性、可执行性等特点，对解决包括杭州湾水污染在内的各类环境问题具有重要应用价值。以下我们展开具体论述。

二、运用环境容量权制度治理杭州湾水污染的具体运作

基于前面思路，我们将环境工程学中侧重自然属性的环境容量理论与经济学中产权理论有机结合，提出兼具自然（物质）属性与社会（权利）属性的环境容量权概念，并以此为核心构建激励相关主体寻求资源的优化配置，从而实现环境容量配置的“计划配置效率”与“市场配置效率”的有效实现。该制度在杭州湾水污染治理中的总体构架如图10－8所示，主要内容包括杭州湾

环境容量的测算及分配、杭州湾各城市的初始分配、环境容量配置（尤其是排放权交易等市场配置）的过程及保障等。

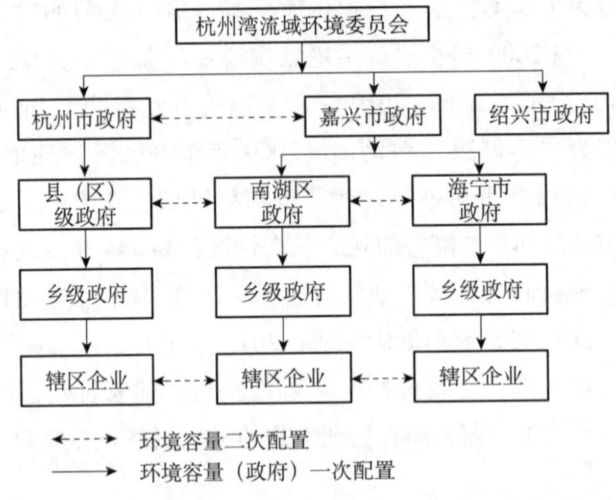

图 10－8　环境容量权制度治理杭州湾水污染的总体思路

（一）杭州湾水环境容量的测算及分配

水环境容量的测算是实施环境容量权制度的基础，前面已经指出，环境容量，即允许排入量是指在现有污染物排放条件下，水体中污染浓度不超过海洋功能区划所规定的环境质量标准限值时，水体中所能容纳的污染物的量。在测算环境容量时，首先由省环保厅组织环境工程专家测算出杭州湾流域的水环境容量 Q_0，由杭州湾水环境委员会综合考虑湾域各环境质量状况、经济发展水平等，将 Q_0 的环境容量按区别对待的原则分配市、县、乡政府 Q_{ij}，其中 i 代表政府，j 代表污染物（如 COD NH3-N 总磷等）。市、县、乡政府再根据本地区的经济发展、产业状况、环境禀赋等实际情况，将环境容量份额以免费、公开拍卖等方式再分配给辖区内各企业 q_{ij}（其中 i 代表企业，j 代表污染物）。

考虑到数据搜集的限制，这里我们对泛钱塘江流域的杭州湾的水环境容量进行大概的实证测算。杭州湾地处浙江省北部，上海市南部，东临舟山群岛，西有钱塘江、曹娥江等注入，是全国唯一的河口型海湾。自 1992 年以来，杭州湾海域历年全部为劣四类海水，在主要污染物中，除化学需氧量未见明显超标外，无机氮与活性磷酸盐均明显超过三类海洋水质标准（中华人民共和国海水水质标准 GB 3907－1997）。我们根据三类海洋水质标准中化学需氧量、无机氮与活性磷酸盐的浓度标准限值，以及 2011～2012 年杭州湾化学需氧量、无机氮与活性磷酸盐的实际浓度与年均实际排放量，对杭州湾化学需氧量、无机氮与活性磷酸盐的环境容量进行大概推算（见表 10 – 2）。

表 10 – 2　　杭州湾化学需氧量、无机氮与活性磷酸盐的环境容量测算

污染物	2011～2012 年污染物实际年均排放量（t/a）	GB 3907 – 1997 污染物浓度标准限值（mg/L）	2011～2012 年污染物浓度实际均值（mg/L）	环境容量（t/a）
化学需氧量	641578	2 *	2.22	577998
无机氮	26024	0.4 **	1.71	6087
活性磷酸盐	7310	0.03 **	0.0505	4342

注：“ * ”表示一类海水质标准，“ ** ”表示三类海水质标准，水质标准根据《中华人民共和国海水水质标准 GB 3907 – 1997》。

（1）化学需氧量的环境容量。2011～2012 年杭州湾化学需氧量实际浓度为 2.22mg/L，略高于国家一类海水水质标准限值（2mg/L），是标准限值的 1.11 倍，而 2011～2012 年杭州湾化学需氧量实际年均排放量为 641578t/a，用该值与 1.11 倍相除，可得杭州湾无机氮的环境容量为 577998t/a。

（2）无机氮的环境容量。2011～2012 年杭州湾无机氮实际浓度为 1.71mg/L，是国家三类海水水质标准限值（0.4mg/L）的 1.68 倍，而 2011～2012 年杭州湾无机氮实际年均排放量为 26024t/a，用该值与 4.28 倍相除，可得杭州湾无机氮的环境容量为 6087t/a。

（3）活性磷酸盐的环境容量。2011～2012 年杭州湾活性磷酸盐实际浓度为 0.0505mg/L，是国家三类海水水质标准限值（0.03mg/L）的 1.68 倍，而 2011～2012 年杭州湾活性磷酸盐实际年均排放量为 7310t/a，用该值与 4.28 倍相除，可得杭州湾活性磷酸盐的环境容量为 4342t/a。

在实施环境容量权制度时，应根据不同的污染物、行政区域和发展阶段灵活采取具体的实施办法。以杭州湾为例，在制定环境容量权的实施政策时，要注意以下几点：其一，不同污染程度的污染物应采取不同的环境容量分配方法，例如，杭州湾化学需氧量污染不严重，其可以沿用现已经实施的减排要求。其二，总量控制目标要分阶段有序推进。例如，对于目前污染较为严重的氨氮和总磷，分别制定削减 10%、20%、30% 和 50% 等不同阶段的指标，分期实施，逐步达到海水水质目标。其三，环境容量的分配和污染物减排指标的确定要考虑地区污染物排放强度现状这个因素，改革目前通行的按排污现状每年等额削减一定比例的分配方法。对于环境治理工作做得较好、污染物排放强度较小的地区，应分配较多的环境容量和较少的减排指标。综合考虑杭州湾环境容量和两岸各城市排污现状等多个约束条件，设计相关各行政区减排指标新型分配模型，其计算公式为：

$$u_{jid} = x_{ji} \times \frac{W_i}{WT_i} \times \frac{q_i}{q_{ji}} \times \alpha_i \qquad (10-1)$$

$$q_i = \frac{1}{N}\sum_{j=1}^{N} q_{ji} \qquad (10-2)$$

式中 u_{jid} 为杭州湾第 j 个行政区的第 i 个污染指标的年初分配排污量（吨），x_{ji} 为该行政区基期的实际总排污量（吨），W_i 为整个杭州湾水体第 i 个污染指标的计划年环境容量控制值（吨），WT_i 为杭州湾基期第 i 个污染指标的实际总排污量（吨），q_{ji} 为第 j 个行政区第 i 个污染指标的排放强度，即实际排污量与该行政区的 GDP 比值。q_i 为杭州湾 N 个行政区第 i 个污染指标的平均排放强度。α_i 为根据第 i 个污染指标的排放强度修正减排系数。

为说明各行政区减排指标新型分配模型的应用，我们以氨氮为例作说明，假定氨氮计划削减 10%，即 W_i / WT_i 为 90%，假定某城市基期年实际总排污量 x_{ji} 为 8000 吨，其基期排放强度 q_{ji} 为 5.2 吨/亿元，又假定基期杭州湾平均排放强度 q_i 为 4.8 吨/亿元，则计划年该城市氨氮的分配排污量为 8000 ×90% ×4.8/5.2 =6646（吨），即该城市计划年氨氮理应减排 16.9%，高于 10% 的平均指标，其主要原因是该市基期氨氮排放强度较大。考虑到政策的可操作性，公式设置一个调节系数 α_i，供决策者加以微调。

（二）杭州湾各城市环境容量权的配置

在上述环境容量分配过程中，各级政府和企业都基于自己分配到的环境容量份额而享有相应的环境容量权。产权的激励功能促进各级政府最高效率地使用这些既定的资源（即实现容量权最优配置），从而实现既定容量下利益最大化。相关政府具体可以采用哪些手段，以实现环境容量的最优配置呢？我们认为各级政府可以制定法律法规，以行政管理以及经济手段等来实现资源最优配置。

（1）法律法规。为了节省环境容量，各级政府制定地方性法规来进行支持和鼓励高产出、低消耗、低排放产业的发展。相反，对高消耗、高污染、高排放（“三高”）的企业、行业则限制其发展。

（2）行政手段。各级政府为了提高环境容量的使用效率可采用行政的强制手段对辖区环境容量低效使用的企业、行业采取强制安装治理设施、强制要求技术改进甚至直接予以取缔等（如对辖区高排放企业直接实施“关停并转”）等措施，以腾出环境容量。

（3）经济手段。政府采取各种经济的手段，如政府通过制定财政、税收、金融、价格等手段去诱导企业进行（产业）结构调整、刺激企业进行技术（生产以及治污技术）创新等行为，从而有助于环境容量最优利用。这里，特别需要指出的是，政府还可以使用排污权交易的手段以实现环境容量的最优配置。由前面分析，企业间排污权交易缘于企业间的治污成本以及容量禀赋不同。同样，不同地区的政府在治污成本以及环境容量禀赋上存在差异，这无疑是政府间进行排污权交易的基础。在这种情形下，一些环境管理得力的地区（政府）可能会积累大量环境容量的余量，一些地区由于管理不力或发展需要以致环境容量出现短缺，在这种情况下，两地政府进行环境容量权交易，将达到三方共赢的效果（双方政府以及环境）。还值得一提的是，这种政府间的环境容量权交易并不仅限于同省下辖各地级城市之间，而且各地级市下辖各区县、各区县所辖各乡镇之间亦可以进行容量权交易。

总之，与污染物目标总量控制制度以及现有排放权交易制度等相比，我们所构建的环境容量权制度一方面更加强调环境容量的社会经济等“权”的属性而非仅局限于环境纳污能力等资源（物理）、“物”的属性。同时也将传统排放权交易的主体由企业拓展到更广泛的各级政府乃至国家层面。对各级政府所辖企业而言，也基于自己分配到的环境容量份额而享有相应的环境容量权。产权的激励功能促使各企业使用效率更高的市场交易方式（排放权交易）以实现资源最优配置已成为基本共识，此处不再赘述。

第十一章

余论：浅论基于政府—市场角度的环境经济学学科体系构建

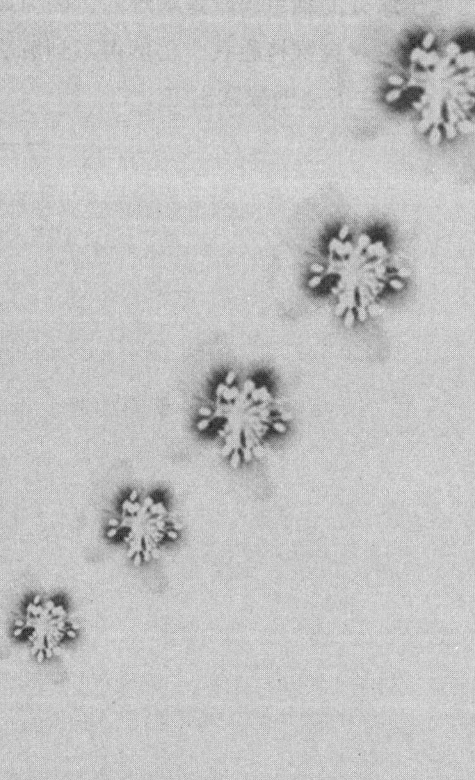

洞见或透识隐藏于深处的棘手问题是艰难的，因为如果只是把握这一棘手问题的表层，它就会维持原状，仍然得不到解决。因此，必须把它“连根拔起”，使它彻底地暴露出来。

——维特根斯坦

环境问题日益成为社会中心议题，严重的环境问题激起了国内外学者的普遍关注。学者们分别从产权、外部性、生产、消费、贸易、产业结构、城市化、政府管制、环境法规、环境意识、环境伦理等角度对环境问题进行了广泛而深入的研究，取得了丰富的成果。然而，现有研究存在搬用国外理论、在对策上多停留政府应该如何等“正确的废话”上，而对具有鲜明“经济人”特征的政府官员是否有动力、有激励去执行这些政策较少考虑。对此，本书从市场与政府的角度尝试对环境问题成因进行全景式考察，并在此基础上提出构建环境容量权制度，以实现对相关主体有效激励的设想。

较好的著作不仅在于能解释特定的问题并提出相应的对策建议，还在于：其一，实现从“具体”到“一般”的飞跃，进而建立更一般、也更系统的理论构架；其二，能启发同行循其思路进行更加深入、广泛的思考；其三，不仅解决一些问题，而且能提出新问题——对学术研究而言，有时候提出问题比解答问题更具有价值。本著者无能力也不必延伸上述每个方向，仅就第一个问题进行适当展开，探讨构建基于政府—市场角度的环境经济学的话题。本章先对环境问题研究状况简要述评，并对本书的边际推进做简要小节，随后就基于政府—市场视角的环境经济学的内容体系提出自己的思路，最后浅谈基于政府—市场视角（也是本书主线）创建中国环境经济学的必要性和可行性。

第一节　现有环境问题研究的不足及本书的边际推进

环境经济学是一门年轻的学科，其理论基础为以庇古为代表的提出的外部性理论（王金南，1998）。20 世纪以来有关环境问题的研究概而言经历了两次热潮，第一次热潮产生于20 世纪60 年代，对环境“来源地”资源消耗及衰竭的关注，以梅多思《增长的极限》为代表，第二次热潮集中在环境“排放地”——环境污染问题的关注，着重研究经济增长带来环境污染，主要围绕环境库兹涅茨曲线（EKC）而展开。以下我们重点对第二类问题，及环境污染问题的相关研究做简单梳理及述评，并小结本书对此的边际推进。

一、现有环境问题成因及治理研究的简要概述及其不足

随着环境问题日益由边缘上升到社会中心问题（岩佐茂，2001；世界银行，2008），学界对环境污染成因的研究重心也历经“市场失灵→经济驱动（主要围绕 EKC 展开）→制度失灵”的演变历程（Stavins，2006；李周，2002；Oates，2004；陆远如，2010）。有关环境污染成因及治理方面的分析相对丰富，本部分主要从外部性内部化的两种思路、经济增长与环境质量以及环境问题的政治经济学分析等方面展开。

（一）外部性内部化的两种思路：政府 VS 市场

最早系统地研究环境问题的是英国经济学家庇古，其以外部性为核心概念对污染问题进行了研究并提出对污染企业征税的对策建议——学界把政府应该运用“看得见的手”对污染企业进行征税等管制措施的思路被称为庇古思路（Pigou-approach）。环境政府主义理论大体沿着以下三条路线演进：其一，循着庇古市场失灵思路，强调政府应该对环境污染企业进行关注。如 Dasgupta（1982）提出了类似于庇古税的“社会贴现率”的概念，要求政府按照与“社会贴现率”相等的原则来确定资源的影子价格。平迪克指出，鉴于环境污染或生态破坏往往具有广泛以及长期影响，市场难以保证他人以及后代人的利益，因此政府进行管理是必要的。其二，基于公共品视角的研究。环境领域的环境基础设施，维护生态的森林等具有非竞争、非排他性特性，是典型的公共品。哈丁（1968）认为政府明确产权是防止自然资源、环境等公共品出现“公地悲剧”的主要手段。萨缪尔逊、斯蒂格里茨、曼昆等在其教材中都从公共物品的角度强调政府提供环境公共物品的必要性。其三，从国家作为制度主要供给者角度来论证。如戴维·皮尔斯（1997）认为，只要能够进行恰当的制度安排，资源、环境的可持续发展并非遥不可及。

随着时代发展以及理论的成长，环境领域强调政府干预的思想在理论和实践中受到挑战。Coase（1960）对外部性问题的解决只能靠政府出面的传统思想提出了质疑。其在《社会成本问题》一文中指出，面对环境污染等外部性问题，只要产权界定清晰，经济主体可以通过谈判协商来实现环境污染等外部性的内部化。这里我国将这种强调运用市场机制本身去解决环境问题的学者称为环境市场主义者。环境市场主义者具体朝以下方向发展：第一，延续科斯的

思路，从产权的角度论证产权（市场）能解决环境问题。如帕纳约托（1997）认为，明确产权相关法律及政策的执行是环境得以改善的关键因素，Koop 和 Tole（1999）认为政府加强产权保护是环境质量改善的驱动力量。Julian（1995）、达斯古普塔（1982）等认为不能形成有效市场是生态环境被破坏的根本原因。国内学者盛洪（2001）、卢现祥（2002）等认为环境问题关键是产权（不清晰），从产权失灵的角度去分析和解决环境问题是一条重要思路。第二，市场价格、竞争内在机制的发掘。随着人们对市场在环境领域的作用机制的认识不断深入，环境市场主义者发现市场本身也存在一些降低污染排放的内在机制。Unruh 和 Moomaw（1996）认为对一些自然资源而言，市场自身存在内生的自我调节机制，如由于经济发展，导致一些资源需求增加，进而价格上升，市场价格机制将会刺激经济主体减少对该资源的消耗，同时加速非资源密集型技术的研发，这都会带来污染的缓解。Konar 和 Cohen（1997）认为，市场中一些主体在促进环境改善方面发挥重要作用，如银行出于对环境的考虑会拒绝给污染企业提供贷款，消费者绿色需求也会倒逼企业减少污染。国内滕有正（2001）、张小蒂（2002）对市场与环境保护兼容的机理进行了理论分析，李国柱（2007）对市场化与环境保护兼容进行了实证分析。第三，环境保护市场化机制实现形式的探索。环境保护中市场机制运用集中在污染治理市场化、环保投融资等方面。第四，排污权交易研究。包括 Crocker（1966）、Dales（1968）Tietenberg（1995）、Stavins（1995）以及邹骥（2000）、陈德湖（2004）、王金南（2008）、涂正革（2014）等对排污权交易的理论或实践进行了系统全面的总结与梳理。

（二）经济增长与环境质量关系问题研究

1991 年，格罗斯曼和克鲁格对 GEMS 的城市大气质量数据做了分析，发现 SO_2 和烟尘符合倒 U 型曲线关系；1993 年帕纳约托借用 1955 年库兹涅茨界定的人均收入与收入不均等之间的倒 U 型曲线，首次将这种环境质量与人均收入间的关系称为环境库兹涅茨曲线（EKC）。环境库兹涅茨曲线提出后，众多学者从不同角度对 EKC 形成原因进行了研究，大大丰富了人们对 EKC 形成机理的认识。简要归类于以下几方面①：经济结构（Panayotou，1994；张晓，1999）、市场机制（Thampapillai，1996；涂正革，2013）、个体偏好变化（O-

① 关于 EKC 综述，本书第一章第二节有详细介绍，此不予以具体展开。

Sung，1997；齐结斌，2015）、国际贸易（Copeland-Taylor，2002；彭水军，2010）、科技进步（Selden-Song，1996）、国家政策（Torras & Boyce，1994；蔡昉，1998）等。

以上研究有助于我们理解经济发展与环境质量之间的关系。但这些研究也存在一些不足：

（1）当前太多的力量集中于研究EKC具体呈现出什么形状以及拐点预测上，而较少研究EKC的生成机理，一定程度上将研究引入了歧途（于峰，2006）。

（2）大多数研究只考虑收入增长因素对环境质量影响（忽略了隐藏在曲线背后的其他重要的因素），建立的模型是基于收入—环境简化模型，它实际上只是对环境质量随经济发展变化过程的一种现象描述，经济—环境关系的内在机理依然处于“黑箱”状态。显然，剖开“黑箱”，弄清曲线背后作用机制才是更有意义的工作。

（3）经济发展涉及人口、经济规模、经济结构、技术水平、贸易、政治体制、政策变化等众多因素。同时，环境质量除了受经济活动直接影响外，还受到公民环境意识、环境教育、消费观念、文化传统等因素的间接影响。这些表明经济增长与环境之间的关系是复杂的，笼统地把经济发展水平与环境污染程度相关联，是一种从外部考察“经济—环境”系统的“黑箱”方法，这类方法短于深刻性，难以揭示环境污染发生的内在根源与机制。

（三）环境问题的政治经济学研究

物与物的关系后面，从来是人与人的关系（马克思）。包括我国环境问题的根本解决并不取决于末端治理技术，而在于制度变革，改变人们行为背后的激励结构。戴维·皮尔斯（1997）认为，只要能够进行恰当的制度安排，资源、环境的可持续发展并非遥不可及。Dean（2002）认为环境污染问题是一个政治经济学过程，我国环境领域权威的智囊机构——中国环境国际合作委员会（CCIED）也在研究报告（2008）中指出，导致环境污染重要原因是市场失灵，环境保护是政府必须发挥中心作用的重要领域，政府的环境保护工作不应是逐渐放松规制，而应是不断强化规制①。在污染治理对策上，传统较少考虑政府官员是否有内在动力去执行环境政策，这是政府环境治理效果不显著的

① 中国环境与发展国际合作委员会（CCICED）．给中国政府的环境与发展政策建议［M］．中国环境科学出版社．2009.

重要原因（蔡昉，2008），越来越多学者认识到对国家的污染治理而言，“做对（官员）激励”比“做对（政策）方案”更重要。

环境问题的政治经济学研究集中体现在以下方面：其一，环境管制的政治经济学分析。20 世纪八九十年代以来，政治经济学借鉴产业管制理论的研究成果，在对环境问题尤其环境管制的研究中，把政府的社会福利最大化目标改为社会福利与利益集团并重的混合目标，考察环境规制部门、环保组织与商贸机构围绕环境政策的博弈过程。这方面的研究可以分为两个阶段：第一阶段对环境政策的实证分析以解释不同环境政策如何影响利益集团。例如，贝克尔（1983）认为利益集团争夺政治影响的竞争的政治均衡可能是经济有效的，Aidt（1998）则指出利益集团之间的竞争并不必然导致经济上无效率的结果。第二阶段则采用博弈分析工具，围绕利益集团如何影响环境政策进行理论与经验研究，环境保护被视为环保部门与产业集团、各州与地方政府、执行部门与国会成员，以及其他政治利益集团之间政治妥协的结果（Portney，2004）。其二，对政府环境行为互动及特征的捕捉。随着凯斯等（1993）开创性地运用空间计量方法刻画主体策略行为之后，学者们对政府环境互动行为进行大量深入研究。如地方政府为争夺流动性资源的环境管制行为互动（Brueckner，2003）、环境税收竞争（Rauscher，2005）、污染物外溢下政府互动行为（Millimet，2014）及河流交界处“边界效应”的研究（Sigman，2007，2013）。其三，环境分权与集权的探讨。Oates 和 Schwab（1988）基于 Tiebout（1956）辖区居民“用脚投票”约束政府的思想，认为政府为吸引流动性厂商竞相提供包括环境在内的公共品，从而有利于公共品高效配置，并提出中央向地方政府的分权管理优于中央集中统一管理的环境分权定理（environmental decentralization theorem）。进一步地，学者从居民偏好异质性（Brueckner，2004）、政府掌握信息充足程度（Grether et al.，2012）、中央政府“一刀切”的环境管理政策可能带来的巨大福利损失（Savcyn，2006）等方面论证了环境分权的必要性。然而，环境分权效率的实现需要满足政府官员谋求社会福利最大化（“洁白无瑕”的政府官员）、政府行为不存在外部性等苛刻假定（Oates & Schwab，1988；Yandle，1999）的前提条件，但现实世界中上述假设前提难以得到满足，因而环境分权往往导致属地环境质量的下降。

二、国内外相关研究的不足

环境问题日益成为社会（无论是国际还是国内）的中心议题。严重的环境问题激起了国内外学者的普遍关注。他们分别从产权、外部性、生产、消费、贸易、产业结构、城市化、政府管制、环境法规、环境意识、环境伦理等角度对环境问题进行了广泛而深入的研究，取得了丰富的成果。然而，现有研究也存在以下缺憾：

其一，现有研究在市场、政府与环境关系问题上存在较大的误区。如过度强调市场失灵造成的环境问题，对市场机制本身可能会改善环境水平的认识不足；在政府与环境问题的关系上也大多强调政府环境管理的必要性（所谓“经济靠市场，环保靠政府”的口号就是代表性的观点），而对政府环境管理过程中可能引致严重的环境问题不够重视。

其二，已有研究大多没有区分中央、地方政府之间的利益差别，较少考虑我国正处于经济社会转型时期的国情。显然，应考虑中央、地方政府的利益差别以及我国财政分权体制下各级政府存在过度追求 GDP 增长的内在冲动（表现为不顾环境承载能力片面地追求地方经济总量的增加）的现状，将这些现实因素纳入研究，无疑会使理论更接近真实的世界。

其三，对环境领域政府与市场的关系认识有待深化。在环境领域关于市场与政府的关系基本上停留于“要么市场、要么政府”的浅层认识（表现为庇古与科斯之间的争论）。事实上，现实中市场与政府关系是复杂的，如何协调政府、市场“两只手”，充分发挥其解决环境问题的作用上存在大的研究空间。

其四，解决环境问题的国际共识是市场、政府、社会公众等共同参与才能有效解决。而现有研究一般注重政府环境管理等正式制度，而对公众参与、环境意识等相对关注不够。

其五，研究问题的片面性。已有研究多从生产、消费、产业结构、技术、贸易、产权、政府环境管制、民主与政治自由度、环境意识等某一个或几个方面研究环境问题，在研究中不可避免地陷入强调本方面而忽视其他，表现出“盲人摸象式”的片面。

其六，现有关于改善环境质量的政策提议多较空泛，缺乏可操作性。

三、本书主要观点及边际贡献

（一）主要观点

(1) 市场这只“看不见的手”通过深化、广化分工，驱动生产，加速流通、刺激消费正反馈途径创造了丰富物质财富，同时也排放大量污染——即市场在释放社会生产力方面取得了巨大成功，但同时亦如影随形地（不可避免）创造污染，长此甚至会损害、取消前者的成功。人类不加节制地任由市场横行，地球这艘飞向太空的宇宙飞船将会崩溃。一些先前人类文明的湮灭大多是由于人类过度剥夺、破坏地球表土资源的结果［进一步地，第五章运用分位数回归方法对环境库兹涅茨曲线（EKC）进行再研究，发现环境污染与经济发展之间的正向同步增长关系是本质，倒 U 型关系只是环境规制结果］。

（2）古典经济学关注经济（财富）、社会以及自然等广泛的领域，具有丰富的思想。边际革命后，经济学忽视制度、社会发展、无视自然环境系统，蜕变为只关注资源最优配置的（新古典）经济学，实际上成为引导人类对资源"大规模最优消耗"的理论工具。在资源环境方面，新古典经济学只见经济、不见自然——本书将这种人为将经济与环境割裂的现象称为"新古典割裂"。新古典割裂思想在实践的恶果是，经济增长超过极限，环境、生态超过阈值，长此人类将是"寂静的春天"。因此，经济学必然也必须回归古典传统——即从空的世界（新古典）经济学必须向满的世界的（古典）经济学转变。

（3）本书认为，环境领域的外部性等市场失灵实际上是交易费用过高的结果。从产权的角度看，过高的交易费用导致产权界定不清，致使这些权利不同通过市场进行定价，产生了所谓外部性问题。这样，一方面，由于环境产权客观上不能清晰界定，部分租金滞留公共领域，大家竞相攫取领域的"租"，表现为对公共领地资源掠夺性使用，肆无忌惮向环境排泄废物；另一方面，政府"看得见的手"以各种理由（可能是善意，更多情况下是利益集团控制下的非善意）干预环境产权，致使环境问题人为恶化（"人祸"）。因此，从产权失灵的角度来研究环境问题，更能深入问题的本质。

（4）本书颇具创新性地在生产埃奇沃斯盒状图的基础上，首次推导出经济—环境（物品）生产的可能性曲线（EEC）。EEC 图形表明：经济物品与环境物品的生产冲突是常态，经济发展与环境改善是两难选择。政府宜根据当前主要矛盾来权衡经济与环境何者更优先（正如菲利普斯曲线告诉政府应在失业与通胀之间相机选择）。

（5）进一步地，我们以转型时期我国政府官员行为为视角，深入揭示以 GDP 为主要指标的政绩考核体制使地方官员处于"晋升竞标赛"竞争中，财政分权体制以及事权财权不对称刺激各级政府过度追求 GDP 增长而不顾环境污染——并创造性地将我国各级地方政府对辖区污染企业环境管制松弛现象称为环境软约束。并就软约束原因、表现进行了分析，最后运用基于向量自回归（VAR）模型中的Granger因果检验以及运用反应政府行为互动的空间面板模型对我国政府环境软约束是否存在进行实证检验。

（6）对传统理论中将市场与政府对立（即要么政府，要么市场）的观点进行了批判，指出这两种观点有着共同的缺陷：天真地将理想状态（“斯密神话”与“凯恩斯神话”）与现实状态进行对比。现实中是不完全的市场与不完全的政府，扬长避短地将两者有机结合才是可取之道。同时也就市场与政府同时失灵情形下解决环境问题的第三条道路：利用公众、企业、社区、环境NGO等第三部门来填补双重失效的领域。

（7）在借鉴预算软约束理论的基础上，构建基于政府行为的“环境软约束”分析框架，深入研究转型时期政府行为引致环境污染的内在机理，力图挖掘我国环境污染的“政府”根源并揭示环境污染的“中国特点”。

（8）在充分认识政府、市场与环境关系的基础上，将环境科学中具自然属性“环境容量”与经济学中具社会属性的“环境产权”有效结合，提出兼具物质实体与权利特性的、内涵丰富的环境容量权概念，并以此为核心构建环境容量权制度，该制度不仅较好实现资源配置的计划效率和市场效率，同时有效打破我国政府环境软约束等优点。

（二）边际贡献

本书对现有环境问题研究的可能推进表现在以下几点：

第一，本书对市场与环境之间的关系进行了全面考察。传统理论认为市场是造成环境破坏的罪魁祸首，是“坏”的东西。我们认为，市场竞争促进企业提高资源利用效率，公众对绿色产品需求等都会迫使企业减少污染排放，这在一定程度上实现市场与环境保护的兼容，并利用我国30个省区市的污染排放强度和市场化数据建立计量模型初步验证我们的结论。

第二，我们尝试从政府宏观经济政策层面和微观环境管制层面来分析政府政策对环境的影响，从这种视角考察有助于我们更系统、深入把握政府与环境之间的关系。在该分类的基础上，我们对政府产业政策、区域政策、城市政策、投资、管制等政策对环境的影响进行了实证定量研究，揭示了政府各种政策影响环境的力度和方向，具有较大的理论及应用价值。基于该框架我们还“顺便地”对环境库兹涅茨曲线（EKC）进行了检验，发现环境与经济之倒U型关系并非自动的、内生的，倒U型关系的存在相当程度上只是政府环境规制结果，从而丰富了现有 EKC 的研究。

第三，在我国经济转型背景下，各级政府面临以 GDP 为主要指标的政绩考核体系以及财政分权的财税体系，官员追求升迁以及本地财政收入最大化的内在动机刺激了各级地方政府片面追求辖区经济增长，而对由此带来的污染采取放任态度，表现为各级政府对辖区企业污染管制政策的松弛。对此，本文创造性地提出了软环境约束概念，并对环境软约束形成的原因、后果进行了分析，最后运用经济计量模型进行了实证检验。

第四，要解决环境问题，必须进行制度创新。本书从中央政府与地方政府分权的背景出发，提出了破解我国现行环保体制中地方环境保护主义困局的思路。其中最具有现实意义的是提出建立环境容量权制度的构想，该制度的最大特点既调动政府运用行政（如关停污染企业、限期治理等）手段及经济手段（如财税、金融、产业结构调整政策）甚至市场手段（不同地区政府间的排污权交易）来治理环境的积极性，同时刺激企业利用排污权交易实现环境容量资源的最优配置。

第二节　基于政府—市场角度的环境经济学学科体系构建

一、为什么基于政府—市场的视角

之所以以政府和市场为研究视角，主要有以下原因：

第一，环境问题表面上是人与环境关系出现紧张，从更深层处看环境问题实际上是人与人之间利益冲突的反应。在现代市场经济中，市场与政府是资源配置的基本方式，也是协调人与人利益关系的根本手段。事实上，引起环境问题的原因是多方面的，但根源终可以归结为“市场失灵”和“政府失灵”。因此，从市场与政府的视角研究环境问题，更能触及问题的本质①。另外，从市

---

① 英国环境经济学家杰米·沃福德指出：环境经济学研究的中心问题应该是利益冲突问题。环境退化的根本原因是经济学过去在制度和个人行为起关键作用和政策干预可能适合的方面给予注意相对地太少了。见：杰米·沃福德．环境经济学：市场经济条件下环境管理的理论基础［M］．北京：中国财政经济出版社，1992.

场与政府的角度来研究环境问题符合经济学研究的发展趋向。从政治经济学200多年的发展历程看，古典政治经济学家关注经济增长、制度变化等广泛的问题。无论是重农学派还是重商学派，在对价值或财富源泉的探寻中，无不重视经济制度的变化及相应经济关系的研究。但自马歇尔以后，经济学家推崇市场机制在经济发展中的“万能”作用，仅仅关注如何使稀缺资源最佳配置以获得最大满足程度。“政治经济学”蜕变成了只研究既定制度安排下的如何最优选择“经济学”。这种不考虑“政治”的经济学不仅遭到了马克思、恩格斯的强烈批判，也受到了以加尔布雷斯和缪尔达尔为代表的新制度经济学派者的批评。20世纪80年代的新制度经济学派的兴起，昭示着西方经济学向政治经济学的全面复归，并进一步拓宽了政治经济学的研究视野。因此以市场和政府为视角来研究环境问题，符合经济学的发展趋向。

第二，选择从市场与政府的视角研究环境污染问题，一个很重要的原因是因为现有关于环境问题的研究文献基本可以“市场”与“政府”为主线串联起来，进而可能基于此形成有关环境问题经济分析的系统、综合性的分析框架。稍加梳理，可以发现，学者们从外部性（Pigou，1920）、公共品提供（萨缪尔森，1998；曼昆，2002）、信息不对称（Leveque，1996）、产权不清晰（Cropper，1994；Cole，2002）及囚徒困境（Harding，1968）等来论证市场失灵造成的环境污染。萨缪尔森、斯蒂格利茨、曼昆等在其经典教材中等也强调政府对市场失灵带来的环境污染问题进行必要干预的必要性和必然性。随着环境问题的日趋严重，政府环境管理过程中伴随的“负作用”日益凸显，有关政府环境失灵［被Lindberg（1964）形象描述为“看得见的手”缺少“绿拇指”］研究渐成热点。学者们从环境公共品提供不足（哈丁，1968）、政府环境规制失灵（Inman & Rubinfeld，1997）、政府污染治理过程中企业“搭便车”行为（Helland & Whitford，2006），污染越界（Hall，2008；Fredriksson，2010）、政府对流动性资源的争夺（Tiebout，1956；Kunce，2005）以及利益集团对环境政策的影响（Buchanan，1984；Bardhan & Mookherjee，2000）等方面，拓展深化了政府对环境影响的认识。当然，并非所有学者都认同市场失灵系环境污染的原因。如Coase（1960）最早提出污染双方可以通过谈判协商进而实现外部性内部化的市场思路。Dales（1968）等将科斯思想具体化，提出建立排放权交易制度以实现污染有效治理。更为极端地，以Anderson和Leal（1991）、Cole（2002）、Hube（2004）等为代表的自由市场环境主义者（FEM）甚至认为，政府本身可能是环境问题的重要源头，主张重回市场，发掘“看不见的手”蕴含“绿色”基因。概言之，有关环境问题的经济学研究历经“市场失灵→政府干预→政府失灵→重回市场→政府—市场结合”为重点研究视角的演变历程，故以政府与市场为视角构建系统、综合的环境经济学分析框架具有较大的可行性。

第三，当前学界将政府环境管理手段大致归类为行政管制、法律手段、经济手段、环境宣传教育手段等四个方面。但是，现有环境管理手段分类具有一般性——既适合于发达国家，也适合于市场不发达国家——无疑对我国转型时期政府对经济仍具有极强的控制力进而政府政策对环境影响巨大（甚至可以说具有决定性的影响）的特殊国情难以深入。对此，我们借鉴沈满洪（2002）将环境经济手段区分为庇古手段和科斯手段的分析思路，将环境治理手段概括为政府手段与市场手段。该分类不仅有助于我们理解和把握政府经济行为对环境的影响，而且具有重要实践价值。由该分类，我们清楚地看到：要改善环境质量，政府除了借鉴发达国家通常采用的对企业微观管制（如收税费、补贴、实施排污权交易等）手段外，还可以根据我国政府对经济控制力较强的特点，从产业结构调整、促进生产方式的改进、推行节能减排等宏观层面，来制定有利于环境质量改善的经济、行政政策。

第四，我国处于经济社会转型时期，一方面市场经济体制尚未完全建立，市场机制还不完善，不能照搬发达国家环境管理理论和环境治理方法，有必要研究我国在这种不成熟市场经济条件下市场与环境的关系；另一方面政府改革还未到位，政府行为不规范，政府对经济的控制力还非常大，政府政策对环境有至关重要影响。尤其是在我国财政分权的背景下，各级政府存在片面追求本地经济增长的强烈冲动。同时，以 GDP 为主要指标的政绩考核的压力型体制更加加剧了这种增长冲动，这些都直接导致了各级政府对辖区污染企业环境软约束，造成了当前严重的环境问题。因此，从政府与市场的视角研究环境问题，有助于将西方一般经济学理论与我国具体国情结合，从而形成具有解释力、能反映“真实世界”的理论，为制定适合国情的环境政策提供借鉴。

二、基于政府—市场角度的环境经济学学科体系的初步构想

基于政府与市场的环境经济学的框架结构分为四篇，共十六章内容。第一篇介绍环境—经济大系统及环境（社会）科学以及环境经济学的产生与发展

等内容。第二篇系统论述市场与环境的关系，包括第三~九章共七章内容。其中第三章从经济增长的视角考察市场与环境污染的关系；第四章探讨环境物品的市场价值及创建环境市场等内容。第三篇系统论述政府与环境的关系，包括政府政策与环境污染、政府环境职能以及政府环境管制及管制失灵等三章的内容。第四篇环境治理的政府、市场有效组合及其缺陷，包括环境治理中的“政府—市场”组合、“政府—市场”之外以及环境问题“经济学帝国主义”倾向及环境社会学的协作等共三章的内容。初步思路及构架大致如下：

第一篇：环境—经济系统及环境经济学。大体包括以下内容：经济—环境系统循环反馈、环境科学体系及环境社会科学、环境经济学的理论基础、发展及演变等内容。

第二篇：市场与环境。包括以下三方面：其一，市场的力量（经济增长）与环境污染，细致探讨规模、结构、技术、贸易、FDI与环境问题；其二，环境物品的供给与需求，包括环境物品的价值、环境物品的供给、需求，以及环境物品供求市场均衡；其三，环境物品供求的市场失灵及其矫正，包括跨界污染、委托—代理问题以及污染治理市场化等方面。

第三篇：政府与环境。包括政府环境职能、政府政策与环境污染、政府环境管理及管制失灵等广泛的内容。

第四篇：环境治理的政府、市场有效组合及其不足。包括环境治理中的“政府—市场—社会”三轮互动、经济学“帝国主义”在环境研究领域的得失以及环境经济学与其他各环境社会科学的协作等问题。

当然，以上只是循本书《我国环境污染成因及治理研究——基于“政府—市场”的视角》思路对构建系统、综合的环境经济学学科体系的初步探讨。显然，笔者的目的并不在于要构建完美的环境经济学体系，而在于“贡献”一个视角，一个可能将环境问题研究串联起来的一条主线——政府—市场的主线，因而也算是为构建系统综合的环境经济学“抛砖引玉”。当然，笔者深感基于政府—市场的环境经济学研究在中国的发展空间很大，无论在理论和现实来讲都意义深远，我会研此方向继续坚定地走下去，为中国环境经济学学科的完善贡献绵薄之力。

参考文献

[1] 岩佐茂．环境的思想［M］．北京：中央编译出版社，1997.

[2] 阿尼尔·马康德雅等．环境经济学辞典．上海财经大学出版社，2008.

[3] 皮尔思·世界无末日：环境与可持续发展［M］．北京：中国财政经济出版社，1997.

[4] 汤因比，池田大作．展望21世纪［M］．北京：国际文化出版公司，1985：39.

[5] 罗伯特·艾尔斯．转折点：增长范式的终结［M］．上海译文出版社，2001.

[6] 丹尼斯·梅多斯等．增长的极限［M］．长春：吉林人民出版社，1997.

[7] 彼得·休伯．硬绿——从环保主义者手中拯救环境［M］．上海译文出版社，2002.

[8] 威廉·莱斯．自然的控制［M］．重庆出版社，1993.

[9] 汤姆·泰坦伯格．环境经济学与政策［M］．上海财经大学出版社，2003.

[10] 托马斯·思德纳．环境与自然资源管理的政策工具［M］．上海人民出版社，2006.

[11] 蕾切尔·卡逊．寂静的春天［M］．长春：吉林人民出版社，1997.

[12] 查尔斯·哈铂．环境与社会——环境问题中的人文视野．天津人民出版社，1998.

[13] 赫尔曼·舍尔．阳光经济——生态的现代战略［M］．北京：三联书店出版，2000：26.

[14] 卡特，戴尔．表土与文明［M］．北京：中国环境科学出版社，1987.

[15] 阿尔温·托夫勒．第三次浪潮［M］．上海三联书店，1983.

[16] 戴利．超越增长——可持续发展的经济学［M］．上海译文出版社，2001.

[17] 亚当·斯密．国民财富的性质和原因的研究［M］．北京：商务印书馆，1996.

[18] 马尔萨斯．人口原理［M］．北京：商务印书馆，1992.

[19] 李嘉图．政治经济学及赋税原理［M］．北京：商务印书馆，1992.

[20] 穆勒．政治经济学原理［M］．北京：商务印书馆，1992.

[21] 罗宾斯．论经济科学的性质与意义［M］．北京：商务印书馆，2000.

[22] 罗森伯格．经济学是什么：如果它不是科学［A］．上海：世纪出版集团，2007.

[23] 拉卡托斯．科学研究纲领方法论［M］．上海译文出版社，1986.

[24] 熊彼特．经济分析史（第二卷）［M］．北京：商务印书馆，1991.

[25] 凯恩斯．劝说集［M］．北京：商务印书馆，1982.

[26] 庇古．福利经济学［M］．陆民仁译．台北：台湾银行经济研究室．1971.

[27] 科斯．社会成本问题．载于科斯等《产权权利和制度变迁》［M］．上海三联书店，1994.

[28] 斯蒂格利茨．经济学（上册）[M]．北京：中国人民大学出版社，2007.
[29] 曼昆．经济学原理 [M]．北京：机械工业出版社．2012.
[30] 萨缪尔森，诺德豪斯．经济学（第 17 版）[M]．北京：人民邮电出版社，2004.
[31] 德姆塞茨．关于产权的理论．载于科斯等《产权权利和制度变迁》[M]．上海三联出版社，1994：89.
[32] 巴泽尔．产权的经济分析 [M]．上海三联书店，1997.
[33] 托达罗．经济发展（第六版）[M]．北京：中国经济出版社，1999.
[34] 哈耶克．个人主义与经济秩序 [M]．北京经济学院出版社，1989：77－79.
[35] 奥尔森．集体行动的逻辑 [M]．上海三联、上海人民出版社，1995.
[36] 阿林·杨格．报酬递增与经济进步 [J]．经济社会体制比较，1996（2）.
[37] 库兹涅茨．现代经济增长 [M]．北京经济学院出版社，1989.
[38] 斯蒂格利茨．政府为什么干预经济 [M]．北京：中国物资出版社，1992.
[39] 查尔斯·沃尔夫．市场或政府：权衡两种不完善的选择 [M]．北京：中国发展出版社，1994.
[40] 奥斯特罗姆．公共事物的治理之道 [M]．上海三联书店，2011.
[41] 丹尼斯·C. 缪勒．公共选择理论 [M]．杨春学译．北京：中国社会科学出版社，1999.
[42] 阿瑟·刘易斯．经济增长理论 [M]．梁小民译．上海三联书店，1990：476.
[43] 查尔斯·林德布洛姆．政治与市场——世界的政治经济制度 [M]．上海三联书店，1994.
[44] 青木昌彦．比较制度分析 [M]．上海远东出版社，2001.
[45] Voigt，S. Engerer H.．制度和转型 [A]．齐默尔曼．经济学前沿问题 [C]．北京：中国发展出版社，2004.
[46] Bickenbach，F. Kumkar，L.．反托拉斯和管制 [A]．齐默尔曼．经济学前沿问题 [C]．北京：中国发展出版社，2004.
[47] 世界银行．碧水蓝天：展望 21 世纪的中国环境 [M]．北京：中国财政经济出版社，1997.
[48] 萨拉蒙．全球公民社会：非营利部门视界 [M]．北京：社会科学文献出版社，2009.
[49] 霍奇逊．现代制度主义经济学宣言 [M]．北京大学出版社，1993.
[50] 汤因比，池田大作．展望 21 世纪 [M]．北京：国际文化出版公司，1985.
[51] 中国大百科全书（环境科学卷）．北京：中国大百科全书出版社，1983：154.
[52] 中国环境与发展国际合作委员会（CCICED）．给中国政府的环境与发展政策建议 [M]．北京：中国环境科学出版社，2013.

[53] 中国社会科学院环境与发展研究中心．中国环境与发展评论（第三卷）[M]．北京：社会科学出版社，2007.
[54] 邓树增．自然辩证法引论 [M]．长沙：湖南大学出版社，1987：369.
[55] 贾雷德·戴蒙德．枪炮、病菌与钢铁——人类社会的命运 [M]．谢廷光译．上海译文出版社，2000.
[56] 张五常．经济解释 [M]．北京：商务印书馆，2000.
[57] 张坤民．可持续发展论 [M]．北京：中国环境科学出版社，1997：420.
[58] 马中．环境与资源经济学概论 [M]．北京：高等教育出版社，2012.
[59] 朱庚申．环境管理学 [M]．北京：中国环境科学出版社，2009.
[60] 沈满洪．环境经济手段研究 [M]．北京：中国科学出版社，2001.
[61] 刘思华．经济可持续发展的制度创新 [M]．北京：中国环境科学出版社，2002.
[62] 钟茂初．可持续发展经济学 [M]．北京：经济科学出版社，2006.
[63] 张帆．环境与自然资源经济学 [M]．上海人民出版社，1998.
[64] 张维迎．博弈论与信息经济学 [M]．上海三联书店，1996.
[65] 张培刚等．微观经济学的产生和发展 [M]．长沙：湖南人民出版社，1997.
[66] 姚从容．公共环境物品供给的经济分析 [M]．北京：经济科学出版社，2005.
[67] 王金南．环境经济学——理论方法政策 [M]．北京：清华大学出版社，1994.
[68] 卢现详．新制度经济学 [M]．武汉大学出版社，2012.
[69] 张小蒂．资源节约型经济与利益机制 [M]．上海三联书店，1993.
[70] 陈清泰．我国宏观经济形势分析 [N]．中国经济时报，2009-2-9.
[71] 樊纲．中国市场化指数——各地市场化进程相对报告 [M]．北京：经济科学出版社，2014.
[72] 王芳．环境社会学——行动者、公共空间与环境问题 [M]．上海人民出版社，2011.
[73] 孙剑平．从浪漫到科学：可持续发展经济学沉思 [M]．北京：经济科学出版社，2002.
[74] 侯伟丽．中国经济增长与环境质量 [M]．北京：科学出版社，2012.
[75] 潘家华．持续发展途径的经济学分析 [M]．北京：中国人民大学出版社，1996.
[76] 曹沛霖．政府与市场 [M]．杭州：浙江人民出版社，1998.
[77] 杨华．中国环境保护政策研究 [M]．北京：中国财政经济出版社，2007.
[78] 沈满洪．绿色制度创新论 [M]．北京：中国环境科学出版社，2011.
[79] 任勇．日本环境管理与产业污染防治 [M]．北京：中国环境科学出版社，2000.
[80] 罗勇．环境保护的经济手段 [M]．北京大学出版社，2002.
[81] 廖卫东．生态领域产权市场制度研究 [M]．北京：经济管理出版社，2012.

[82] 藤有正等．环境经济探索：机制与政策［M］．呼和浩特：内蒙古大学出版社，2001.
[83] 蓝虹．环境产权经济学［M］．北京：中国人民大学出版社，2005.
[84] 吴健．排污权交易［M］．北京：中国人民大学出版社，2005.
[85] 王晓辉．运用环境经济政策促进浙江节能减排研究［M］．北京：经济科学出版社，2014.
[86] 虞锡君．长三角海湾河口水环境治理的制度建设研究［M］．北京：中国财政经济出版社，2016.
[87] 高中华．生态文明时代的理性思考［M］．北京：社会科学文献出版社，2004.
[88] 洪大用．社会变迁与环境问题［M］．北京：首都师范大学出版社，2011.
[89] 毛寿龙等．西方政治的治道变革［M］．北京：中国人民大学出版社，2012.
[90] 陶传进．环境治理：以社区为基础［M］．北京：社会科学文献出版社，2011.
[91] 赵海霞．经济快速增长阶段环境质量变化研究［D］．南京农业大学，2006.
[92] 孔令峰．可持续发展的政治经济学分析［D］．天津：南开大学，2005.
[93] 聂国卿．环境政策选择的经济学分析［D］．上海：复旦大学，2003.
[94] 姚从容．公共环境物品供给的经济分析［D］．天津：南开大学，2004.
[95] 郑书耀．准公共物品供给分析［D］．沈阳：辽宁大学，2007.
[96] 贾丽虹．外部性理论及其政策边界［D］．广州：华南师范大学，2003.
[97] 张学刚．外部性理论及应用的初步研究［D］．中南财经政法大学硕士论文，2005.
[98] 郑斌．我国政府软约束行为研究［D］．辽宁大学，2011.
[99] 李达．经济增长与环境质量——基于长三角的实证研究［D］．上海：复旦大学，2007.
[100] 肖宏．环境规制约束下污染密集型企业越界迁移及其治理［D］．上海：复旦大学，2008.
[101] 廖卫东．生态领域产权市场的制度研究［D］．南昌：江西财经大学，2003.
[102] 马世国．环境规制机制的设计与实施效应［D］．上海：复旦大学，2007.
[103] 苏民．中国环境经济政策的回顾与展望［J］．经济研究参考，2007（27）.
[104] 卢现祥．环境、外部性与产权［J］．经济评论，2002（4）.
[105] 盛洪．环境保护、可持续发展与政府政策［J］．生态经济，1999（6）.
[106] 陈德湖．排污权交易理论及其研究综述［J］．外国经济与管理，2004（5）.
[107] 王金南，杨金田．排污交易制度的最新实践与展望［J］．环境经济，2008（10）.
[108] 钟茂初，张学刚．环境库兹涅茨批判综论［J］．中国人口·资源与环境，2010，20（2）.
[109] 张晓．中国环境政策的总体评价［J］．中国社会科学．1999（3）.

[110] 彭水军，包群．经济增长与环境污染［J］．财经问题研究，2006（8）.
[111] 于峰．环境库兹涅茨曲线研究回顾与评析［J］．经济问题探索，2006（8）：4－10.
[112] 李挚萍．20 世纪政府环境管制的三个演进时代［J］．学术研究，2009（6）.
[113] 张连辉．1953—2003 年间中国环境保护政策演变［J］．中国经济史研究，2010（4）.
[114] 张坤民．当代中国的环境政策：形成、特点与评价［J］．中国人口·资源与环境，2007，17（2）.
[115] 吴荻，武春友．建国以来中国环境政策的演进分析［J］．大连理工大学学报，2010（12）.
[116] 吴巧生，成金华．论环境政策工具［J］．经济评论，2004（1）：63－67.
[117] 叶文虎，毛锋．三阶段论：人类社会演化规律初探［J］．中国人口·资源与环境，1999（2）.
[118] 钟茂初．第一生产要素：生态环境危机的关键因素［J］．自然辩证法研究，2005（8）.
[119] 徐高龄．产权化是环境管理网链中的重要环节但不是万能的、自发的、独立的［J］．河北经贸大学学报，1999（2）.
[120] 刘学敏．从环境问题看市场的双重作用——从“看不见的手”到“看不见的脚”［J］．经济学动态，2009（5）：48－51.
[121] 贾丽虹．外部性发生机制与市场缺失关系新探［J］．学术研究，2003（4）.
[122] 李慧明．让市场说出生态真理——生态文明建设的重要途径［J］．南开学报，2008（5）.
[123] 夏光．论环境权益的市场化代理制度［J］．中国工业经济研究，1993（5）.
[124] 李挚萍．20 世纪政府环境管制的三个演进时代［J］．学术研究，2011（6）.
[125] 沈满洪，许云华．一种新型的环境库兹涅茨曲线［J］．浙江社会科学，2000（4）.
[126] 赵细康等．环境库兹涅茨曲线及在中国的检验［J］．南开经济研究，2005（3）.
[127] 周力，应瑞瑶．外商直接投资与工业污染［J］．中国人口·资源与环境，2009，19（2）.
[128] 赵红．外部性、交易成本与环境管制［J］．山东财政学院学报，2012（6）.
[129] 郭朝先．我国环境管制发展的新趋势［J］．经济研究参考，2013（27）.
[130] 任志宏，赵细康．公共治理新模式与环境治理方式创新［J］．学术研究，2006（9）.
[131] 王金南等．中国污染控制政策的评估及展望［J］．环境保护，2008（6）.
[132] 张建东．西方政府失灵理论综述［J］．云南行政学院学报，2013（5）.
[133] 彭水军．中国经济增长与环境污染——基于时序数据分析［J］．当代财经，2006

(7).

[134] 王万山. 自然资源混合市场运行机制 [J]. 广东商学院学报, 2007 (5): 22-27.

[135] 曹啸. 管制经济学的演进——从传统理论到比较制度分析 [J]. 财政研究, 2006 (10).

[136] 熊鹰. 政府环境监管与企业污染治理的博弈分析 [J]. 云南社会科学, 2012 (4).

[137] 尚宇红. 治理环境污染问题的经济博弈分析 [J]. 理论探索, 2005 (6): 93-95.

[138] 张世秋. 环境政策边缘化现实与改革方向辨析 [J]. 中国人口·资源与环境, 2004, 14 (3).

[139] 许庆明. 试析环境问题上的政府失灵 [J]. 管理世界, 2001 (5): 98-101.

[140] 李猛. 财政分权与环境污染——对环境库兹涅茨假说的修正 [J]. 经济评论, 2009 (5).

[141] 杨海生. 地方政府竞争与环境政策——来自中国的证据 [J]. 南方经济, 2008.

[142] 荣敬本, 高新军. 县乡两级政治体制改革, 如何建立民主的合作新体制 [J]. 经济社会体制比较, 1997 (4).

[143] 朱玉明. 地方利益、政府利益与官员利益——对地方政府行为的经济分析[J]. 东岳论丛, 2006, 27 (1).

[144] 李军杰. 基于政府间竞争的地方政府经济行为分析 [J]. 经济社会体制比较, 2009 (11).

[145] 唐明. 物业税税制改革的财政公共管理体制困境探析[J]. 管理学报, 2009 (1).

[146] 樊根耀. 我国环境治理制度创新的基本取向 [J]. 求索, 2009 (12).

[147] 程默. 生态环境治理的第三种主体 [J]. 电子科技大学学报 (社科版), 2012 (5).

[148] 蔡守秋. 第三种调整机制——从环境资源保护法角度研究 [J]. 中国发展, 2013.

[149] 冯之浚. 循环经济符合天人和谐的文化理念 [J]. 中国经济周刊, 2013 (29).

[150] 中国环境文化促进会. 民生指数: 中国公众环保指数 2012 年度报告 (公开版) [EB/OL]. http: //www. tt65. net. 222.

[151] 夏光. 通过扩展环境权益而提高环境意识 [J]. 环境保护, 2001 (2): 38-40.

[152] 李云燕. 排污权交易制度的理论框架与产权分析 [J]. 中央财经大学学报, 2009 (8).

[153] 虞锡君. 减排背景下完善排污权交易机制探析 [J]. 农业经济问题, 2009 (3).

[154] 曲格平. 正确引导公众参与环境保护 [N]. 人民日报, 2012-07-7 (16).

[155] 周黎安. 中国地方官员的晋升锦标赛模式研究 [J]. 经济研究, 2007 (7).

[156] 于文超. 经济增长与环境污染事故——政绩诉求的视角 [J]. 世界经济文汇, 2013 (2).

[157] 蔡昉，王美艳．经济发展方式与节能减排内在动力［J］．经济研究，2008（6）.
[158] 陈钊．为和谐而竞争：晋升锦标赛的中央和地方治理模式变迁［J］．世界经济，2011（1）.
[159] 宋马林，金培振．地方保护、资源错配与环境福利绩效［J］．经济研究，2016（12）.
[160] 张征宇，朱平芳．地方环境支出的实证研究［J］．经济研究，2010，(5).
[161] 张文彬等．中国环境规制强度省际竞争形态及其演变——基于两区制空间 Durbin 固定效应模型的分析［J］．管理世界，2010（12）.
[162] 李胜兰等．地方政府竞争、环境规制与区域生态效率［J］．世界经济，2014（4）.
[163] 李静等．跨境河流污染的“边界效应”与减排政策效果研究［J］．中国工业经济，2015（3）.
[164] 梁平汉，高楠．人事变更、法制环境和地方环境污染［J］．管理世界，2014（6）.
[165] 罗党论．经济增长业绩与地方官员晋升的关联性再审视［J］．经济学（季刊），2015（4）.
[166] 石庆玲，郭峰，陈诗一．雾霾治理中的“政治性蓝天”——来自中国地方“两会”的证据［J］．中国工业经济，2016（5）.
[167] 缪小林．权责分离、政绩利益环境与地方债务超常规增长［J］．财贸经济，2015.
[168] 袁凯华，李后建．官员特征、激励错配与政府规制行为扭曲——来自中国城市拉闸限电的实证分析［J］．公共行政评论，2015（6）.
[169] 周孜予．环境行政问责：基于法治要义的规范分析［J］．南京大学学报，2015（5）.
[170] 周雪光，练宏．中国政府的治模式：一个“控制权”理论［J］．社会学研究，2012（5）.
[171] 钱先航．晋升压力、官员任期与城市商业银行的贷款行为［J］．经济研究，2011.
[172] 陈钊，徐彤．走向“为和谐而竞争”：晋升锦标赛下的中央和地方治理模式转变［J］．世界经济，2011（9）.
[173] 冉冉．“压力型体制”下的政治激励与地方环境治理［J］．经济社会体制比较，2014（3）.
[174] 孙伟增，郑思齐等．公众诉求与城市环境治理［J］．清华大学学报，2014（3）.
[175] 周生贤．主动适应新常态构建生态文明建设和环境保护的四梁八柱［N］．中国环境报，2014－11－2.
[176] 许广月．中国碳排放环境库兹涅茨曲线的实证研究［J］．中国工业经济，2010（5）.
[177] 张成，于同申．环境污染和经济增长的关系［J］．统计研究，2011（1）：56－61.

[178] 张征宇. 地方环境支出的实证研究 [J]. 经济研究, 2010 (5): 98-109.

[179] 朱建平, 朱万闯. 中国居民消费的特征分析——基于两阶段面板分位回归[J]. 数理统计与管理, 2012 (7).

[180] 陈诗一. 中国碳排放强度的波动下降模式及经济解释 [J]. 世界经济, 2011 (4).

[181] 刘瑞翔, 姜彩楼. 从投入产出视角看中国能耗加速增长现象 [J]. 经济学 (季刊), 2011.

[182] 彭水军. 中国对外贸易的环境影响效应——基于投入产出法分析 [J]. 世界经济, 2010.

[183] 鲁万波等. 中国不同经济增长阶段碳排放影响因素研究 [J]. 经济研究, 2013 (4).

[184] 王锋等. 中国经济发展中碳排放增长的驱动因素研究 [J]. 经济研究, 2014 (2).

[185] 潘文卿等. 中国产业碳排放的因素分解 [J]. 系统工程理论与实践, 2012 (6).

[186] 刘瑞翔. 从投入产出视角看中国能耗加速增长现象 [J]. 经济学 (季刊), 2011.

[187] Alchain. Some Implications of Property Rights Transaction Costs, Economics and Social Institutions. Boston: M. Nijhoff, 1979.

[188] Anderson Terry L. Leal Donald R.. Free Market Environmentalism [M]. San Francisco: Pacific Research Institution for Public Policy. 1991.

[189] Ang, B.. Decomposition analysis for policymaking in energy: which is the preferred method? [J]. Energy Policy, 2004, 32 (9): 1131-1139.

[190] Arrow. The Organization of Economic Activity: Issues Pertinent to the Choice of Market Versus Non-market Allocation. Public Expenditures and Policy Analysis.

[191] Baldwin, R.. Does Sustainability Require Growth? The Economics of Sustainable Development [M]. Cambridge Univ. Press, Cambridge, UK, 1995: 19-47.

[192] Banzhaf, H. S. and B. A. Chupp. Fiscal federalism and interjurisdictional externalities: new results and an application to US air pollution [J]. Journal of Public Economics, 2012 (96): 449-464.

[193] Bardhan, Mookherjee. Decentralization and Local Governance in Developing Countries: A Comparative Perspective [M]. MIT Press, 2006.

[194] Barzal, Y.. Economic Analysis of Property Right [M]. Cambridge University Press, 1989.

[195] Baumol W. J. and W. E. Oates. The Theory of Environmental Policy [M]. Cambridge University Press, Cambridge, 1988.

[196] Besley, T. and A. Case. Incumbent behavior: vote-seeking, tax-setting, and tournament competition [J]. American Economic Review, 1995 (85): 5-45.

[197] Blanchard, O. and Shleifer, A.. Federalism with and without political centralization: China versus Russia. IMF Staff Papers, 2001. Vo. l 48: 171 -179.

[198] Boulding, Kenneth. The Economics of the Coming Spaceship [M]. London: Earth scan Publications Ltd. 1965: 7 -35.

[199] Bovenberg A., Smulders S.. Environmental quality and pollution-augmenting technological change in a two-sector endogenous growth model [J]. Journal of Public Economics, 1995 (57).

[200] Buchanan, James. M. and Gorden Tullock. Polluters' profits and political response: direct controls versus taxes [J]. American Economic Review, 1975, 65 (1): 139 -147.

[201] Cai, H. B, Y. Chen. Polluting thy neighbor: the case of river pollution in China [J]. Peking University working paper, 2013.

[202] Chang, H. F., H. Sigman, and L. G. Traub. Endogenous decentralization in federal environmental policies [J]. International Review of Law and Economics, 2014.

[203] Chapman. Economic growth, trade and the energy: implications for the environmental Kuznets curve [J]. Ecological Economics, 1998 (25): 195 -208.

[204] Chen Wenying. Game theory approach to optimal capital cost allocation in pollution control [J]. Journal of Environmental Sciences, 1998, 10 (2): 231 -237.

[205] Coase, R.. The problem of social cost [J]. Journal of Law and Economics, 1960 (3).

[206] Cole, D. H.. Pollution and Property: Comparing Ownership Institutions for Environmental Protections [M]. New York: Cambridge University Press, 2002.

[207] Coleman. Foundations of Social Theory. Belkanp Press of Harvard University Press, 1990.

[208] Coondoo, D. and Dinda, S.. Causality between income and emission: a country group-specific econometric analysis [J]. Ecological Economics, 2002, 40 (3): 351 -367.

[209] Copeland. Trade, growth and the environment [J]. Journal of Economic Literature, 2004 (42): 7 -71.

[210] Crocker, Thomas D.. The Structuring of Atmospheric Pollution Control Systems. The Economics of Air Pollution, edited by Harold Wolozin. New York: W. W. Norton.

[211] Cropper M.. The interaction of population growth and environmental quality [J]. American Economic Review, 1994 (84): 250 -254.

[212] Cumberland, H.. Efficiency and equity in inter regional environment management [J]. Review of Regional Studies, 1981 (2): 1 -9.

[213] Dahlman, C. J.. The problem of externality [J]. Journal of Law and Economics, 1979 (22).

[214] Dales, John. Pollution, Property, and Prices [M]. Ontario: University of Toronto Press,

1968.

[215] Dasgupta, S. B. and H. Wang. Inspections, pollution prices, and environmental performance: evidence from China [J]. Ecological Economics, 2001 (36): 487 - 498.

[216] Dasgupta, P.. The Control of Resources [M]. Basil Blackwell, Oxford, 1982: 131 - 132.

[217] Demsetz, Harold. Toward a theory of property right. [J]. American Economic Review. 1967, no. 2: 347 - 269.

[218] Dietzenbacher E., Los B.. Structural decomposition techniques: sense and sensitivity [J]. Economic Systems Research, 1998, 10 (4): 307 - 323.

[219] Dinda, S.. Environmental Kuznets curve hypothesis: a survey [J]. Ecological Economics, 2004 (49): 431 - 455.

[220] Elisabetta Magnani. The environmental Kuznets curve, environmental protection policy and income distribution [J]. Ecological Economics, 2000 (32): 431 - 443.

[221] Elisabetta Magnani. The environmental Kuznets curve: development path or policy result? [J]. Environmental Model & Software, 2001, 16 (2): 157 - 165.

[222] Ezzati, M.. Towards an integrated framework for development and environmental policy: the dynamics of environmental Kuznets curves [J]. World Development, 2001.

[223] Fisher-Van den Karen, Gary H. Jefferson. What is driving China's decline in energy intensity? [J]. Resource and Energy Economics, 2004 (26): 77 - 97.

[224] Fomby, T. F.. A change point analysis of the impact of environmental federalism on aggregate air quality in the United States: 1940—1998 [J]. Economic Inquiry, 2006, 44 (1).

[225] Fredriksson, and D. L. Millime. Chasing the smokestack: strategic policymaking with multiple instruments [J]. Regional Science and Urban Economics, 2004 (34): 115 - 146.

[226] Frisvold, B. Caswell, F.. Tran boundary water management game-theoretic lessons for projects on the US-Mexico border [J]. Agricultural Economics, 2000 (24).

[227] Grossman, G. Krueger. Environmental Impacts of a North American Free Trade Agreement [C]. National Bureau Economic Research Working Paper, 1991.

[228] Hardin, G.. The tragedy of the commons [J]. Science, 13, 1968.

[229] Jia, R. X.. Pollution for Promotion. Stockholm University Working Paper, 2013.

[230] Julian F.. Market and the environment: a critical appraisal [J]. Contemporary Economic Policy. Vol. 13 (1): 62 - 73, 2005.

[231] Kahn, M. E., P. Li, and D. Zhao. Pollution Control Effort at China's River Borders: When Does Free Riding Cease? NBER Working Paper No. 19620, November, 2013.

[232] Kaufman. The determinants of atmospheric SO_2 concentration: reconsidering the environ-

mental Kuznets curve [J] . Ecological Economics, 1998 (25): 209 - 220.

[233] Knack, S. Keefer. Institutions and economic performance: cross country tests using alternative institutional measures [J] . Economics and Politics, 1995 (7): 341 - 348.

[234] Kneese, Allen V.. Ethics and environmental economics [J] . Handbook of Natural Resource and Energy Economics. Vol. 1, 1985: 191 - 195.

[235] Konar, S. and Mark A. Cohen. Why Do Firms Pollute (and Reduce) Toxic Emissions? Owen Graduate School of Management Working Paper (1997).

[236] Konisky, David M. & Neal D. Woods. Environmental free riding in state water pollution enforcement [J] . State Politics and Policy Quarterly, 2012 (12): 227 - 252.

[237] Koop, G. and Tole, L.. Is there an environmental Kuznets curve for deforestation? [J]. Dev. Econ. 1999: 58, 231 - 244.

[238] Kornai, Janos. The soft budget constraint [J] . Kyklos, 1986, 39 (1): 533 - 539.

[239] Leontief W.. Environmental repercussions and the economic structure: an input-output approach [J] . Review of Economics and Statistics, 1974, 56 (1): 109 - 110.

[240] Liang, J. and McKitrick, R.. Income Growth and Air Quality in Toronto: 1973 - 1997 [C] . Mimeo, University of Guelph, Economics Department, 2002.

[241] Lopez R.. The environment as a factor of production: The effects of economic growth and trade liberalization [J] . Journal of Environmental Economics, 1994 (27): 163 - 184

[242] Manuelli, R. E.. A Positive Model of Growth and Pollution Controls [C] . NBER, Working paper, 1995: 5205.

[243] Maurizio Lisciandra. An Empirical Study of the Impact of Corruption on Environmental Performance: Evidence from Panel Data. Environ Resource Econ, 2016.

[244] Montgomery, David. Markets in licenses and efficient pollution control programs [J] . Journal of Economic Theory, 1972 (5): 395 - 418.

[245] Musgrave. Public Finance in Theory and Practice [M] . McGraw-Hill College.

[246] Nice Heerink. Information inequality and the environment: aggregation bias in environmental Kuznets curves [J] . Ecological Economics, 2001 (38): 359 - 367.

[247] Niskanan, William A.. Bureaucracy and Representative Government. Chicago: Aldine-Atherton, 1971 (4): 38.

[248] Oates, Wallace E.. A Reconsideration of Environmental Federalism [J] . In Recent Advances in Environmental Economics, 2002.

[249] Oliver, M.. Officials make statistics and statistics make officials: Campbell's Law and the CCP cadre evaluation system. APSA 2014 Annual Meeting Paper, 2014.

[250] Opschoor, J. and R. Turner. Economic Incentives and Environmental Policies. Kluwer Aca-

demic Publishers, Dordrecht.

[251] Panayotou, T.. Demystifying the environmental Kuznets curve: turning a black box into a policy tool [J]. Environment and Development Economics, 1997 (2): 465-484.

[252] Panayotou, T.. Empirical Tests and Policy Analysis of Environmental Degradation at Different Stages of Economic Development [C]. Working Paper, 1993: 238.

[253] Posner, R.. Taxation by regulation [J]. Bell Journal of Economics and Management Science, 1971 (22).

[254] Qian, Y. and B. R. Weingast. Federalism as a commitment to preserving market incentives [J]. Journal of Economic Perspectives, 1997 (11): 83-92.

[255] Revelli, F.. Performance rating and tournament competition in social service provision [J]. Journal of Public Economics, 2006 (90): 459-475.

[256] Roberts, and M. Spence. Effluent charges and licenses under uncertainty [J]. Journal of Public Economics, 1976 (5): 193-208.

[257] Rose A., Caller S.. Input-output structural decomposition analysis: A critical appraisal [J]. Economic Systems Research, 1996 (8): 33-62.

[258] Samuelson, P.. The pure theory of public expenditure [J]. Review of Economics and Statistics, 1954 (36).

[259] Selden T M. and Song D.. Environmental quality and development: is there a Kuznets curve for air pollution emissions? [J]. Journal of Environmental Economics and Management, 1994 (27): 147-162.

[260] Shafik. Economic Growth and Environmental Quality: Time Series and Cross-country Evidence Back ground. World Development Report. World Bank, 1992.

[261] Sigman, H.. Decentralization and environmental quality: an international analysis of water pollution levels and variation [J]. Land Economics, 2013.

[262] Sims C.. Macroeconomics and reality [J]. Econometrica, 1986 (48).

[263] Stavins, Robert N.. Transaction costs and tradable permits [J]. Journal of Environmental Economics and Management, 1995 (29): 133-47.

[264] Stern D.. Progress on the environmental Kuznets curve [J]. Environment and Development Economics, 1998 (3): 175-198.

[265] Sung. Economic growth and the environment: the EKC curve and sustainable development, an endogenous growth model [D]. A dissertation for PhD of University of Washington.

[266] Suri, V. & Chapman, D.. Economic growth, trade and the energy: Implications for the environmental Kuznets curve [J]. Ecological Economics, 1994 (25): 195-208.

[267] Thampapillai et al. The Environmental Kuznets Curve Effect and the Scarcity of Natural Re-

sources [C] . Leave from Macquarie University NSW.

[268] Tibor Scitovsky. Two concepts of external economies [J] . The Journal of Political Economy. Vol62, No2. (Apr, 1954): 143 - 151.

[269] Tietenberg, Tom H.. Tradable permits for pollution control when emission location matters: what have we learned? [J] . Environmental and Resource Economics, 1995 (5).

[270] Torras, M. & Boyce, J.. Income, inequality, and pollution: a reassessment of the environmental Kuznets curve [J] . Ecological Economics, 1998 (25): 147 - 160.

[271] Tullock. Polluters profits and political response: direct control's versus taxes [J]. American Economic Review, 1975, 65 (1) : 139 - 147.

[272] Unruh and Moomaw. Economic growth and environment degration: a critique of environmental Kuznets curve. World Development, vol24: 1151 - 1160.

[273] van Donkelaar, A. , Martin, M.. Assessment of global concentrations of fine particulate matters [J] . Use of Satellite Observations for Environmental Health Perspectives, Vol. 123, No. 2, Long-term Exposure, 2015: 135 - 143.

[274] Wackernagel M. et al. National natural capital accounting with the ecological footprint concept [J] . Ecological Economics. , 1999 (29): 375 - 390.

[275] Wallace, J. L.. Juking the stats? Authoritarian information problems in China [J] . British Journal of Political Science, 2014: 1 - 19.

[276] Wang F. , Wu L. H. , Yang C.. Driving factors for growth of carbon dioxide emissions during economic development in China [J] . Economic Research Journal, 2010.

[277] Weitzman, M. L.. Prices vs. Quantities [J] . Review of Economic Studies. 1974 (41): 477 - 491.

[278] World Bank. Five years after Rio . Innovations in Environmental Policy, 1998.

[279] Wu, J. Y. Deng, R. Morck. Incentives and outcomes: China's environmental policy. NBER working paper 18754, 2013.

[280] Xu, C.. The fundamental institutions of China's reforms and development [J] . Journal of Economic Literature, 2011 (49): 1076 - 1151.

[281] Zheng, S. Q. , M. E. Kahn. Incentivizing China's urban mayors to mitigate pollution externalities [J] . Regional Science and Urban Economics, 2014.

后　记

此书是在本人博士论文基础上进一步广化、深化而成。其含义有三：第一，记得哪位学者说过，个人学术中创新的源头应该是其博士论文，其后续大部分研究归根是其初始思想的进一步细化与深化。（类似于我们大学打下的基础决定了后续推进的限度）。该观点至少对我是适用的。因此，本著作可以说是我踏入学术以来所积累知识及派生思考（全部“家当”）的呈现。自然也“敝帚自珍”。第二，它是博士论文思想的广化。广化表现在两个方面，首先是内容的拓展，增加了对环境人文社会诸学科的介绍以及环境经济学在其中的地位、古文明兴衰的环境探源，社会主义制度下的“计划污染”以及基于政府—市场角度的环境经济学学科体系的构建等；其次，也表现为研究内容更加系统，如有关市场与环境、政府与环境的内容分别由博士论文的两章更系统地细分为三章；此外，加了引论，以“俯瞰”环境经济学在环境各学科尤其是环境人文学科中所处的位置；同时，附上了余论，对环境经济学学科体系的构建提出思考，冀能“抛砖引玉”。第三，也是博士论文思想的深化。体现在运用较新的计量方法对原论文的一些结论进行“升级”论证，如运用分位数分析法（quantile regression）对原文有关 EKC 的研究进行更深入研究，得出更细致的结论；采用能刻画相关主体行为互动（strategic interaction）特征的空间计量经济学（spatial economics）对环境软约束现象的存在进行证明等。

翻看六年前（2011 年）博士毕业论文的“致谢”，感慨颇多。同时也发现，本书变化的只是内容，不变的是思想，以及本人对（环境）经济学的那份情怀。现将该“致谢”（其实也是博士论文由“悸动”—“怀胎”—“分娩”过程及心境的描述）附于下，聊以感怀。

出行途中喜欢无聊地眺望窗外，发现天空经常灰蒙蒙，河里的水黑得泛绿是常景。电视、报纸中关于雾霾、河流严重污染的报道已不再是新闻。出于自小就喜欢忧虑的秉性以及现在形成的对什么事都喜欢思考的习惯（或许是受曼昆所谓的“像经济学家一样思考”的默化影响），于是脑中自然而然地产生了这样的问题：环境污染是怎么发生的？以后还会更糟糕吗？怎样才能阻止环境恶化？能否回到童年时代那蓝的天，碧的水的情景呢？带着这些疑问和想“扫天下”的气概，开始了博士论文钻研、思考和写作的过程。

论文写作是一个艰难而漫长的过程，尤其对我这位工科出身，自小就头疼作文的人来说更是如此。字句表达的艰辛，一字一字艰涩前行的情景晃在眼前……望着眼前这十多万的文字，不禁长长地舒一口气，哎，总算“熬”出来了。喘气之余，看着这凝聚心血的、还泛着淡淡墨香的文稿，喜悦之情也不禁言表（这种感觉与怀胎十月的母亲看到婴儿降生时的喜悦应该是相近的）。静下来梳理一番我的情感，发现我这莫名的快乐其实是有原因的，它至少是以下“变量”的函数：第一，初始禀赋。农村出来的孩子在成长中一般吃过较多的苦（至少我的那个年代是这样），有“苦”垫底，生活中稍微有点阳光就不由得不灿烂。为此，我要感谢父母，感谢老家农活的艰辛和县城工地泥瓦工的劳累，它是我感觉快乐的源泉。第二，偏好。不知哪位学者说过，人生最大快乐在于自己从事的工作恰是自己的所爱。很庆幸，我从事的正是我理想中的工作——在高校做经济学老师。当经济学的知识经由我体会和感悟后传授学生，并影响他们思想的时候，感到无比的开心和满足。同时，我有好看书、骨子里喜学术的偏好，它使我觉得做学问，坐“冷板凳”并不是一种痛苦的事情，这个过程中其实蕴藏着乐趣。当我发现市场、政府这条主线能把环境问题串将起来，发现我国环境软约束的存在，发现环境容量权制度能实行市场与政府完美结合的时候，不由得感到由衷地喜悦——快乐有时候实在很简单。

快乐的人往往怀有一颗感恩的心。要感谢的人太多。首先，感谢父母，他们不仅给予了我生命，而且给了我勤劳，不怕苦和诚实、上进的品格。这些是我人生中最宝贵的财富，是我幸福的源泉。现仍在家里劳作的老母，不识字，更不知道博士是什么。尽管对我年近 40 还在读书有些不解，但还是支持我，因为她一直相信：“书读得越多，人就会越有出息”。其次，要感谢这个时代，时代给予了我们改变命运的机会——她使我由建筑工地的搬砖工变为高校教师，成就我博士梦想。最后，衷心感谢导师钟茂初教授对我学术上的指引、品格上潜移默化的影响。老师是位睿智、有独立思想的人。好多问题在我脑中有时候越捋越乱，经老师指点，本质立现，有醍醐灌顶之感。对我而言，与钟老师谈话，交流，始终是一种愉快的思想享受。老师谦逊、率性、淡泊名利的人生态度也是我追求的目标。希望以后还能继续做老师的学生。

感谢我的妻子，一贯地理解和支持我的学业，使我无后顾之忧，潜心向学。成婚数载，聚少离多，深感对不起妻子和那听话、懂事的儿子。我以后将用更多的时间来弥补你们。

尽管我尽力想把论文做得更好些，但是由于能力所限，论文不尽人意的地方还很多，这些我今后会尽量弥补。我深感环境经济学在中国的发展空间很大，无论在理论和现实来讲都意义深远。我会在环境经济学之路上坚定地走下去。

借此对以经济学教学、科研“谋生”的同行们唠叨些个人体悟，冀与大家共勉。

第一，学会欣赏、并体悟自己所从事学科的理论之美。借用罗丹的话“美无处不在，只是缺少发现”。对经济学科而言，亚当·斯密“散文诗”般的论述令人陶醉：“人类几乎随时随地都需要同胞的协助，但是要想仅仅依赖他人的恩惠，那是绝对不行的。他如果能够刺激他人的利己心，使其有利于他，并告诉其他人，给他做事是对他们自己有利，那么他要达到目的就容易得多了……”“我们每天所需要的食物和饮料，不是出自屠夫、酿酒师或面包师的恩惠，而是出自他们利己的考虑。每一个人……他受着一只“看不见的手”的引导，会去尽力达到一个并非他本意想要达到的目的”。其实，曼德维尔“蜜蜂的寓言”所隐喻的“私欲的‘恶之花’结出的是公共利益的善果。而公益心和道德感这样的善之花，都将结出贫困和伪善的恶之果”——其与亚当·斯密思想异曲同工之妙。咱老祖宗管仲“利之所在，虽千仞之山，无所不上”，政府在市场上“以重射轻，以贱泄平（贵）”（《管子·国蓄》）、司马迁在《史记·货殖列传》中“故待农而食之，虞而出之，工而成之，商而通之……人各任其能，竭其力，以得所欲。故物贱之徵贵，贵之徵贱，各劝其业，乐其事，若水之趋下，日夜无休时”，无不透射迷人的智慧光辉。透过埃奇沃思盒子能清晰“看到”亚当·斯密“看不见的手”即市场机制，能实现“你好，我好，大家好”的帕累托最优境界。至于阿罗—德布鲁对一般均衡叹为观止证明，更使经济学呈现“水晶般玲珑透澈”之美（熊彼特），难怪一些学者由衷感慨“经济学如诗”（韦森）。

第二，学会并用心去思考，你会发现“一切皆学问”。从里德《铅笔的故事》小文中你会发现：小小一支铅笔，竟包括油田工、化工师家，石墨、黏土开采工、轮船、火车、卡车制造工、机器生产金属箍上的滚花工，以及铅笔公司总裁等众多素不相识的人。所有这些人，都不是由于本人需要铅笔而干自己的那份工作的。而且，有的人可能从来就没有见过铅笔，也根本不知道怎样使用铅笔。难怪作者不由惊叹：“ 我，铅笔，是种种奇迹的复杂的结合：树，锌，铜，石墨……成百上千万微不足道的实际知识，自然地、自发地整合到一起，从而对人的需求和欲望作出反应，在这个过程中，竟然没有任何人来主宰！”至于苹果手机，更为复杂，包括双层面“芯”片的研发、背后的韩国血统、日本高端零部件、价值链低端的代工巨头富士康以及宏观层面“中国—东亚—美欧”等全球三角贸易格局，等等（参见：曾航《一只 IPhone 的全球之旅》）。

庄子与东郭子有一段有意思的对话：东郭子问于庄子曰：“所谓道，恶乎在？”庄子曰：“在蝼蚁。”曰：“何其下邪？”曰：“在稊稗（bai）。”曰：“何其愈下邪？”曰：“在瓦甓（pi）。”所谓万物皆学问，“道”其实无所不在，关键在于你用心去发现。用心探求藏影在万物表象背的规律，对个人而言是发现并体味规律之美的享受过程，对社会言其实也是追求真理，求“是”的知识生产甚至创新的过程。

这样，自然而然地，就有了第三点感悟：看淡，乃至“藐视”科研，就是笔者经常挂嘴边的将科研“娱乐化”。个人认为，脑里一门心思想着赶快出论文、赶紧中项目，实在偏离科学研究（科研）的本质，科研结果重要（比如论文发表，课题“中标”），但研究的过程实际上隐藏着更大的乐趣。正如钓者如果专注于“鱼”则显然失去了其本质在于“钓”的乐趣，旅行的乐趣不在于具体的目的地，而在奔向目的过程中的沿途的风景。科研太过功利化，往往无法也无心体悟学术之美，更无法享受科研的乐趣，最终“身心疲惫”，结果（自然）也是“屡战屡败”。与其这样被科研“折磨”，不如主动去“娱乐”科研，即遵循自己兴趣去看书、依个人喜好研读文献资料，并将自主思考的东西自觉地也是自然而然地写出来，汇成的论文及课题申报书也会较深刻，说不准一不小心反而成功了，所谓“有心栽花花不艳，无心插柳柳成荫”。如此，因为换个角度，或者说换种心态——不再纠缠功利性的结果，往往将无奈乃至“痛苦”的科研过程变成遵循兴趣自得其乐的探索，乃至享受的过程，同时也往往“达到一个并非他本意想要达到的目的”。

张学刚

2017 年 7 月于浙江嘉兴